中等职业教育国家规划教材（电子电器应用与维修专业）
全国中等职业教育教材审定委员会审定

电工技能与实训

（第4版）

杨亚平　主　编
句希源　杨　展　副主编

電子工業出版社
Publishing House of Electronics Industry
北京 • BEIJING

内容简介

本书是根据教育部2012年颁布的"中等职业教育国家规划教材《电工技能与实训》教学大纲"编写的，综合了电工工艺技术和电工技能实训的内容。本书在第3版的基础上进行了修订，增加了可编程控制器基本应用的内容，采用了项目教学和任务驱动教学法的编写模式，主要特点是注重理论联系实际，使知识与技能相互配合，突出实用技术，以培养实际操作能力为主。全部内容包括安全用电技术、电工基本操作、照明与配电线路安装、常用电工仪表、小型单相变压器、单相交流异步电动机、三相异步电动机、常用低压控制电器、三相异步电动机控制线路安装、可编程控制器基本应用10个项目，共有48个任务。通过这些实用的技能训练，以提高学生的动手实践能力，加深对专业知识的理解和运用，培养学生的综合职业素质。

本书可作为中等职业学校电子电器应用与维修专业或其他电类专业的基础技能课程教材，也可供相关专业的工程技术人员和技术工人参考。

图书在版编目（CIP）数据

电工技能与实训 / 杨亚平主编. —4版. —北京：电子工业出版社，2016.8
中等职业教育国家规划教材. 电子电器应用与维修专业
ISBN 978-7-121-29313-9

Ⅰ. ①电… Ⅱ. ①杨… Ⅲ. ①电工技术－中等专业学校－教材 Ⅳ. ①TM

中国版本图书馆CIP数据核字（2016）第153335号

策划编辑：杨宏利
责任编辑：郝黎明
印 刷：三河市双峰印刷装订有限公司
装 订：三河市双峰印刷装订有限公司
出版发行：电子工业出版社
北京市海淀区万寿路173信箱 邮编 100036
开 本：787×1 092 1/16 印张：18.25 字数：467.2千字
版 次：2004年2月第1版
2016年8月第4版
印 次：2024年1月第15次印刷
定 价：37.00元

凡所购买电子工业出版社图书有缺损问题，请向购买书店调换。若书店售缺，请与本社发行部联系，联系及邮购电话：（010）88254888，88258888。

质量投诉请发邮件至zlts@phei.com.cn，盗版侵权举报请发邮件至dbqq@phei.com.cn。

本书咨询联系方式：（010）88254592，bain@phei.com.cn。

本书是根据教育部2012年颁布的"中等职业教育国家规划教材《电工技能与实训》教学大纲"编写的。本书是中等职业学校电类及其相关专业的技能实践课程，它的目标是使学生具备高素质劳动者和初、中级专门人才必需的电工基本工艺知识和基本操作技能，为学生学习职业技术、增强适应职业变化能力打下一定的基础。

本书从提高学生全面素质出发，以培养能力为主，力求体现中等职业教育的特点，针对中职学生现有水平，确定教材内容和知识深度，同时也注重电工技术的发展。在教学方式、方法上，注重调动学生学习的主动性和积极性，注重理论联系实际，突出使用维修、安装测试、故障处理等技能实训，通过各项实训培养学生的动手实践能力。

本书打破传统的章节顺序编写模式，采用项目教学和任务驱动教学法的编写模式，将电工工艺知识和电工技能实训融为一体，紧紧围绕完成实训任务的需要选择教学内容，将全部教学活动分解为若干个项目，以项目为单位组织教学，使学生在掌握电工基本操作技能的同时，加深对专业知识的理解和运用，培养学生的综合职业能力。

本书在第3版的基础上增加了可编程控制器基本应用的有关内容，以供选择使用。全书共分10个项目，48个任务，全部内容的授课学时为120学时，适合电子电器应用与维修专业三年制和四年制60～120学时的教学需要。在教学时可根据不同学制、不同专业的需要进行选择，以提高教学效率和效果。

本书由杨亚平担任主编，句希源和杨展担任副主编，项目1～3由杨展编写；项目4～6、项目10由杨亚平编写；项目7～9由句希源编写。在本书的编写过程中，参阅了有关著作和文献资料，还得到了黄占平、刘宏运、燕海川等老师的帮助，在此向他们表示真诚的感谢。

由于编者水平有限，加之编写时间仓促，书中难免存在缺点和错误之处，敬请使用本书的读者批评指正。

为了方便教师教学，本书还配有教学指南、电子教案和思考题答案（电子版）。请有此需要的读者登录华信教育资源网（www.hxedu.com.cn）免费注册后再进行下载，有问题时请在网站留言板留言或与电子工业出版社联系（E-mail：hxedu@phei.com.cn）。

编　者

目 录

项目 1

安全用电技术

安全用电包括人身安全和设备安全两部分：人身安全是指防止人体接触带电物体受到电击或电弧灼伤而导致生命危险；设备安全是指防止用电事故所引起的设备损坏或起火、爆炸等危险。掌握安全用电技术，遵守安全操作规程，是避免发生触电事故最有效的方法，同时还需要掌握触电急救操作和电气火灾的扑救，以挽救触电者的生命和国家财产损失。本项目主要进行预防触电的安全措施、触电事故的断电操作、触电急救的现场操作、电气火灾的应急处理等技能训练。

任务 1　预防触电的安全措施训练

一、任务目标

1. 了解触电事故发生的原因和对人身安全的危害。
2. 熟悉电工安全操作规程和电工岗位责任制。
3. 掌握安全用电基本知识和预防触电的安全措施。

二、相关知识

1. 触电对人体的危害

（1）触电事故。外部电流流经人体，造成人体器官组织损伤乃至死亡，称为触电。触电事故分为两类：一类叫电击；另一类叫电伤。电击是指电流通过人体内部，影响呼吸系统、心脏和神经系统的正常功能，造成人体内部组织损伤甚至危及生命的触电事故。电伤是指电流通过人体表面或人体与带电体之间产生电弧，造成肢体表面灼伤的触电事故。

在触电事故中，电击和电伤常会同时发生，但因大部分触电事故是由电击造成的，所以通常所说的触电事故基本上是指电击。

（2）触电的危害。触电对人体的伤害程度与通过人体的电流大小、时间长短、电流途径及电流性质有关。触电的电压越高，电流越大，时间越长，对人体的危害越严重。

当人体触电时，电流会使人体的各种生理机能失常或遭受破坏，如皮肤烧伤、呼吸困难、心脏麻痹等，严重时会危及生命。人体所能耐受的电流大小因人而异，对于一般人，当工频交流电流超过 50mA 时，就会有致命危险。

通过人体电流的大小，主要取决于施加在人体的电压和人体本身的电阻。人体电阻包括体内电阻和皮肤电阻，体内电阻基本不受外界影响，其值约为 500Ω。皮肤电阻随外界条件不同有较大的变化，干燥的皮肤，电阻在 100kΩ 以上，但随着皮肤的潮湿度加大，电阻逐渐减小，可降至 1kΩ 以下，所以潮湿时触电的危险性更大。

如果电流流经人体的脑、心脏、肺和中枢神经等重要部位要比流经一般部位造成的伤害更大，后果更严重，容易导致死亡。而频率为 20～300Hz 的交流电对人体的危害要比高频电流、直流电流及静电大得多。

由于触电对人体的危害极大，因此必须安全用电，并要以预防为主。为了最大限度地减少触电事故的发生，应了解触电的原因与形式，以便针对不同情况做好预防措施。

2．发生触电事故的原因

不同的场合，引起触电的原因也不一样，根据日常用电情况，触电的原因有以下几种。

（1）线路架设不合格。采用一线一地制的违章线路架设，当接地零线被拔出、线路发生短路或接地不良时，均会引起触电；室内导线破旧、绝缘损坏或敷设不合格时，容易造成触电或短路引起火灾；无线电设备的天线、广播线或通信线与电力线距离过近或同杆架设时，如发生断线或碰线，电力线电压就会传到这些设备上而引起触电；电气工作台布线不合理，使绝缘线被磨坏或被烙铁烫坏而引起触电等。

（2）用电设备不合格。用电设备的绝缘损坏，造成漏电而外壳无保护接地线或保护接地线接触不良而引起触电；开关和插座的外壳破损或导线绝缘老化，失去保护作用，一旦触及就会引起触电；线路或用电器具接线错误致使外壳带电而引起触电等。

（3）电工操作不符合要求。电工操作时，带电操作、冒险修理或盲目修理，且未采取切实的安全措施，均会引起触电；使用不合格的安全工具进行操作，如使用绝缘层损坏的工具、用竹竿代替高压绝缘棒、用普通胶鞋代替绝缘靴等，均会引起触电；停电检修线路时，闸刀开关上未挂警示牌，其他人员误合开关而造成触电等。

（4）使用电器不谨慎。在室内违规乱拉电线，乱接用电器具，使用不慎而造成触电；未切断电源就去移动灯具或电器，若电器漏电就会造成触电；更换保险丝时，随意加大规格或用铜丝代替熔丝，使之失去保险作用就容易造成触电或引起火灾；用湿布擦拭或用水冲刷电线和电器，引起绝缘性能降低而造成触电等。

3．人体触电的形式

人体触及带电体引起的触电形式有三种：单相触电、两相触电和跨步电压触电。

（1）单相触电。单相触电是指人站在地面上或其他接地体上，人体的某一部位触及一相带电体时而引起的触电，如图 1.1 所示。在低压三相四线制供电系统中，单相触电

的电压为 220V。

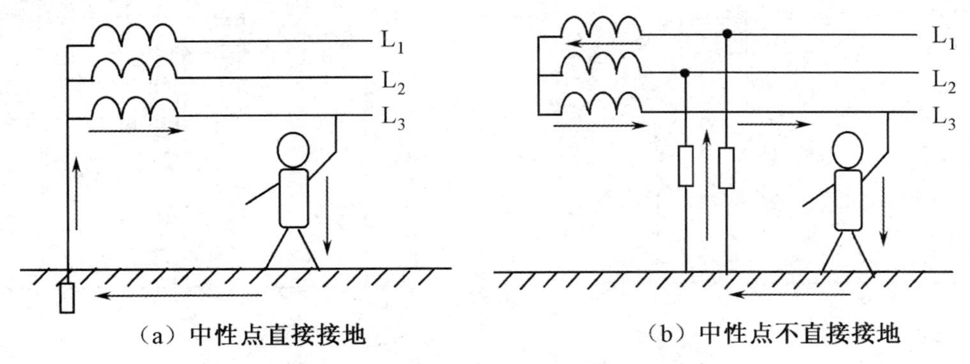

（a）中性点直接接地　　（b）中性点不直接接地

图 1.1　单相触电

（2）两相触电。两相触电是指人体两处同时触及同一电源的两相带电体而引起的触电，如图 1.2 所示。两相触电加在人体上的电压为线电压，由于触电电压为 380V，因此两相触电的危险性更大。

（3）跨步电压触电。跨步电压触电是指高压带电体着地时，电流流入大地，向四周扩散，产生电压降，人体接近着地点时，两脚之间形成跨步电压，当跨步电压达到一定程度时就会引起触电，如图 1.3 所示。其大小取决于离着地点的远近及两脚正对着地点方向的跨步距离，为了防止跨步电压触电，应离带电体着地点 20m 以外。

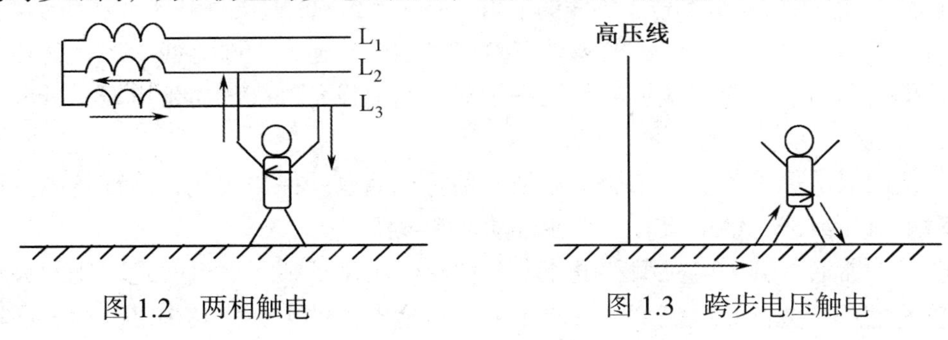

图 1.2　两相触电　　图 1.3　跨步电压触电

4．防止触电的保护措施

触电事故会给人身造成很大的危害，为了保护人身安全，避免触电事故的发生必须采取必要的预防措施，防止触电的安全措施有以下几种。

（1）保护接地。电力系统运行所需要的接地，称为工作接地。把电气设备的金属外壳、框架等用接地装置与大地可靠连接，称为保护接地，它适用于中性点不直接接地的低压电力系统，如图 1.4 所示。保护接地电阻一般应不大于 4Ω，最大不得大于 10Ω。

保护接地后，如果某一相线因绝缘损坏与机壳相碰，使机壳带电，当人体与机壳接触时，由于采用了保护接地装置，相当于人与接地电阻并联起来，接地电阻远小于人体电阻，因此绝大部分电流通过接地线流入地下，从而保护了人体。

对于中性点直接接地的电力系统，不宜采取接地作为保护措施。

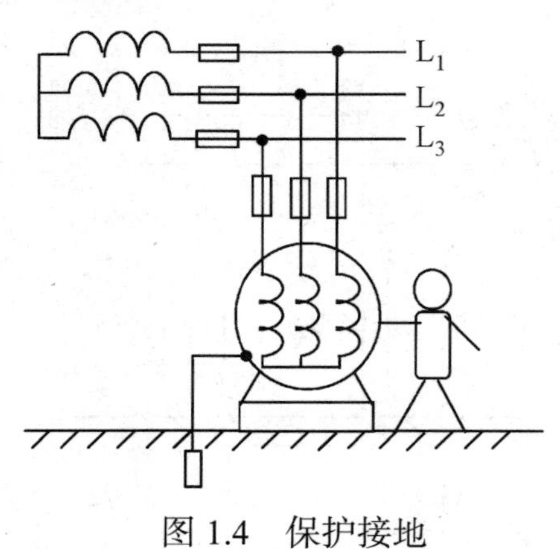

图 1.4　保护接地

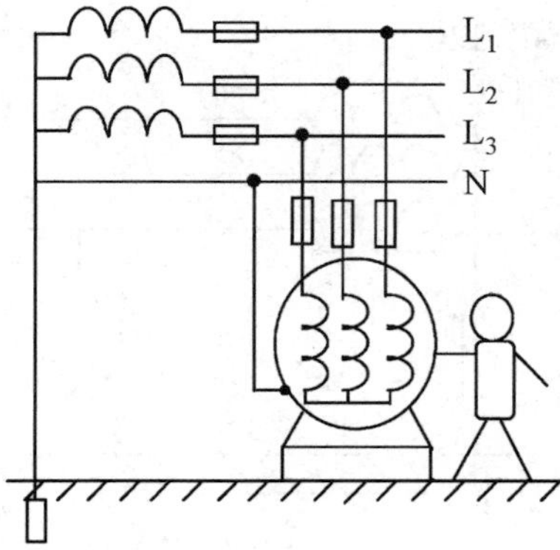

图 1.5　保护接零

（2）保护接零。在中性点直接接地的三相四线电力系统中，将电气设备的金属外壳、框架等与系统的零线（中线）相接，称为保护接零，如图 1.5 所示。

保护接零后，如果某一相线因绝缘损坏与机壳相碰，使机壳带电，则电流通过零线构成回路。由于零线电阻很小，致使短路电流很大，会立刻将熔断器烧断或使其他保护装置动作，迅速切断电源，从而消除了触电危险。

采用保护接零时，接零导线要有足够的机械强度，连接必须牢固，以防断线或脱线。并且在零线上禁止安装熔断器和单独的断流开关。为了保证相线绝缘损坏与机壳相碰引起的短路电流能够使保护装置可靠动作，零线的电阻不能太大，同时还要防止零线和相线接错。

采用保护接零时，除变压器的中性点直接接地外，还必须在零线上的一处或多处再行接地，即重复接地。重复接地的作用在于降低漏电设备外壳的对地电压，减轻零线断路时的触电危险。

（3）使用漏电保护器。漏电保护器是一种防止漏电的保护装置，当设备因漏电外壳上出现对地电压或产生漏电流时，它能自动切断电源。

漏电保护器通常分为电压型和电流型两种。电压型反映了漏电对地电压的大小，由于性能较差已趋于淘汰；电流型则反映了漏电对地电流的大小，其中又分为零序电流型和泄漏电流型。常用的电流型漏电保护器有单相双极式、三相三极式和三相四极式三类。单相双极式漏电保护器广泛用于居民住宅及其他单相电路；三相三极式漏电保护器应用于三相动力电路；三相四极式漏电保护器应用于动力、照明混用的三相电路。

漏电保护器既能用于设备保护，也能用于线路保护，具有灵敏度高、动作快捷等特点。对于那些不便于敷设地线的地方，以及土壤电阻系数太大、接地电阻难以满足要求的场合，应推广使用。

（4）采用三相五线制。我国低压电网通常使用中性点接地的三相四线制，提供 380V/220V 的电压。在一般家庭中常采用单相两线制供电，因其不易实现保护接零的正确接线，易造成触电事故。

为确保用电安全，国际电工委员会推荐使用三相五线制，它有三根相线 L_1、L_2、L_3，一根工作零线 N，一根保护零线 PE，如图 1.6 所示。在一般家庭中采用单相三线制供电，

即一根相线，一根工作零线，一根保护零线，如图 1.7 所示。

采用三相五线制，有专用的保护零线，保证了连接畅通，使用时接线方便，能很好地起到保护作用。现在新建的民用建筑布线大多都采用此法。旧建筑物在大中修、改造、翻建时，应按有关标准加装专用保护零线，将单相两线制改为单相三线制，并在室内安装符合标准的单相三孔插座。

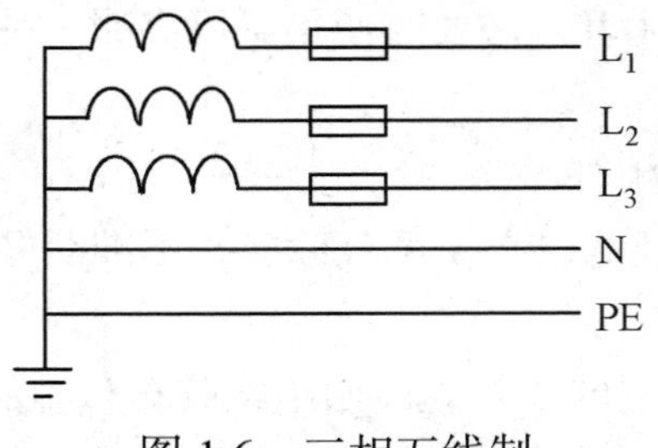

图 1.6　三相五线制

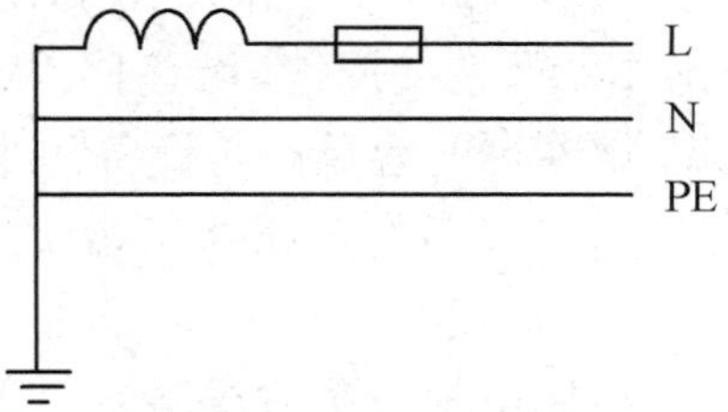

图 1.7　单相三线制

（5）使用安全操作电压。加在人体上一定时间内不致造成伤害的电压称为安全电压。为了保障人身安全，使触电者能够自行脱离电源，不致引起人身伤亡，各国都规定了安全操作电压。

我国规定的安全电压为：50～500Hz 的交流电压额定值有 36V、24V、12V、6V 四种，直流电压额定值有 48V、24V、12V、6V 四种，以供不同场合使用。还规定安全电压在任何情况下均不得超过 50V 有效值，当使用大于 24V 的安全电压时，必须有防止人体直接触及带电体的保护措施。在高温、潮湿场所使用的安全电压规定为 12V。

5．电工安全操作规程

为了保证人身和设备安全，国家按照安全技术要求颁布了一系列的规定和规程。这些规定和规程主要有电器装置安装规程、电气装置检修规程和安全操作规程等，统称为安全技术规程。由于各种规程内容较多，有的专业性较强，不能全部叙述，下面主要介绍电工安全操作规程的内容。

（1）工作前必须检查工具、测量仪表和防护用具是否完好。

（2）任何电气设备内部未经验明无电时，一律视为有电，不准用手触及。

（3）不准在运转中拆卸、修理电气设备。必须在停车、切断电源、取下熔断器、挂上“禁止合闸，有人工作”的警示牌，并验明无电后，才可进行工作。

（4）在总配电盘及母线上工作时，在验明无电后，应挂临时接地线。装拆接地线都必须由值班电工进行。

（5）工作临时中断后或每班开始工作前，都必须重新检查电源是否确已断开，并要验明无电。

（6）每次维修结束后，都必须清点所带的工具、零件等，以防遗留在电气设备中而造成事故。

（7）当有专门检修人员修理电气设备时，值班电工必须进行登记，完工后做好交代，在共同检查后，方可送电。

（8）必须在低压电气设备上带电进行工作时，要经过领导批准，并有专人监护。工作时要戴工作帽，穿长袖衣服，戴工作手套，使用绝缘工具，并站在绝缘垫上进行操作，邻相带电部分和接地金属部分应用绝缘板隔开。

（9）严禁带负荷操作动力配电箱中的闸刀开关。

（10）带电装卸熔断器时，要戴防护眼镜和绝缘手套。必要时使用绝缘夹钳，站在绝缘垫上操作。严禁使用锉刀、钢尺等进行工作。

（11）熔断器的容量要与设备和线路的安装容量相符。

（12）电气设备的金属外壳必须接地（接零），接地线必须符合标准，不准断开带电设备的外壳接地线。

（13）拆卸电气设备或线路后，要对可能继续供电的线头立即用绝缘胶布包缠好。

（14）安装灯头时，开关必须接在相线上，灯头座螺纹必须接在零线上。

（15）对临时安装使用的电气设备，必须将金属外壳接地。严禁把电动工具的外壳接地线和工作零线拧在一起插入插座，必须使用两线带地或三线带地的插座，或者将外壳接地线单独接到接地干线上。用橡胶软电缆接可移动的电气设备时，专供保护接零的芯线中不允许有工作电流通过。

（16）动力配电盘、配电箱、开关、变压器等电气设备附近，不允许堆放各种易燃、易爆、潮湿和影响操作的物品。

（17）使用梯子时，梯子与地面的角度以 60° 左右为宜。在水泥地面使用梯子时，要有防滑措施。对没有搭钩的梯子，在工作中要有人扶持。使用人字梯时，其拉绳必须牢固。

（18）使用喷灯时，油量不要超过容器容积的 3/4，打气要适当，不得使用漏油漏气的喷灯。不准在易燃、易爆物品附近点燃喷灯。

（19）使用 I 类电动工具时，要戴绝缘手套，并站在绝缘垫上工作。最好加设漏电保护器或安全隔离变压器。

（20）电气设备发生火灾时，要立即切断电源，并使用 1121 灭火器或二氧化碳灭火器灭火，严禁使用水或泡沫灭火器。

6．电工岗位责任制

岗位责任制是指规定各种工作岗位的职能及其责任，并予以严格执行的管理制度。它要求明确各种岗位的工作内容、数量和质量、应承担的责任等，以保证各项业务活动有秩序地进行。电工岗位责任制在不同性质的单位内，侧重点会有所不同，大体包含以下内容。

（1）对所辖范围内的电路要了如指掌，一旦发生故障能及时排除。

（2）工作时要注意安全，尽量断电作业。在检修大型设备时必须断电操作，并有专人协助。

（3）认真执行电气设备养护、维修分工责任制的规定，使分工范围内的电气线路、设备、设施始终处于良好的养护状况，保证不带故障运行。

（4）对检查中发现的问题要及时解决，当天处理，并做好维修记录。

（5）负责提出电料备货计划，并抓好本单位安全用电和节约用电，严格遵守电工操作规程，禁止违章作业。

（6）负责所有电气设备的安全运行、保养维修、更换和安装等工作。

三、实训内容

结合预防触电的措施和所掌握的安全用电知识进行调查分析，完成以下任务。

1. 检查教室、宿舍、实验室等场所是否有触电隐患，做好记录并提出整改措施。
2. 选择一个触电事故为对象，分析此事故发生的主、客观原因，并提出相应的预防措施。
3. 调查了解本单位、本部门安全用电的相关制度，分析这些制度的科学依据。
4. 自己制定一个安全用电制度，并说明这个制度中各条款的制定依据。

四、成绩评定

完成各项操作训练后进行技能考核，参考表 1.1 中的评分标准进行成绩评定。

表 1.1　触电事故原因及预防措施评分标准

序号	考 核 内 容	配分	评 分 细 则
1	检查安全隐患，提出整改措施	20 分	安全检查记录完整 10 分 提出整改措施正确 10 分
2	分析触电事故发生的原因	30 分	事故原因分析正确 15 分 提出预防措施正确 15 分
3	调查安全用电的相关制度	20 分	制度调查记录完整 10 分 分析科学依据正确 10 分
4	制定一个安全用电制度	30 分	制定安全制度正确 15 分 说明制定依据正确 15 分

任务 2　触电事故的断电操作训练

一、任务目标

1. 了解触电事故发生的特点。
2. 熟悉触电事故的断电措施。

3. 掌握触电事故的断电操作。

二、相关知识

一旦发生触电事故，抢救者必须保持冷静，千万不要惊慌失措，首先应尽快使触电者脱离电源，然后再进行现场急救。

使触电者迅速脱离电源是极其重要的一环，触电时间越长，对触电者的危害就越大。脱离电源最有效的措施是断开电源开关、拔掉电源插头或熔断器，在一时来不及的情况下，可用干燥的绝缘物拨开或隔开触电者身上的电线。具体措施如下。

1. 对于低压触电事故采取的断电措施

（1）如果触电地点附近有电源开关（刀闸）或插座，可立即拉掉开关（刀闸）或拔掉插头来切断电源，如图 1.8（a）所示。

（2）如果找不到电源开关（刀闸）或距离太远，可用有绝缘套的钳子或用带木柄的斧子割断电源线，如图 1.8（b）所示。

（3）当无法割断电源线时，可用干燥的衣服、手套、绳索、木板等绝缘物，拉开触电者，使其脱离电源，如图 1.8（c）所示。

（4）当电线搭在触电者身上或被压在身下时，可用干燥的木棒等绝缘物作为工具挑开电线，使触电者脱离电源，如图 1.8（d）所示。

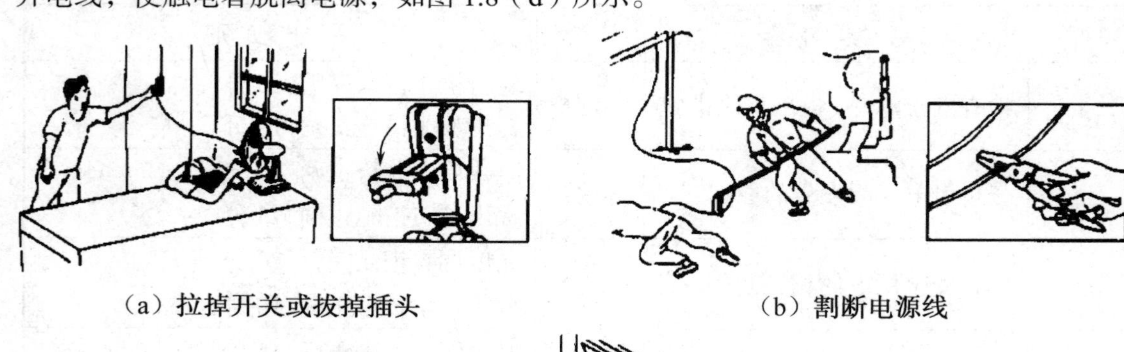

（a）拉掉开关或拔掉插头　　（b）割断电源线

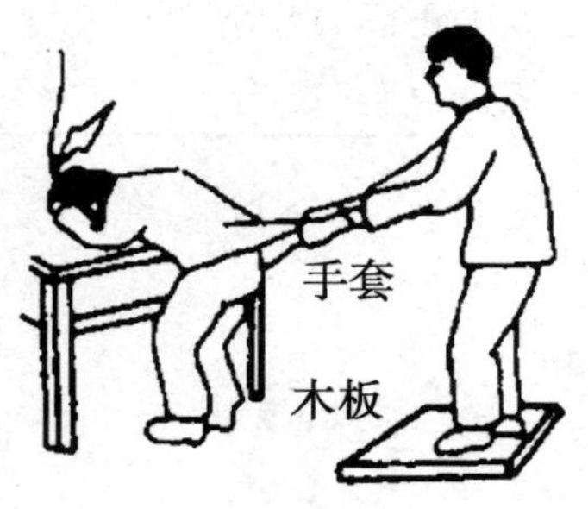

（c）拉开触电者

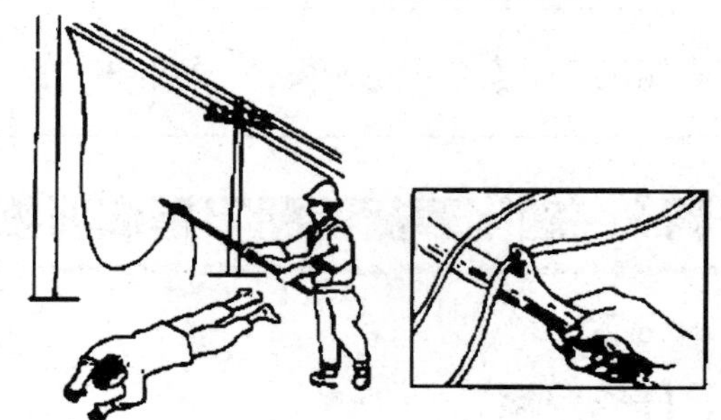

（d）挑、拉电源线

图 1.8　脱离电源的方法

2. 对于高压触电事故采取的断电措施

（1）如触电事故发生在高压设备上，应立即通知供电部门停电。

（2）戴上绝缘手套、穿上绝缘鞋，并用相应电压等级的绝缘工具拉掉开关。

（3）若不能迅速切断电源开关，可采用抛挂截面足够大、长度适当的金属裸线短路方法，使电源开关跳闸。抛挂前，将短路线一端固定在铁塔或接地引线上，另一端系重物，在抛掷短路线时，应注意防止电弧伤人或断线危及其他人员的安全。

3. 触电事故断电操作要遵循的原则

（1）触电时间越长，对触电者的危害就越大，因此使触电者脱离电源的办法应根据具体情况，以快速为原则选择采用。

（2）当触电者未脱离电源前本身就是带电体，断电操作人员不可直接用手或其他金属及潮湿的物体作为断电工具，而必须使用适当的绝缘工具。断电时要用单手操作，以防止自身触电。

（3）当触电事故发生在高处时，要注意防止发生高处坠落摔伤和再次触及其他带电线路。无论是在何种电压的线路上发生触电，即使触电者在平地，都要考虑触电者倒下的方向，注意防止摔伤。

（4）如果事故发生在夜间，应迅速解决临时照明，以利于抢救并避免扩大事故。

三、实训内容

1. 模拟练习低压触电事故断电

在老师的现场指导下，模拟练习低压触电事故采取的断电措施。为了安全，在停电的情况下由一位同学模拟触电事故，其他同学迅速采取各种断电措施；操作结束后，讨论采取的断电措施是否恰当，并由指导老师作出评价。

2. 模拟练习高压触电事故断电

在老师和学校电工的现场指导下，模拟练习高压触电事故采取的断电措施。为了安全，用低压电路代替高压电路。在电源开关保护设施完好的情况下，由指导老师指导学生练习金属裸线短路方法切断电源开关。

3. 实训报告

将触电事故各种断电措施的操作要领和适用场合填入表 1.2 中。

表 1.2　触电事故的断电操作实训报告

序号	断电操作措施	操 作 要 领	适 用 场 合
1	拉掉闸刀开关		
2	割断电源线		
3	拉开触电者		
4	挑开电源线		
5	金属裸线短路		

实训人：　　　　　　　　　　　　　　　　日期：

四、成绩评定

完成各项操作训练后进行技能考核，参考表 1.3 中的评分标准进行成绩评定。

表 1.3　触电事故的断电操作评分标准

序号	考 核 内 容	配分	评 分 细 则
1	拉掉闸刀开关	20 分	动作迅速 5 分 操作正确 15 分
2	割断电源线	20 分	动作迅速 5 分 操作正确 15 分
3	拉开触电者	20 分	动作迅速 5 分 操作正确 15 分
4	挑开电源线	20 分	动作迅速 5 分 操作正确 15 分
5	金属裸线短路	20 分	动作迅速 5 分 操作正确 15 分

任务 3　触电急救的现场操作训练

一、任务目标

1. 了解触电者的现场特征及伤情的诊断处理。
2. 学会人工呼吸和胸外心脏挤压的操作手法。
3. 熟练掌握触电急救的现场心肺复苏抢救方法。

二、相关知识

1．伤情诊断处理

在触电者脱离电源后，应根据其受电流伤害的程度，采取不同的抢救措施。若触电者只是一度昏迷，可将其放在空气流通的地方安静地平卧，松开身上的紧身衣服，摩擦全身，使之发热，以利于血液循环；若触电者发生痉挛、呼吸微弱或停止，应进行现场人工呼吸；当心跳停止或不规则跳动时，应立即采取人工胸外心脏挤压法进行抢救；若触电者停止呼吸或心脏停止跳动，可能是假死，决不可放弃抢救，应立即进行现场心肺复苏抢救，即同时进行人工呼吸和胸外心脏挤压。抢救必须分秒必争，并迅速向 120 急救中心求救。

2．现场抢救方法

（1）人工呼吸。是指用人工的方法来代替肺的呼吸活动。人工呼吸的方法很多，其中以口对口吹气式人工呼吸最为方便有效，也易学会和传授。具体做法如下。

① 首先把触电者移到空气流通的地方，最好放在平直的木板上，使其仰卧，头部尽量后仰。先把头侧向一边，掰开嘴，清除口腔中的杂物、假牙等。如果舌根下陷应将其拉出，使呼吸道畅通。同时解开衣领，松开上身的紧身衣服，使胸部可以自由扩张，如图 1.9（a）所示。

② 抢救者位于触电者的一侧，用一只手捏紧触电者的鼻孔，另一只手掰开嘴，深呼吸后，以口对口紧贴触电者的嘴唇吹气，使其胸部膨胀，如图 1.9（b）所示。

③ 然后放松触电者的口鼻，使其胸部自然恢复，让其自动呼气，时间约 3s，如图 1.9（c）所示。

按照上述步骤反复进行，4 ~ 5s 吹气 1 次，每分钟约 12 次。如果触电者张口有困难，可用口对准其鼻孔吹气，其效果与上面的方法相近。

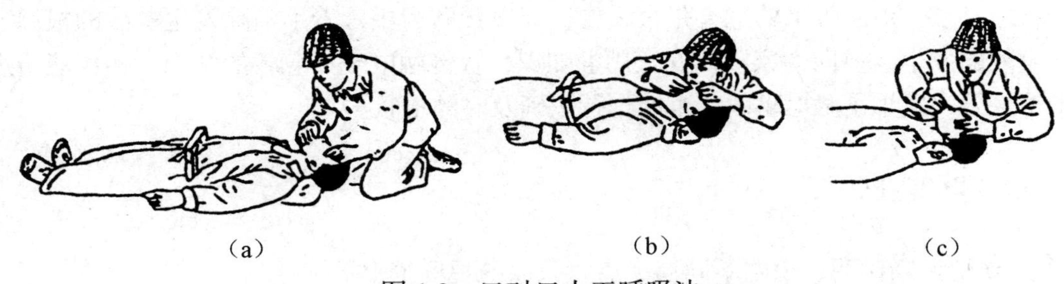

（a）　　（b）　　（c）

图 1.9　口对口人工呼吸法

（2）人工胸外心脏挤压法。是指用人工胸外挤压代替心脏的收缩作用，此法简单易学，效果好，不需要设备，易于普及推广。具体做法如下。

① 使触电者仰卧在平直的木板上或平整的硬地面上，姿势与进行人工呼吸时相同，

但后背应完全着地，抢救者跨在触电者的腰部两侧，如图 1.10（a）所示。

② 抢救者双手交叉叠起，用掌根置于触电者胸部下端部位，即中指尖部置于其颈部凹陷的边缘，掌根所在的位置即为正确挤压区。然后自上而下直线均衡地用力挤压，使其胸部下陷 3～4cm，以压迫心脏使其达到排血的作用，如图 1.10（b）、（c）所示。

③ 使挤压到位的手掌突然放松，但手掌不要离开胸壁，靠胸部的弹性自动恢复原状，使心脏自然扩张，大静脉中的血液就能回流到心脏中来，如图 1.10（d）所示。

按照上述步骤持续不断地进行，每分钟约 80 次。挤压时定位要准确，压力要适中，不要用力过猛，以免造成肋骨骨折、气胸、血胸等危险。但也不能用力过小，否则达不到挤压目的。

（a）急救者跪跨位置

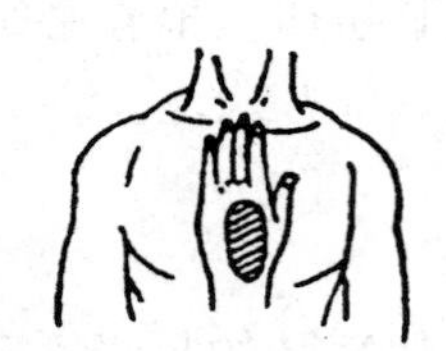
（b）手掌压胸位置

（c）挤压方法示意

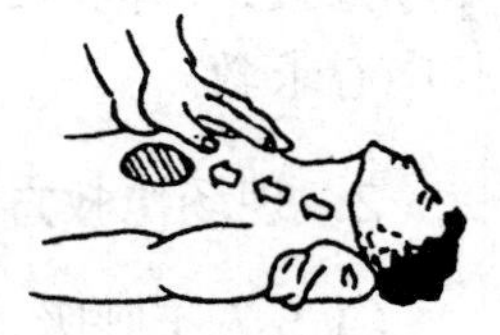
（d）放松方法示意

图 1.10　人工胸外心脏挤压法

上述两种方法应对症使用，若触电者心跳和呼吸均已停止，则两种方法应同时使用。单人抢救时，每按压 15 次后吹气 2 次，如此反复进行；双人抢救时，每按压 5 次后由另一人吹气 1 次，如此反复进行。

3．抢救中的观察与处理

经过一段时间的抢救后，若触电者面色好转、口唇潮红、瞳孔缩小、心跳和呼吸恢复正常，四肢可以活动，这时可暂停数秒进行观察，有时触电者至此就可恢复。如果还不能维持正常的心跳和呼吸，必须在现场继续进行抢救，尽量不要搬动，如果必须搬动，抢救工作决不能中断，直到医务人员到来。

总之，触电事故带来的危害是很大的，要以预防为主，着手消除发生事故的根源，防止事故的发生；要向大家宣传安全用电知识，宣传触电现场急救的知识，不仅能防患于未然，万一发生了触电事故，也能进行正确及时的抢救。

三、实训内容

1. 伤情诊断说明。说明不同伤情需要采取的现场抢救措施。

2. 心肺复苏训练。利用心肺复苏模拟人，如图 1.11 所示。让学生在硬板床或地面上，进行口对口人工呼吸和胸外心脏挤压急救的手法及节奏训练。根据心肺复苏模拟人显示器上的显示结果，评定学生急救手法的力度和节奏是否符合要求。

3. 观察处理说明。说明在抢救中对触电者应如何进行观察和处理。

4. 实训报告。将触电急救的现场操作步骤及其要领填入表 1.4 中。

图 1.11　心肺复苏模拟人

表 1.4　触电事故的现场操作实训报告

序号	急救操作内容	操 作 要 领	适 用 情 况
1	伤情诊断说明		
2	单独人工呼吸		
3	单独心脏挤压		
4	心肺复苏操作		
5	观察处理说明		

实训人：　　　　　　　　　　　　　　　　　　　日期：

四、成绩评定

完成各项操作训练后进行技能考核，参考表 1.5 中的评分标准进行成绩评定。

表 1.5　触电急救的现场操作评分标准

序号	考 核 内 容	配分	评 分 细 则
1	伤情诊断说明	10 分	伤情诊断说明正确 10 分
2	单独人工呼吸	25 分	操作手法正确 15 分 时间节奏正确 10 分
3	单独心脏挤压	25 分	操作手法正确 15 分 时间节奏正确 10 分
4	心肺复苏操作	30 分	操作手法正确 20 分 节奏配合正确 10 分
5	观察处理说明	10 分	观察处理说明正确 10 分

任务4　电气火灾的应急处理训练

一、任务目标

1. 了解电气火灾产生的原因。
2. 熟悉电气火灾的预防措施。
3. 掌握电气火灾的消防操作。

二、相关知识

1. 引起电气火灾的主要原因

（1）线路短路。发生短路时，线路中的电流增加为正常时的几倍甚至几十倍，而产生的热量又和电流的平方成正比，使得温度急剧上升，大大超过允许范围。如温度达到自燃物或可燃物的燃点时，即会引起燃烧，发生火灾，如图 1.12（a）所示。容易发生短路的情况有以下几种。

① 电气设备的绝缘老化变质、受机械损伤，在高温、潮湿或腐蚀的作用下使绝缘层破损。

② 因雷击等过电压的作用，使绝缘击穿。

③ 安装和检修工作中，接线和操作的错误。

（2）负荷过载。电气设备过载，使导线中的电流超过导线允许通过的最大电流，而保护装置又不能发挥作用，引起导线过热，烧坏绝缘层，因而引起火灾，如图 1.12（b）所示。过载原因有以下几方面。

① 设计选用的线路或设备不合理，以致在额定负载下出现过热。

② 使用不合理，如超载运行、连续使用时间过长，造成过热。

③ 设备故障运行，如三相电动机断相运行、三相变压器不对称运行，均可造成过载。

（3）导线接触不良。导线连接处接触不良，电流通过接触点时打火，引起火灾，如图 1.12（c）所示。接触不良的原因有以下几点。

① 接头连接不牢、焊接不良或接头处混有杂物，都会增加接触电阻而导致接头打火。

② 可拆卸的接头连接不紧密或由于震动而松动，也会增加接触电阻而导致接头打火。

③ 开关、接触器等活动触点，在没有足够的压力或接触粗糙不平时，都会导致打火。

④ 对于铜铝接头，由于铜和铝性质不同，接头处易受电解作用的腐蚀，从而导致打火。

（4）用电时间过长。长时间使用发热电器，用后忘关电源，引燃周围物品而造成火灾，如图 1.12（d）所示。

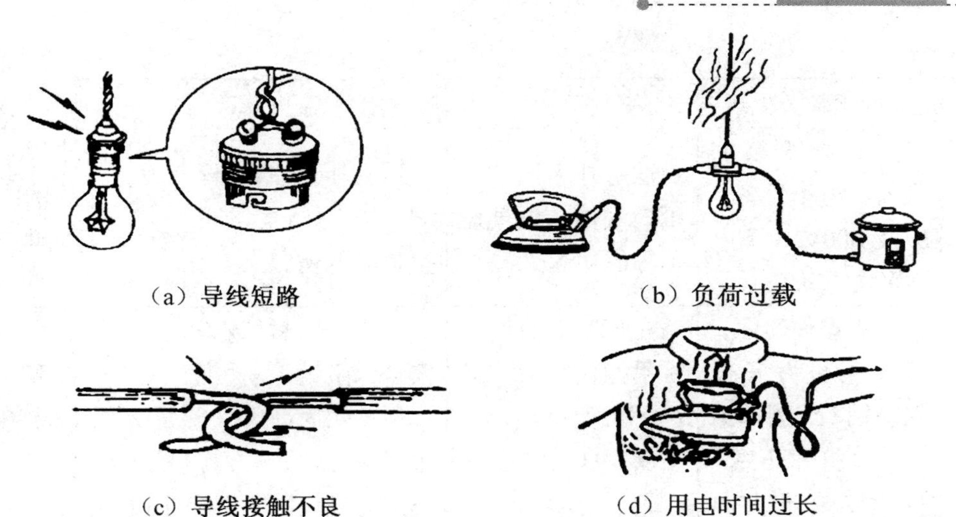
（a）导线短路　（b）负荷过载
（c）导线接触不良　（d）用电时间过长

图 1.12　引起电气火灾的原因示意图

2．电气火灾的预防措施

（1）选择合适的导线和电器。当电气设备增多、电功率过大时，及时更换原有电路中不符合要求的导线及有关设备。

（2）选择合适的保护装置。可以预防线路发生过载或用电设备发生过热等情况。

（3）选择绝缘性能好的导线。对于热能电器，应选用石棉织物护套线绝缘。

（4）避免接头打火和短路。电路中的连接处应牢固，接触良好，防止短路。

3．电气消防知识

在发生电气火灾时，应采取以下措施。

（1）发现电子装置、电气设备、电线电缆等冒烟起火时，应尽快切断电源。

（2）使用沙土或专用灭火器进行灭火。

（3）灭火时应避免身体或灭火工具触及导线或电气设备。

（4）若不能及时灭火，应立即拨打 119 报警。

几种常见的消防用灭火器的用途和使用方法，如表 1.6 所示。

表 1.6　消防用灭火器的用途和使用方法

种类	二氧化碳灭火器	干粉灭火器	1211 灭火器	泡沫灭火器
灭火器外形				

续表

种类	二氧化碳灭火器	干粉灭火器	1211 灭火器	泡沫灭火器
用途	适宜扑灭精密仪器、电子设备，以及600V以下电器的初起火灾	适宜扑灭油类、可燃气体、电气设备等的初起火灾	适宜扑灭油类、仪器及文物档案等贵重物品的初起火灾	适宜扑灭油类及一般物品的初起火灾，不适宜电气设备火灾
使用方法	一手握住喷筒，另一手拔去安全保险销（或撕掉铅封），打开开关，将喷嘴对准火源喷射	先打开保险销，一手握住喷筒，另一手拉动拉环，将喷嘴对准火源喷射	先撕去铝封、拔去安全保险销，一手抱住灭火器底部，另一手握住压把开关，将喷嘴对准火源喷射	一手握住拉环，另一手握住筒身的底边，将灭火器颠倒过来，喷嘴对准火源，用力摇晃几下即可

三、实训内容

1. 火灾处理措施。假设某处发生电气火灾，让学生及时采取措施排除或报警。
2. 灭火器材使用。根据火灾情况能正确选择灭火器材，并模拟其使用方法。
3. 火灾灭火演习。在指导老师和学校保卫部门的指导下进行模拟灭火演习。
4. 检查火灾隐患。检查教室、宿舍和实验室的电路和电器是否存在引起火灾的隐患，并提出预防措施。

四、成绩评定

完成各项操作训练后进行技能考核，参考表1.7中的评分标准进行成绩评定。

表1.7　电气火灾的应急处理评分标准

序号	考核内容	配分	评分细则
1	火灾处理措施	20分	应急动作迅速10分 处理措施恰当10分
2	灭火器材使用	30分	器材选择正确10分 操作使用熟练20分
3	火灾灭火演习	30分	器材使用正确10分 灭火操作熟练20分
4	检查火警隐患	20分	做好检查记录10分 提出预防措施10分

思考题

1. 在日常用电和电气维修中，哪些因素会导致触电？
2. 什么叫安全电压？对安全电压值有何规定？
3. 简述保护接地和保护接零的作用。
4. 预防触电应该采取的安全措施主要有哪些？
5. 电工安全操作规程的内容主要有哪些？
6. 如果有人发生触电，应该怎么办？
7. 简述口对口人工呼吸法的操作要点。
8. 简述人工胸外心脏挤压法的操作要点。
9. 电工的岗位责任制包括哪些内容？
10. 引起电气火灾的主要原因有哪些？
11. 在发生电气火灾时，应采取哪些措施？
12. 简述1121灭火器的用途和使用方法。

项目 2

电工基本操作

电工基本操作是电工技术的基本技能，是培养电工动手能力和解决实际问题的基础，熟练掌握常用电工工具的使用，掌握各种导线电连接和电烙铁焊接技术，学会电气图的读图方法，并通过操作实践不断积累经验，才能逐步锻炼成为经验丰富、实践能力强的专用型人才。本项目主要进行常用电工工具的使用、各种导线的电气连接、铜导线的焊接、电工识图基础等技能训练。

任务 1　电工工具的使用训练

一、任务目标

1. 熟悉常用电工工具的种类和用途。
2. 学会常用电工工具的基本使用方法。
3. 掌握电工工具的操作要领及注意事项。

二、相关知识

电工工具是电气安装与维修工作的必要工具，正确使用它们是提高工作效率，保证施工质量的重要条件，因此必须十分重视电工工具的使用方法。

电工工具种类繁多，这里仅对常用工具做一般介绍，对电工工具的使用是一个在使用过程中不断提高、不断实践的过程。

随身电工工具是电工随时携带的常用工具，包括试电笔、克丝钳、偏口钳、电工刀、螺丝刀、尖嘴钳、剥线钳及活络扳手等，此外还有一些电工公用工具（不随身携带），如冲击电钻、喷灯、压接钳、台钻、电烙铁等。

下面介绍几种常用电工工具的使用方法及注意事项。

1．常用随身携带电工工具

常用随身携带电工工具的主要用途和正确使用方法如表 2.1 所示，其外形如图 2.1 所示。

表 2.1 常用随身携带电工工具的用途和正确使用方法

名　称	主要用途和正确使用方法
尖嘴钳	用于夹持小型金属零件和弯曲细引线或导线，不宜夹持螺母
克丝钳	用于截断钢丝和电线、夹持螺母或零件，不宜敲打设备上的零件或物体
偏口钳	用于剪切焊接后的电子元件引线、剥离导线绝缘层、切断细电线，不宜截断钢丝
剥线钳	用于剥离较细导线的绝缘层，刃口选择要合适，防止损伤线芯
镊子	用于夹持电子元件进行焊接或拆焊，不宜夹持较大元件
螺丝刀	专用于旋拧螺钉，分“一”字和“十”字两种。规格选择要合适，不能用力过大防止螺钉头损坏和滑扣
电工刀	用于切割软物体和剥离导线绝缘层，剖削角度要合适，防止割伤线芯
活络扳手	用于紧固和起松螺母，用力方向要正确，不宜敲打设备上的零件或物体
试电笔	用于检验 500V 以下的导体，使用方法详见试电笔介绍

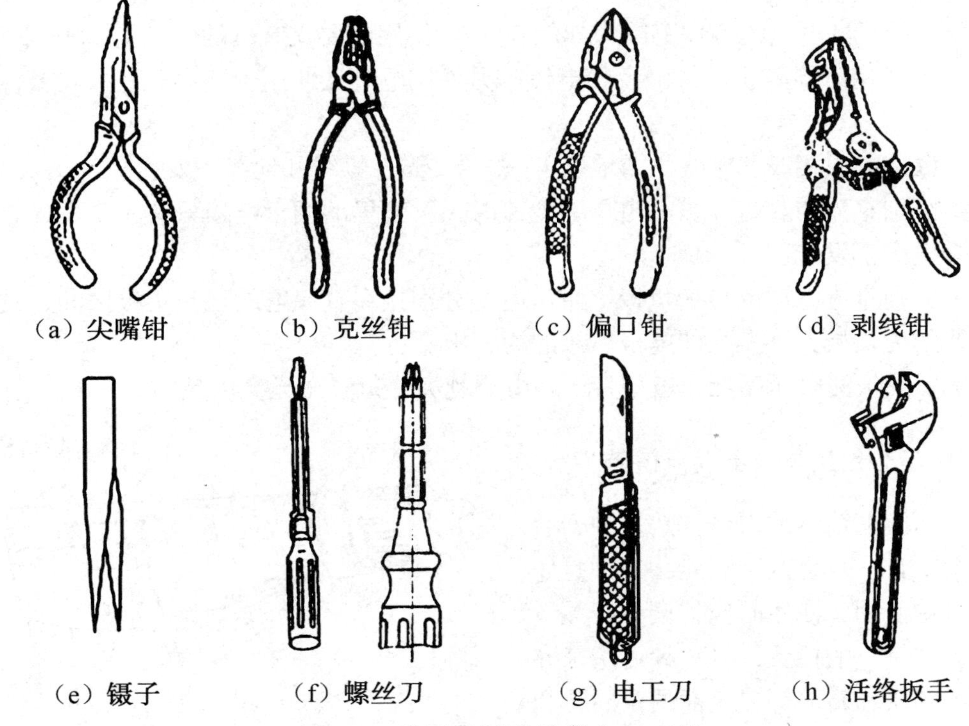

（a）尖嘴钳　（b）克丝钳　（c）偏口钳　（d）剥线钳

（e）镊子　（f）螺丝刀　（g）电工刀　（h）活络扳手

图 2.1 常用的随身携带电工工具

这些工具中需要重点介绍的是试电笔。

试电笔又称低压验电器，是电工常用的辅助安全工具。用于检查测量 500V 以下的导体或各种用电设备金属外壳是否带电。

试电笔的外形有钢笔式和旋具式，结构如图 2.2 所示。试电笔由氖管、电阻、弹簧、笔尖探头（刀体探头）、笔身（刀柄）和金属笔挂（螺钉）组成。

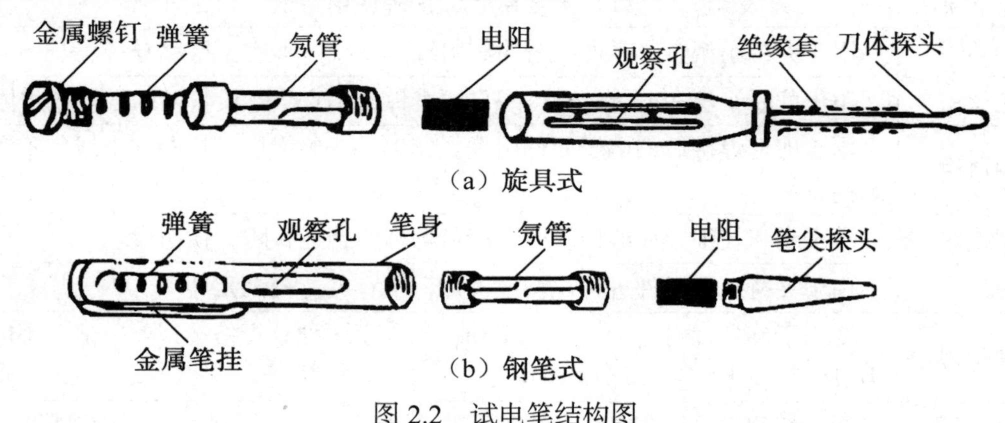

图 2.2　试电笔结构图

当探头探及物体的带电电压超过 60V 时，人体通过笔挂（或螺钉）、弹簧、氖管、电阻、带电体与大地形成回路，在氖管内形成辉光放电。可从观察孔观察氖管是否发光来判断被测导体是否带电。

注意：低压试电笔的测试范围为 60 ~ 500V，使用前要在有电的电源上检查氖管能否正常发光，使用时要防止人体触及带电体。另外试电笔在使用中还有一些技巧要注意和掌握。

（1）区别电源相线和零线（或地线），相线发光，零线和地线不发光。

（2）区别直流与交流，被测电压为直流时，氖管里的两个电极只有一个发光，而交流时两个电极都发光。

（3）区别直流电源的正、负极，将试电笔分别接在直流电的正、负极之间，发光的电极所接的为负极，不发光的电极所接的为正极。

（4）区别被测电压高低，被测带电体电压越高，氖管发光亮度越大。

2．电工公用工具（不随身携带）

（1）冲击电钻。冲击电钻是一种安装用的电动工具，具有两种功能：一种是作为普通电钻使用，使用时应把调节开关扳到标记为“钻”的位置；另一种可用来冲打混凝土砌块和砖墙等建筑面的紧固孔和导线过墙孔，这时应把调节开关扳到标记为“锤”的位置。冲击电钻外形如图 2.3 所示。

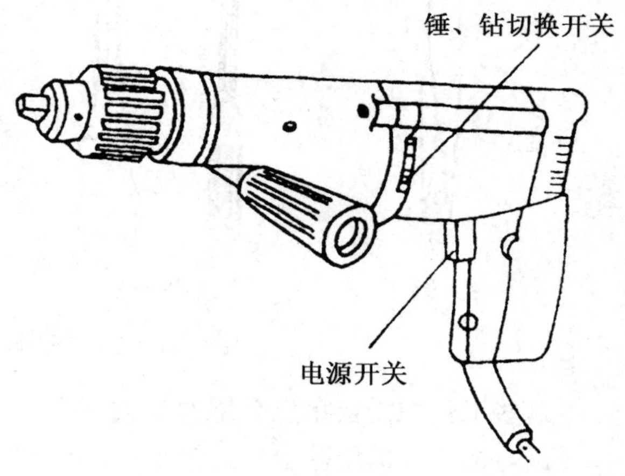

图 2.3　冲击电钻外形图

小型冲击电钻通常可冲打直径为 6 ~

16mm 的圆孔。有的冲击电钻还可以调节转速，有双速和三速之分，需要调速或调挡时，均应在停转的情况下进行。用冲击电钻开凿墙孔时，必须配有专用的合金冲击钻头，其规格按所需孔径选配，常用的规格有 8mm、10mm、12mm、16mm 等。

在冲钻墙孔过程中，应间隔一定时间把钻头拔出，退出砖屑后继续钻孔，在钢筋混凝土建筑物上钻孔时，当钻头遭遇坚韧物体时不应施加太大的压力，以免钻头因过热而退火，退火后的钻头硬度下降，就不能再继续使用了。

（2）压接钳。压接钳是连接导线或导线端头的常用工具。采用压接的电连接施工方便，接触电阻较小，牢固可靠。根据压接导线和压接管的截面积不同来选择不同规格的压接钳。各种压接钳的使用范围参见表 2.2，外形结构如图 2.4 所示。

表 2.2　各种压接钳的使用范围

名　　称	型　　号	使 用 范 围
多股导线压接钳	—	1.0 ~ 6mm^2　多股导线
单股导线压接钳	—	2.5 ~ 10mm^2　单股导线
手动油压钳	SLP1240	16 ~ 240mm^2 多股导线

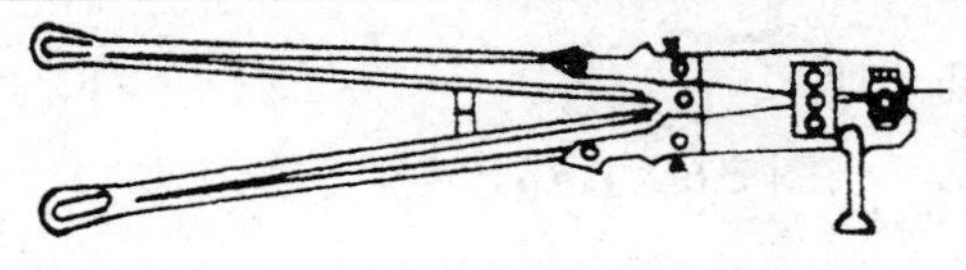

图 2.4　压接钳外形结构图

压接方法适用于铝芯导线的连接，压接前先选择好合适的压接管，清除导线表面和压接管内壁上的氧化层及污物，再将两根导线相对插入并穿出压接管，然后用压接钳压接。压接钳在压接管上的压坑数目，视导线直径及压接管长度而定，压接管压接方法如图 2.5 所示。

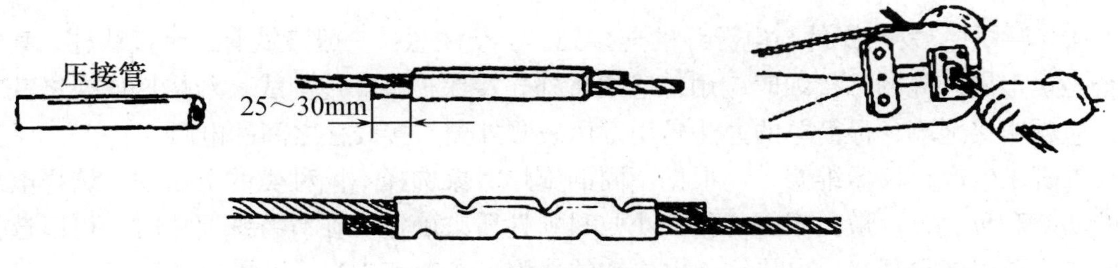

图 2.5　压接管压接方法

（3）电烙铁。电烙铁是手工锡焊的主要工具，选择合适的电烙铁并合理使用是保证焊接质量的基础。由于焊接任务不同，电烙铁分为不同的结构和形式：按加热方式不同分为直热式、感应式、气体燃烧式等；按电热功率不同分为 20W、30 ~ 300W 等；按功能又分为单用式、两用式、调温式等。最常用的是单用式直热电烙铁，它又可分为内热式和外热式两种。直热式电烙铁主要由以下四部分组成，如图 2.6 所示。

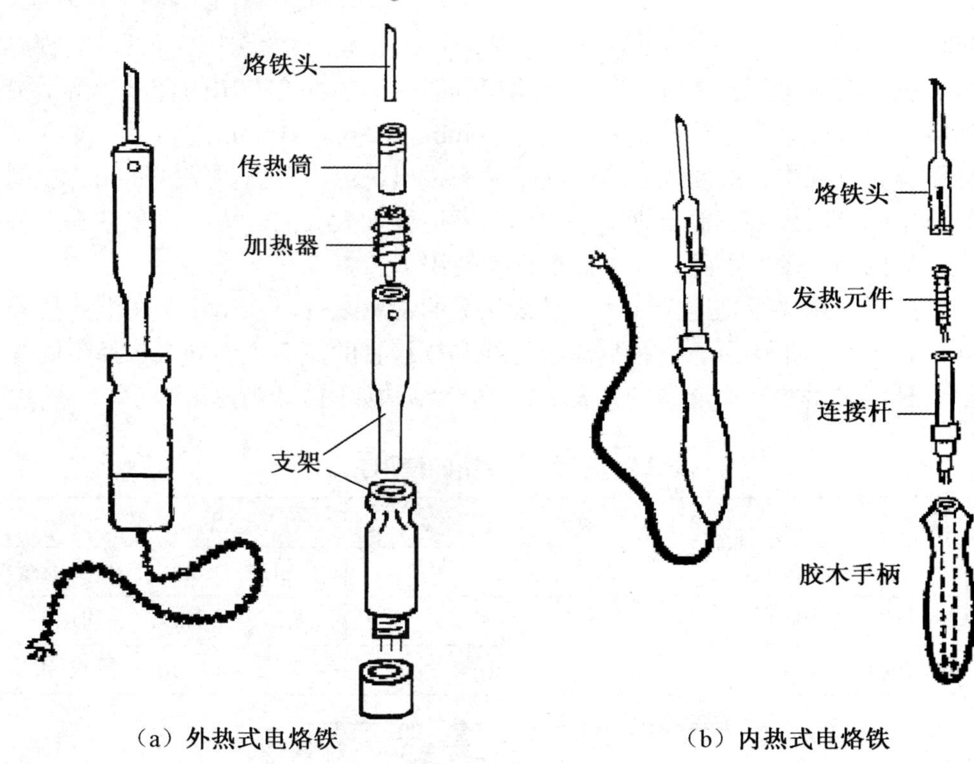

(a) 外热式电烙铁　　(b) 内热式电烙铁

图 2.6　直热式电烙铁结构

① 发热元件：俗称烙铁芯，是将镍铬合金电阻丝缠绕在耐热材料上制成。发热元件在传热体内部的称为内热式，反之则为外热式。

② 烙铁头：作为热能存储和传递的烙铁头，一般用紫铜制成。在使用中，因高温氧化和焊剂腐蚀，端部会变得凹凸不平，需经常清理和锉削修整。

③ 手柄：一般用木料或胶木制成，设计不良或安装不当的手柄，常因温度升得过高而影响使用。

④ 接线柱：发热元件与电源线的连接处。必须注意：一般烙铁有三个接线柱，其中一个是接金属外壳的，接线时应用三芯线将外壳接保护零（地）线。新烙铁或换烙铁芯时，应判明接地端，最简单的办法是用万用表测外壳与接线柱之间的电阻。

科研、生产、仪器维修，可根据不同的施焊对象选择不同种类的电烙铁。选择电烙铁的功率和种类，一般是根据焊件大小与材料性质来确定。在有特殊要求时，可以选择感应式、调温式等规格的电烙铁。电烙铁的选用可参考表 2.3。

表 2.3　电烙铁的选用参考

焊件及施焊性质	电烙铁选用	烙铁头的温度（℃）
一般印制线路板	20W 内热式，30W 外热式，恒温式	300～400℃

续表

焊件及施焊性质	电烙铁选用	烙铁头的温度（℃）
集成电路	20W 内热式，恒温式，储能式	300 ~ 400℃
焊片、电位器、3W 以上电阻、功率管	35 ~ 50W 内热式，外热式，恒温式	350 ~ 450℃
2.5 mm^2 以下铜导线接头焊接	50 ~ 100W 外热式	400 ~ 500℃

电烙铁的握法有三种：正握法、反握法、笔握法，如图 2.7 所示。反握法适于大功率电烙铁的焊接，正握法适于中功率的电烙铁或带弯头的电烙铁的焊接，笔握法适于小功率电烙铁（焊接印制电路板）的焊接。

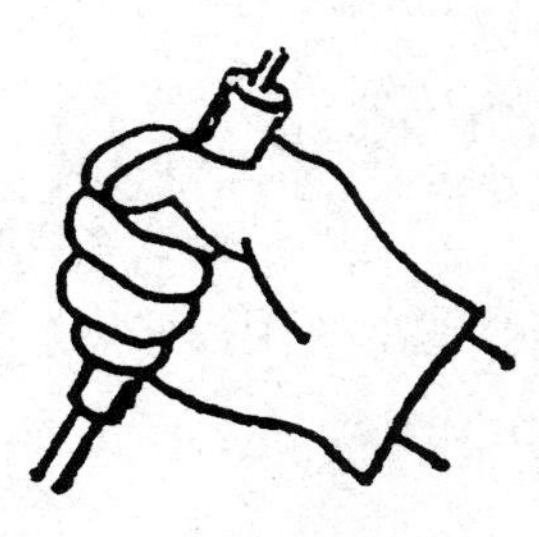

（a）正握法

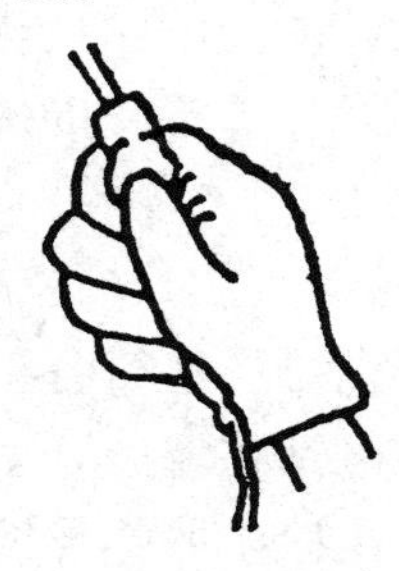

（b）反握法

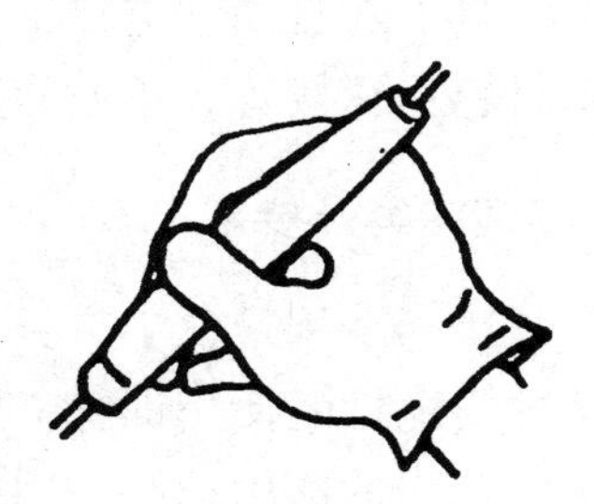

（c）笔握法

图 2.7　电烙铁的三种握法

电烙铁使用时的注意事项：

① 电烙铁焊接时挥发的气体对人体有害，长期吸入会损害健康，一般电烙铁与鼻子的距离不能小于 20cm，通常以 30cm 为宜。

② 使用前必须检查两根电源线与保护接地线的接头是否正确，千万不能接错，否则会使操作人员触电。

③ 电烙铁初次使用时，应在烙铁头浸上一层锡，使用一段时间后，需要清理传热筒上的氧化层，使用过程中不能任意敲击烙铁头，避免损坏内部发热元件。

④ 电烙铁的助焊剂，一般应使用松香或中性焊剂，不宜选用酸性助焊剂，以免腐蚀电子元件的管脚和烙铁头。

⑤ 烙铁头要保持清洁。使用时可在石棉毡等织物上擦几下，以除去氧化层，长期使用后烙铁头表面还可能出现不能上锡（烧死）的现象，这时先用刮刀刮去焊锡，再用锉刀除去表面黑灰色的氧化层，重新浸锡。

⑥ 电烙铁工作时要放在专用的烙铁架上，以免烫坏导线绝缘层和衣服。

电烙铁锡焊导线的操作方法：

① 去掉一定长度的绝缘层。

② 除去线芯上的氧化层，并套上合适的绝缘管。

③ 绞合两根线芯，剪齐端部，用电烙铁焊接。

④ 趁热套上绝缘管，冷却后固定在接头处。

⑤ 注意事项：焊接后的接头处不能有毛刺，防止刺穿绝缘套管，导线焊接操作过程如图 2.8 所示。

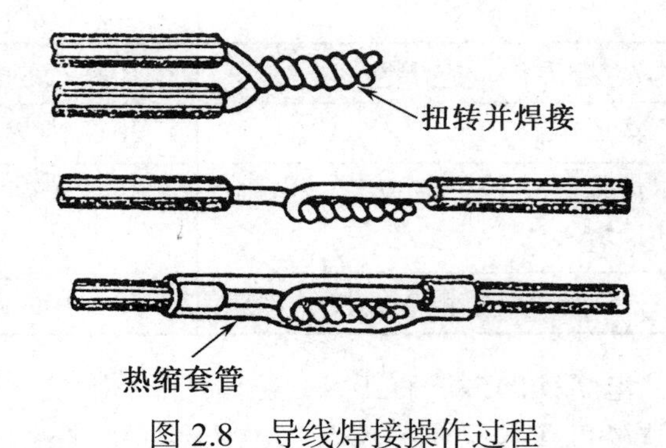

图 2.8　导线焊接操作过程

三、实训内容

1．实训用工具和材料

（1）工具：随身携带电工工具一套、冲击电钻、压接钳、电烙铁。

（2）材料：压接管、单股和多股导线、焊锡、助焊剂。

2．实训内容及要求

（1）常用随身携带电工工具的使用训练：进行各种工具的基本使用操作。

（2）冲击电钻的使用训练：用冲击电钻在墙上开凿墙孔。

（3）压接钳的使用训练：用压接钳压接多股铝导线。

（4）电烙铁的使用训练：用电烙铁焊接单股铜导线。

3．实训报告

常用电工工具使用训练填写表 2.4 中的有关内容。

表 2.4　常用电工工具使用实训报告

序号	实 训 内 容	主 要 用 途	使 用 要 领	注 意 事 项
1	尖嘴钳的使用			
2	克丝钳的使用			
3	偏口钳的使用			
4	剥线钳的使用			
5	镊子的使用			
6	螺丝刀的使用			
7	电工刀的使用			
8	活络扳手的使用			
9	试电笔的使用			
10	冲击电钻的使用			
11	压接钳的使用			
12	电烙铁的使用			

实训人：　　　　　　　　　　　　　　日期：

四、成绩评定

完成各项操作训练后进行技能考核，参考表 2.5 中的评分标准进行成绩评定。

表 2.5 常用电工工具的使用评分标准

序号	考 核 内 容	配分	评 分 细 则
1	1 ~ 8 种工具的使用	40 分	使用要领叙述正确 16 分，每种 2 分 实际操作使用正确 24 分，每种 3 分
2	9 ~ 12 种工具的使用	40 分	使用要领叙述正确 20 分，每种 5 分 实际操作使用正确 20 分，每种 5 分
3	各种工具维护	5 分	使用过后完好无损，损坏一件扣 5 分
4	安全文明生产	15 分	遵守操作规程，无违章操作情况 5 分 保持工位卫生，做好清洁及整理 5 分 听从教师安排，无各类事故发生 5 分

任务2 导线的电气连接训练

一、任务目标

1. 熟悉单股和多股导线的各种电连接操作方法。
2. 学会单股和多股导线与导线之间的电连接操作方法。
3. 学会单股和多股导线与接线端子的电连接操作方法。
4. 掌握导线电连接后的绝缘恢复操作技能。

二、相关知识

在电气安装与线路维护工作中，通常因导线长度不够或线路有分支，需要把一根导线与另一根导线做成固定电连接，在电线终端要与配电箱或用电设备做电连接，这些固定点连接处称为接头。导线的电连接是电工技术工作中的一道重要工序，每个电工都必须熟练掌握这一操作技能。

导线的电连接方法很多，有铰接、焊接、压接、紧固螺钉压接等。不同的电连接方法适用于不同的导线种类和不同的使用环境。

导线电连接的要求：导线接头处的接触电阻应尽量小，也就是在通过电流时接触点的电压降不能超过允许值，接头处的机械强度不能低于原导线机械强度的 80%，接头处有绝缘要求的，其绝缘强度不能比原导线降低，接头处长期使用时能够耐受有害气体腐蚀。

1．剖削绝缘层

做导线电连接之前，必须将导线端部或导线中间清理干净，要求剖削绝缘层方法正确。对橡胶绝缘线要分段剖削，如图 2.9 所示；对无保护套的塑料绝缘线，应采用单层剖削。剖削绝缘层时，不能损伤线芯，裸露线长度一般为 50 ~ 100mm，截面积小的导线要短一些，截面积大的要长一些。

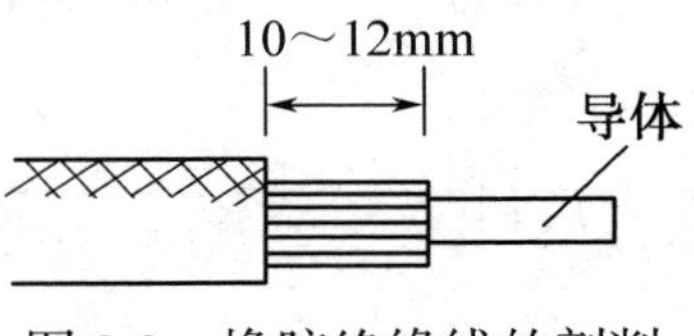

图 2.9　橡胶绝缘线的剖削

2．单股导线的直接连接和 T 形连接方法

铰接法适用于截面积小于 $6mm^2$ 的单股铜（铝）线的电连接，铰接电连接有直接连接、T 形连接、十字形连接等多种形式，如图 2.10 所示。单股导线的连接步骤如表 2.6 所示。

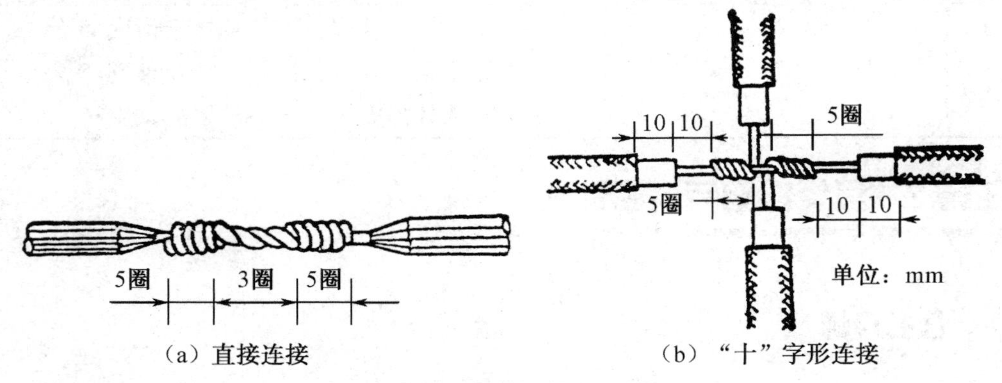

（a）直接连接　　（b）“十”字形连接

图 2.10　单股导线的铰接

表 2.6　单股导线的连接步骤

连接种类	连接步骤
单股导线的直接连接	两根导线连接端的剖削，除去绝缘层 50 ~ 100mm
	两根金属导线线头接成 X 形状
	X 形状的导线互相绞绕 2 ~ 3 圈
	扳直两根互相绞绕的金属线头
	每根线头在芯线上贴紧缠绕 6 圈，多余的线头剪去，除去毛刺
单股导线的 T 形连接	用剥线钳剥开两根导线的绝缘层，直通导线（干线）剥去中间一段绝缘层
	将支线和干线的金属导线做十字交叉
	将支线芯线按顺时针方向紧贴干线密绕 6 ~ 8 圈
	用克丝钳剪去余下的芯线，除去毛刺即可

3. 多股导线的直接连接和 T 形连接方法

多股导线的直接连接和 T 形连接形状如图 2.11 所示，多股导线的连接步骤如表 2.7 所示。

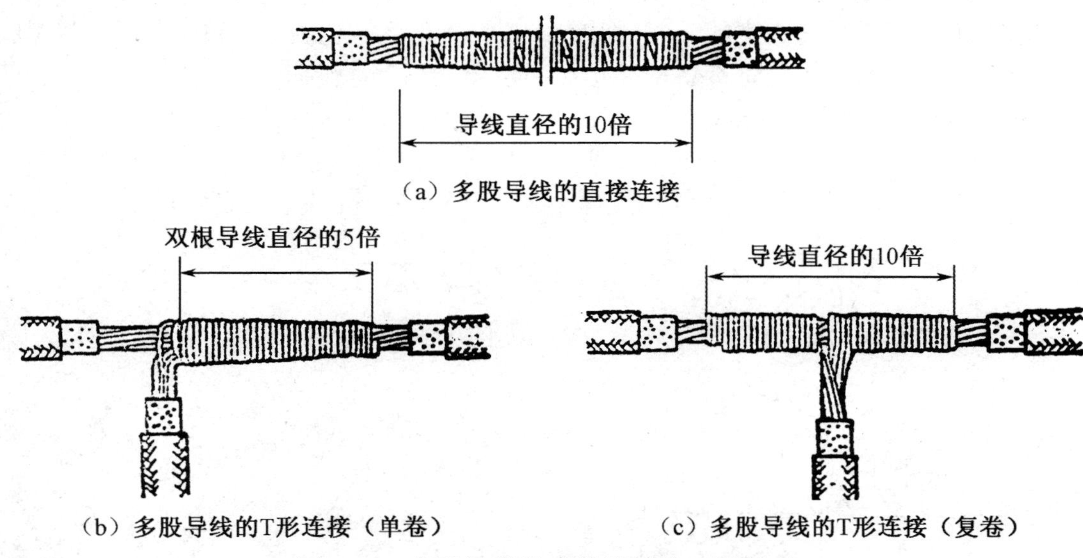

（a）多股导线的直接连接

（b）多股导线的T形连接（单卷）

（c）多股导线的T形连接（复卷）

图 2.11　多股导线的直接连接和 T 形连接

表 2.7　多股导线的连接步骤

连接种类	连接步骤
多股导线的直接连接	两根导线直线连接，用插接缠绕法。把两根导线线头的绝缘层剥开并除去氧化层，拉直线头，将中心部分导线切短 1/2
	拧开多股导线，将两头线芯插接在一起，利用导线本身缠绕连接
	把对叉的线芯压平，扳起 1～3 根从中心处开始缠绕，缠完之后再扳起第二个 1～3 根继续缠绕，直到缠完为止
多股导线的 T 形连接	剥去导线绝缘层，将分支线弯成 90° 形状，把支线紧靠在干线上。扳起 1～3 根分支芯线与干线紧密缠绕
	单卷：缠完第一个 1～3 根之后再扳起第二个 1～3 根继续缠绕，直到缠完为止，修剪毛刺
	复卷：将分支线根部绞紧，把其余长度的线股均分并紧密排拢在一起，分别向两边紧密缠绕，缠完修剪毛刺即可

4. 导线绝缘层的恢复

导线连接后，必须恢复绝缘，或导线的绝缘层破损后，也必须恢复其绝缘。要求恢复后的绝缘强度应不低于原来绝缘层的绝缘强度。通常用黄蜡带、涤纶薄膜带和黑胶带作为恢复绝缘层的材料，黄蜡带和黑胶带一般选用宽度为 20mm 较为适中，包缠操作也方便。

绝缘带的包缠方法：将黄蜡带从导线左边完整的绝缘层上开始包缠，包缠两根带宽后方可进入无绝缘层的金属芯线部分，如图 2.12（a）所示。包缠时黄蜡带与导线保持约 60° 的倾斜角，每圈压叠带宽的 1/2，如图 2.12（b）所示。包缠一层黄蜡带后，将黑胶带接在黄蜡带的尾端，按反向斜叠方向包缠一层黑胶带，也要每圈压叠带宽的 1/2，如图 2.12（c）和图 2.12（d）所示。

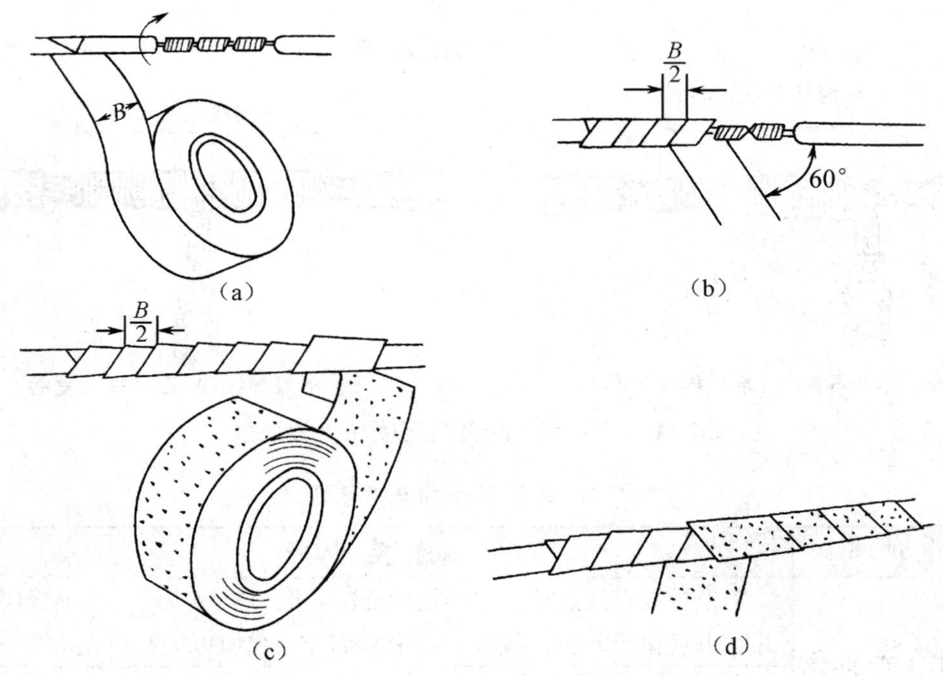

图 2.12　直连导线绝缘带的包缠方法

T 形连接的包缠过程如图 2.13 所示。

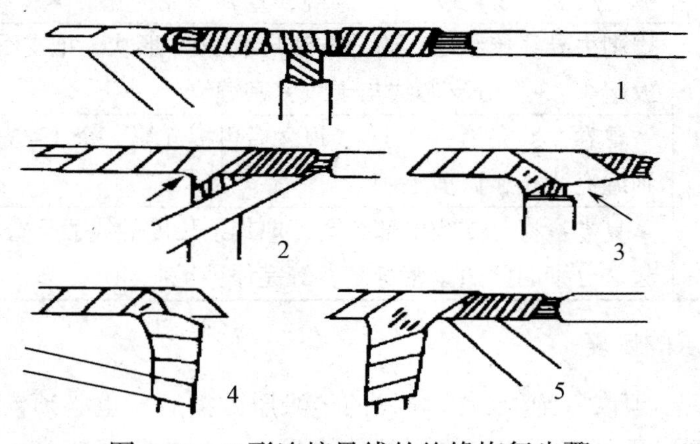

图 2.13　T 形连接导线的绝缘恢复步骤

在 380V 线路上的导线恢复绝缘时，必须先包缠 1 ~ 2 层黄蜡带，然后再包缠一层黑胶带；在 220V 线路上的导线恢复绝缘时，先包缠一层黄蜡带，然后再包缠一层黑胶带。绝缘带包缠时，不能过疏，更不允许露出芯线，以免造成触电或短路事故。包缠时绝缘带要拉紧，要包缠紧密、坚实，并粘连在一起，以免有害气体进入。绝缘胶带不可放在温度高的地方，也不可浸染油类。

5．导线与电器接线端子的连接

在各种电气元件或电气装置上，均有接线端子供连接导线用。常用的接线端子有针孔式和螺钉平压式两种。

（1）导线头与针孔式接线端子的连接。在针孔式接线端子上接线时，如果单股芯线直径与接线端子插线孔大小适宜，只要把线头插入孔中，旋紧螺钉即可。如果单股芯线较细则要把芯线端头折成双根，再插入孔中，如图 2.14（a）所示。如果是多股细丝铜软线，必须先把线头绞紧并搪锡或装接针孔式导线端头，然后再与接线端子连接。注意，切不可有细丝露在接线孔外面，以免发生短路事故。

（2）导线端头与螺钉平压式接线端子的连接。在螺钉平压式接线端子上接线时，对于截面积 $10mm^2$ 以下的单股导线，应把线头弯成圆环，要求弯曲的方向应与螺钉拧紧的方向一致，如图 2.14（b）所示。

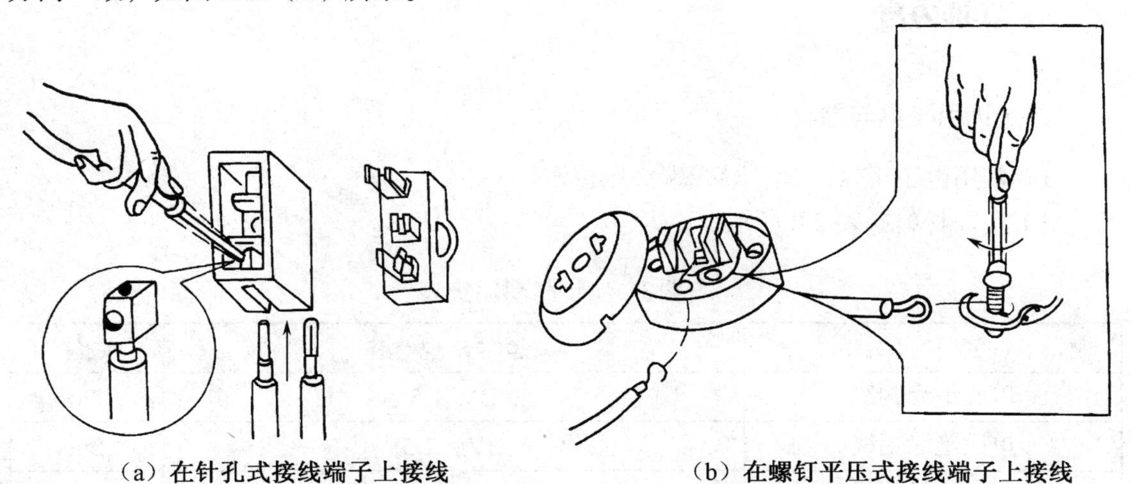

（a）在针孔式接线端子上接线　　（b）在螺钉平压式接线端子上接线

图 2.14　导线与接线端子的连接方法

6．导线与导线端头的连接

多股软导线或较大面积的单股导线与电气元件或电气设备接线柱连接时，需要装接相应规格的导线端头（俗称线鼻子），使用时应按接线端子类型选择不同形状的导线端头，各种形状的导线端头如图 2.15 所示。

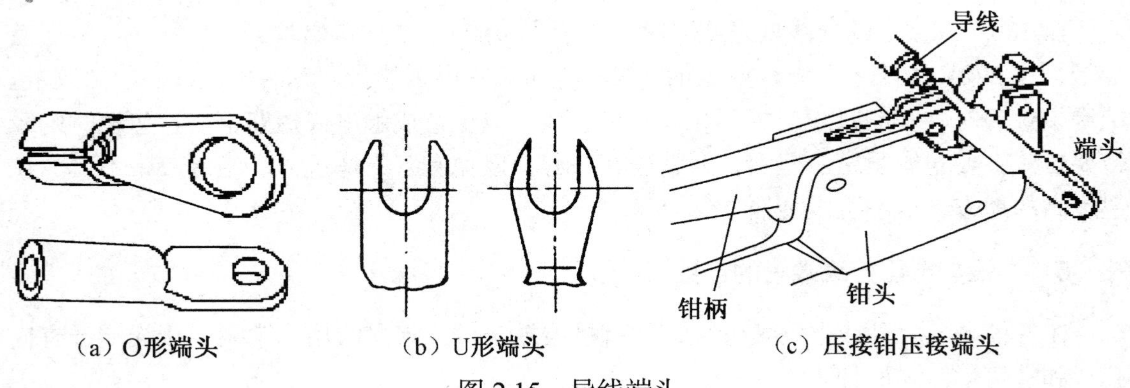

（a）O形端头　（b）U形端头　（c）压接钳压接端头

图 2.15　导线端头

（1）单股或多股铝导线与端头的连接一般采用压接法，压接操作方法与铝导线的压接方法相同。有条件的也可以采用气焊法。

（2）单股或多股铜导线与端头的连接通常采用压接和锡焊两种方法。压接操作方法与铝导线的压接方法相同。锡焊方法有三种：截面积在 2.5mm^2 以下的导线，可使用电烙铁焊接；截面积在 4 ~ 16mm^2 的导线，应采用蘸锡焊接；截面积在 16mm^2 以上的导线，应采用浇锡焊接。

三、实训内容

1．实训用工具与器材

（1）常用电工工具一套，导线端头压接钳。

（2）实训材料如表 2.8 所示。

表 2.8　实训材料明细表

名　　称	型 号 规 格	数量
单股绝缘铜线	BV-1.5	2m
单股绝缘铝线	BVL-2.5	2m
塑料绝缘软线	BVR-1.0	2m
O 形导线端头	OT1.0-2.5	5 个
U 形导线端头	UT1.0-2.5	5 个

2．实训内容及要求

（1）按相关要求剖削导线绝缘层。

（2）单股、多股导线的直接连接和 T 形连接。

（3）按相关要求进行导线连接后的绝缘恢复。

（4）压接导线端头，O 形和 U 形端头各 5 个。

3．实训报告

导线的电气连接训练填写表 2.9 中的有关内容。

表 2.9　导线的电气连接实训报告

<table>
<tr><th>项　目</th><th colspan="2">种　　类</th><th>导线型号与规格</th><th>剖削长度（cm）</th><th>连接长度（cm）</th><th>缠绕圈数（圈）</th><th>包缠长度（cm）</th></tr>
<tr><td rowspan="3">单股导线连接</td><td colspan="2">直接连接</td><td></td><td></td><td></td><td></td><td></td></tr>
<tr><td rowspan="2">T 形连接</td><td>干线</td><td></td><td></td><td></td><td></td><td></td></tr>
<tr><td>支线</td><td></td><td></td><td></td><td></td><td></td></tr>
<tr><td rowspan="3">多股导线连接</td><td colspan="2">直接连接</td><td></td><td></td><td></td><td></td><td></td></tr>
<tr><td rowspan="2">T 形连接</td><td>干线</td><td></td><td></td><td></td><td></td><td></td></tr>
<tr><td>支线</td><td></td><td></td><td></td><td></td><td></td></tr>
<tr><td rowspan="2">压接端头</td><td colspan="2">O 形</td><td></td><td></td><td></td><td>—</td><td>—</td></tr>
<tr><td colspan="2">U 形</td><td></td><td></td><td></td><td>—</td><td>—</td></tr>
</table>

实训所用时间：　　　　　　　　实训人：　　　　　　　　日期：

四、成绩评定

完成各项操作训练后进行技能考核，参考表 2.10 中的评分标准进行成绩评定。

表 2.10　导线连接技能考核评分标准

序号	考核内容	配分	评分细则
1	绝缘导线剖削	15 分	剖削长度正确　5 分 线芯无损伤　5 分 剖削过程正确　5 分
2	导线连接	25 分	缠绕方法正确　10 分 缠绕整齐紧密　10 分 缠绕圈数正确　5 分
3	绝缘包缠	20 分	包缠方法正确 10 分 包缠紧密 10 分
4	压接端头	20 分	端头压接牢固 10 分 导线裸露长度适当 5 分 不压接绝缘层 5 分

续表

序号	考 核 内 容	配分	评 分 细 则
5	安全文明操作	20 分	遵守操作规程，无违章操作情况 5 分 正确使用工具，用过后完好无损 5 分 保持工位卫生，做好清洁及整理 5 分 听从教师安排，无各类事故发生 5 分
6	操作完成时间 30min		在规定时间内完成，每超时 5min 扣 5 分

任务 3　铜导线的焊接训练

一、任务目标

1. 了解铜导线的各种焊接方法。
2. 学会铜导线的蘸锡焊接工艺。
3. 掌握电烙铁锡焊的操作技能。

二、相关知识

1. 电阻焊焊接

对单股铜（铝）导线的连接可采用电阻焊，即低电压（6 ~ 12V）碳极电阻焊接，先将两导线剖削 30 ~ 50mm，再将两裸金属线绞合并剪齐，剩余 20 ~ 30mm，将焊接电源的一极与被焊接头接通。操纵焊把（碳极）电极使焊接电源接通，随着接触点温度升高，适量加入焊药（助焊剂），使接头处熔化为球状，如图 2.16 所示。焊点熔化后将焊把移走，经冷却形成牢固的电连接。

2. 铜芯导线的锡焊连接

铜导线连接后为保证机械强度和电连接可靠、永久，还应进行焊接处理，工程要求 $70mm^2$ 以下（导体截面积）的接头一般实施锡焊。电接头的锡焊方法通常有三种：浇锡焊、蘸锡焊和电烙铁锡焊。

（1）浇锡焊接。浇锡焊接用于横截面积为 $16 \sim 70mm^2$ 的铜导线接头的焊接。方法是把锡放入锡锅内加热熔化，将连接好的导线接头处打磨干净，涂上助焊剂，放在锡锅正上方，用钢勺盛上熔化的锡，从接头上面浇下，如图 2.17 所示。

（2）蘸锡焊接。蘸锡焊接用于横截面积为 $2.5 \sim 16mm^2$ 的铜导线接头焊接，蘸锡焊法是把锡放入锡锅内加热熔化，将接头处打磨干净，涂上助焊剂后，放入锡锅中蘸锡，待

全部浸润后取出，并除去污物。

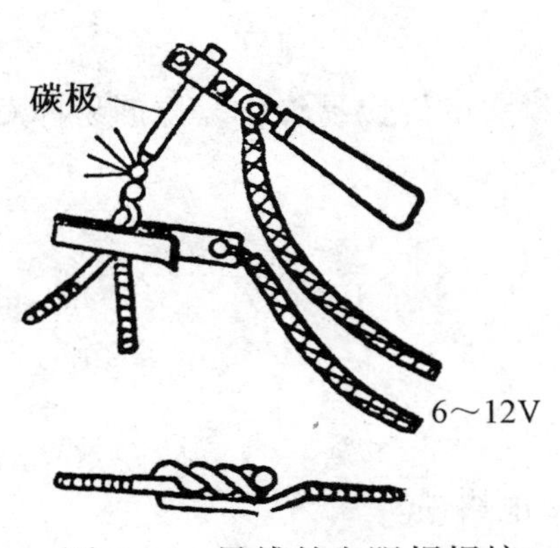

图 2.16　导线的电阻焊焊接

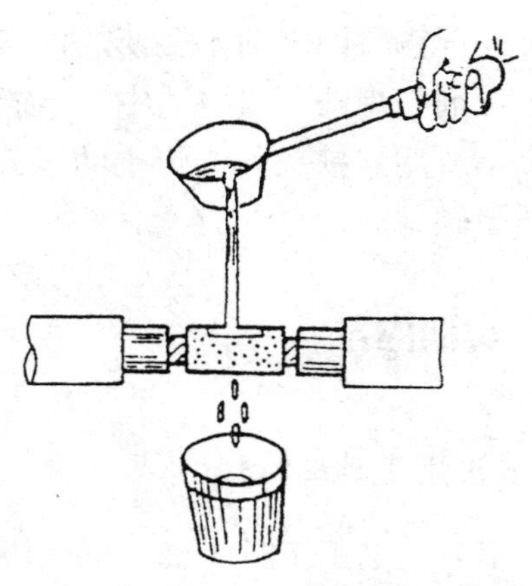

图 2.17　导线浇锡焊接

（3）电烙铁锡焊。电烙铁锡焊用于截面积在 2.5mm^2 以下的铜导线接头的焊接，电烙铁锡焊操作要领见下面 4 的内容。

3．锡焊材料

（1）焊料。焊料是一种低熔点合金，在电烙铁加热下变为液态，附着在被焊接的金属物体上，冷却后变为固态，保证接点牢固和导电良好。常用的锡焊焊料是锡铅合金，其中也含有其他元素，由于铅含量污染环境，对人体有害，近年来出现了无铅焊料，我国正在推广中。手工电烙铁焊接常用管状焊锡丝，它将锡铅合金制成管状而内部填充助焊剂，焊料一般含锡 60%左右，内部助焊剂是优质松香加一定量的活化剂。焊锡丝的直径有 0.5mm、0.8mm、1.0mm、1.5mm、2.0mm 等。

（2）助焊剂：助焊剂分为无机类、有机类、松香类三种，常用的是松香类。松香的主要成分是松香酸和松脂酸酐，在常温下其化学活性差，呈中性，在被加热熔化时呈酸性，溶解被焊金属上的氧化物，并悬浮在液态焊料表面，阻止焊锡被氧化并降低液态锡的表面张力，增加其流动性，当冷却后松香又恢复成固态，有较高的绝缘性，而腐蚀性很小。根据经验将松香溶于酒精制成“松香溶液”（是按松香同酒精 1∶3 比例配制而成），用于手工锡焊效果非常显著。

总之，焊剂在锡焊中的作用是除去氧化层，防止液态锡氧化，减小液态锡表面张力，增加其流动性，有利于焊锡浸润，使焊点美观，形状、光泽俱佳。

4．电烙铁锡焊的操作要领

（1）保证电烙铁头清洁，温度适于焊锡。

（2）采取正确的传热方法，尽量增加烙铁头与被焊件的接触面积，焊接中不能对焊件施加力。

（3）烙铁头上保持少量液态锡是热量传递的桥梁，依靠锡桥传热，使被焊件很快被加热到焊接温度。

（4）在焊锡凝固之前不要使焊件移动或震动。

（5）焊剂与焊料用量要适中，不能过多或过少。

（6）不要用烙铁头作为焊锡的运载工具，烙铁头的焊锡易氧化，焊剂易挥发，易导致焊点质量缺陷。

三、实训内容

1．实训用工具与材料

（1）工具：电工工具一套，电热锡锅，100W 电烙铁。

（2）材料：焊锡、助焊剂、单股铜导线、多股铜导线。

2．实训内容及要求

（1）同规格单股铜导线直连接头的电烙铁焊接。

（2）同规格多股铜导线 T 形接头的蘸锡焊接。

3．实训报告

铜导线焊接技能训练填写表 2.11 中的有关内容。

表 2.11　导线焊接实训报告

项　　目	种　　类	导线型号规格	导线剖削长度	导线焊接长度	外观质量
电烙铁焊接	直连接头焊接				
蘸锡焊接	T 形接头焊接				

实训所用时间：　　　　　　　　实训人：　　　　　　　　日期：

四、成绩评定

完成各项操作训练后进行技能考核，参考表 2.12 中的评分标准进行成绩评定。

表 2.12　导线焊接技能考核评分标准

序号	考 核 内 容	配分	评 分 细 则
1	焊接工具使用	20 分	工具使用正确　10 分 焊料、焊剂正确　10 分

续表

序号	考 核 内 容	配分	评 分 细 则
2	焊接工艺	30 分	无漏焊 10 分 无虚焊 10 分 无残留焊剂 10 分
3	焊接外观	30 分	外观光洁 10 分 无毛刺 10 分 焊接牢固 10 分
4	安全文明操作	20 分	遵守操作规程，无违章操作情况 5 分 正确使用工具，用过后完好无损 5 分 保持工位卫生，做好清洁及整理 5 分 听从教师安排，无各类事故发生 5 分
5	操作完成时间 30min		在规定时间内完成，每超时 5min 扣 5 分

任务 4 电工识图基础训练

一、任务目标

1. 了解电气控制原理图和电气施工图的构成。
2. 认识电气原理图中各元件之间的相互关系。
3. 掌握电工识图方法，准确读识电气控制原理图。

二、相关知识

在电气控制系统中，首先是由配电器将电能分配给不同的用电设备，再由控制电器使电动机按设定的程序运转，实现由电能到机械能的转换，满足不同生产机械的要求。在电工领域安装、维修都要依靠电气控制原理图和施工图，施工图又包括电气元件布置图和电气接线图。

电气控制原理图是电气工程技术的通用语言。为了便于信息交流与沟通，在电气控制图中，各种电气元件的图形符号和文字符号必须统一，为此，我国颁布了《电气图用图形符号》(GB 4728—1984）和《电气制图》(GB 6988—1987）及《电气技术中的文字符号制订通则》(GB 7159—1987)。电气控制线路中的图形符号和文字符号必须符合国家标准。

1. 常用低压电气元件的图形符号和文字符号

常用的低压电气元件主要有闸刀开关、转换开关、熔断器、断路器、接触器、继电器、启动器、主令电器、电磁铁等。常用低压电气元件的图形符号和文字符号参见附表A.1。

2．电气控制原理图

电气控制原理图是根据电气控制系统的工作原理，采用电气元件展开的形式给出的，形式上概括了所有电气元件的导电部分和接线端子。电气控制原理图并非按电气元件的实际外形和位置来绘制，而是按在控制系统中的作用画在不同位置。

电气控制原理图由主线路和控制线路及辅助线路组成。主线路（大电流经过的回路）的标号由文字符号和数字组成。文字符号用以标明主线路中的元件或线路的主要特征，数字符号的作用是区分不同元件或不同线段。三相交流电源的引入线要用 L_1、L_2、L_3 标示，经电源开关后用 U、V、W 或 U、V、W 后加数字标示。

控制线路就是控制主线路工作状态的电路，其标志由三位或三位以下的数字组成。交流控制电路一般以降压元件（电磁线圈、灯泡）为分界，前为奇数标示，后为偶数标示。直流控制回路正极用奇数标志，负极用偶数标志。

下面来看一个图例，图 2.18 所示为某机床的电气控制原理图。可以看出下列特点。

（1）电气控制原理图由主线路和辅助线路组成。主线路是设备的驱动电路，包括从电源到电动机的强电流所通过的部分；辅助线路包括控制线路、照明线路、信号线路等，主要是实现控制功能的弱电流部分。

（2）电气控制原理图是采用垂直布线，电源线水平引入。控制线路中的耗能元件（电磁线圈、指示灯）画在最下端。

（3）所有电气元件都没有画出外形，只用国家标准规定的图形符号和文字符号，还有同一元件的不同导电部分根据需要画在不同位置，同时以相同的文字符号标注。若同一类的电气元件有多个时就以文字符号加下标方式区分，如 KM_1、KM_2 。

（4）所有电气元件的可动部分表示在非受激励或不工作状态，手动元件表示为不受外力驱动的自然状态。

（5）图中央 1 ~ 8 为电路坐标编号，表示横向分 8 个区。

（6）图上方与电路符号对应的方框内的“电源开关”等表示其下方元件的控制功能，称为功能表。

（7）电气控制原理图中元件数据、导线种类、线径等可直接在图中标出。

3．电气施工图

电气施工图包括三种：电气系统图、电气元件布置图和电气控制接线图。

电气系统图概括地表示系统或分系统、成套设备的基本组成部分，以及主要特征和功能，主要是一次回路系统图和动力系统图。它表示变配电系统、动力系统、电力拖动系统、照明系统的基本组成和连接方式。

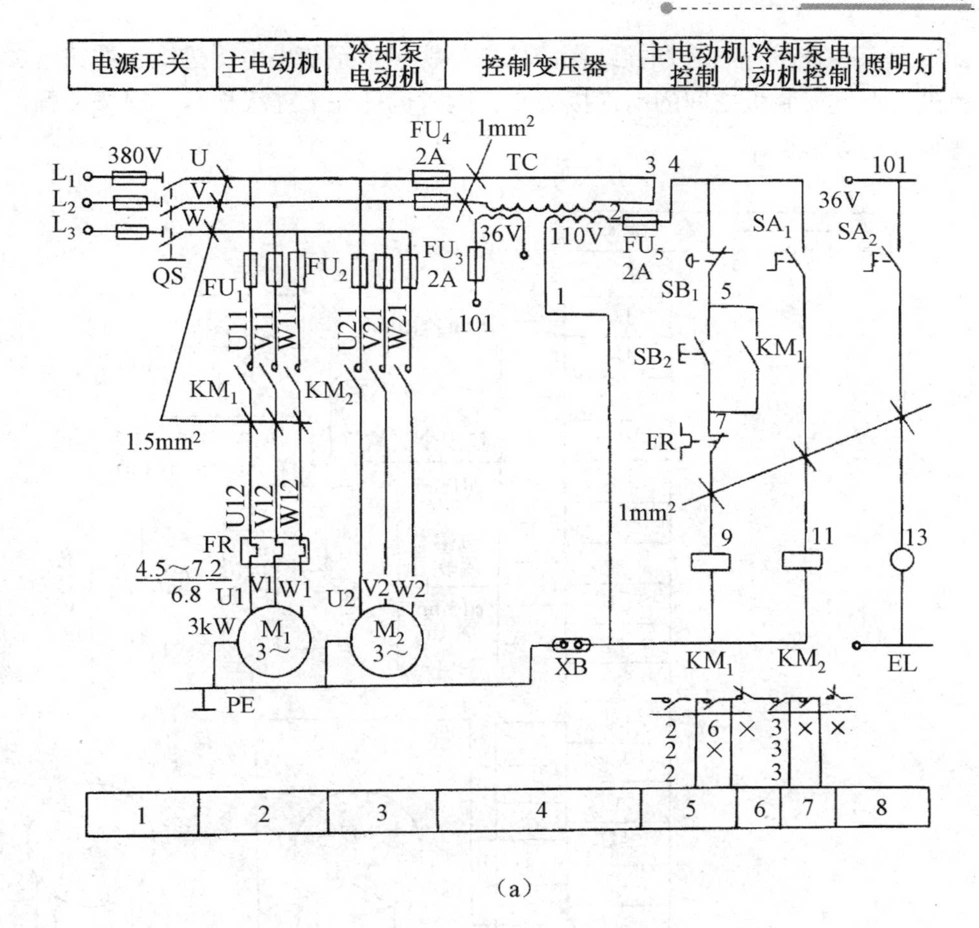

（a）

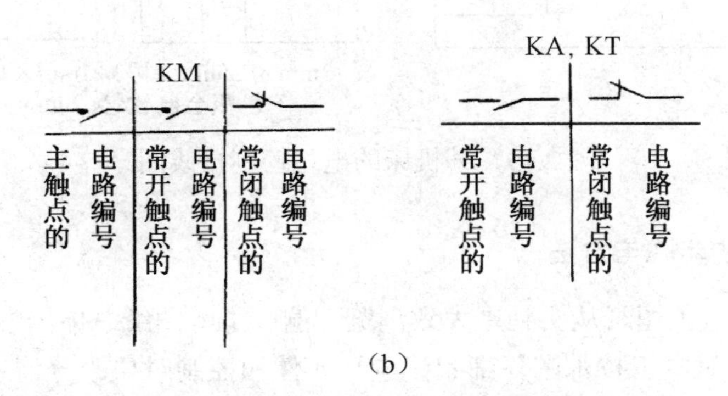

（b）

图 2.18　某机床的电气控制原理图

电气元件布置图是用来表明电气设备上所有电动机、电器的实际位置，是电气控制设备制造、安装和维修所必不可少的技术文件。电气元件布置图是用双点画线画出设备轮廓，但不需要按严格比例。用粗实线描绘所有可见的电气元件外形轮廓，要求所有电气元件及设备代号必须与电气原理图代号一致。

电气控制接线图是表示电气设备电连接关系的简图，是安装接线、线路检查和线路维修的主要依据，包括项目代号、端子号、导线号、导线类型、导线截面积等内容。

图 2.19 是某机床的电气控制接线图。此图标明了该系统中电源进线、按钮盒、照明灯、电动机与电气安装板之间的电连接关系，同时也标注了连线根数、规格和颜色，还有导线套管材料等信息。

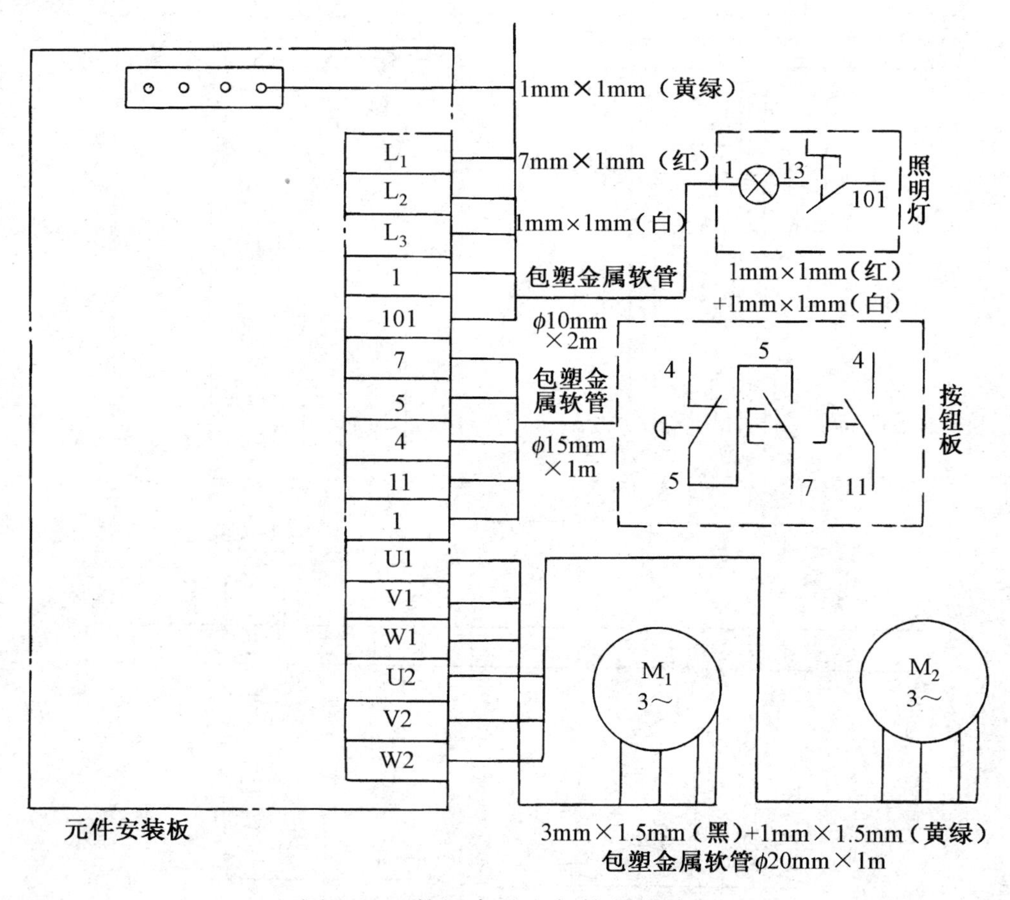

图 2.19　某机床的电气控制接线图

4．电工读图的步骤与方法

（1）粗读：将电工图纸从头到尾大致浏览一遍，了解图纸总体内容，做到心中有数。

（2）细读：针对电工技术图仔细阅读电气元件和控制对象，分清主线路、控制线路和辅助线路，掌握从电源到负载各段线路的技术要点。

（3）精读：针对技术图纸中关键电气元件、关键环节仔细阅读，掌握具体控制任务实现、保护环节、监控环节工作原理，对图纸所表达的技术信息有比较深入的理解。

综上所述，电气安装、维修技术人员必须熟练掌握读图识图技能，不仅要求具备电器及控制的相关知识，还要具备有关土建、工业设备的知识技能，在实践中不断积累经验，逐步锻炼成为经验丰富、实践能力强的专家型人才。

三、实训内容

1. 实训内容及要求

认真识读图 2.20 所示的机床电动机单向运行电气控制原理图，识别电气元件的型号和作用。按先粗读，后细读，再精读的顺序，沿电源输入先主线路，后控制线路、辅助线路，认清电气元件的种类及其作用。

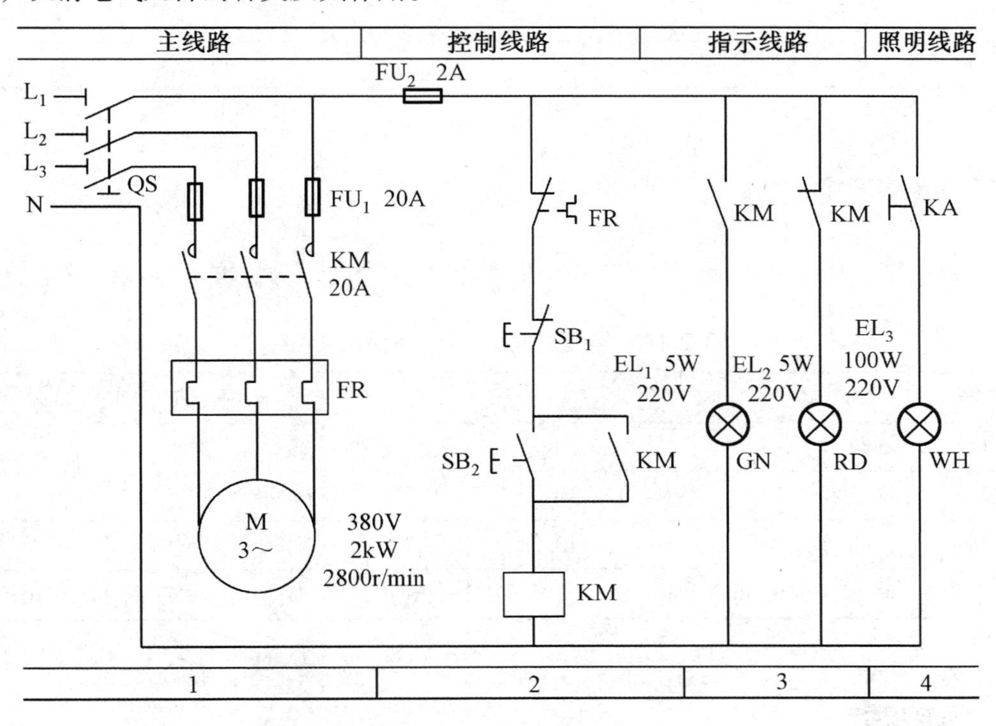

GN：绿；RD：红；WH：白

图 2.20 电动机单向运行电气控制原理图

2. 实训报告

根据电工识图技能训练填写表 2.13 中有关内容。

表 2.13 电工识图技能实训报告

序 号	电气元件名称	文 字 符 号	元 件 作 用
1			
2			
3			

续表

序　　号	电气元件名称	文 字 符 号	元 件 作 用
4			
5			
6			
7			
8			
9			
10			

实训所用时间：　　　　　　　　　实训人：　　　　　　　　日期：

四、成绩评定

完成各项操作训练后进行技能考核，参考表 2.14 中的评分标准进行成绩评定。

表 2.14　电工识图技能考核评分标准

序号	考 核 内 容	配　　分	评 分 细 则
1	元件名称	30 分	元件名称正确每个 3 分
2	文字符号	30 分	文字符号正确每个 3 分
3	元件作用	40 分	元件作用正确每个 4 分
4	操作完成时间 30min		在规定时间内完成，每超时 5min 扣 5 分

思考题

1. 低压试电笔的测量电压范围是多少?
2. 冲击电钻使用时应注意哪些问题?
3. 如何根据焊接对象选择合适的电烙铁?
4. 导线与导线的手工焊接操作步骤是什么?
5. 手工焊接时助焊剂的作用是什么?
6. 导线电连接的接线质量从几个方面进行考察?
7. 导线电连接的绝缘包缠要求是什么?
8. 如何判定导线锡焊连接的质量优劣?
9. 机床电气控制原理图由几部分组成?
10. 电气控制接线图包括哪些技术信息?

项目 3

照明与配电线路安装

电气照明广泛应用于生产和生活领域中，不同场合对照明装置和线路安装的要求不同。电气照明及配电线路的安装与维修，一般包括照明灯具安装、配电板安装和配电线路敷设与检修几项内容，也是电工技术中的一项基本技能。本项目主要进行常用照明灯具的安装、照明配电板的安装、室内配电线路布线和漏电保护器安装等技能训练。

任务 1　照明灯具安装实训

一、任务目标

1. 了解常用照明灯具的性能特点。
2. 熟悉常用照明灯具的安装工艺。
3. 掌握常用照明灯具的安装技能。

二、相关知识

照明灯具安装的一般要求：各种灯具、开关、插座及所有附件，都必须安装牢固可靠，应符合规定的要求。壁灯及吸顶灯要牢固地敷设在建筑物的平面上；吊灯必须装有吊线盒，每个吊线盒一般只允许装一盏电灯（双管日光灯和特殊吊灯除外），日光灯和较大的吊灯必须采用金属链条或其他方法支持。灯具与附件的连接必须正确可靠。

常用照明灯控制有两种基本形式：一种是用一个单联开关控制一盏灯，接线时，开关应接在相线上，这样在开关切断后，灯头就不会带电，以保证使用和维修的安全，其电路如图 3.1 所示；另一种是用两个双联开关，在两个地方控制一盏灯，这种形式通常用于楼梯或走廊上，在楼上楼下或走廊两端均可控制灯的接通和断开，其电路如图 3.2 所示。

常用室内照明灯主要有白炽灯、日光灯、高压汞灯等几种。下面先介绍这些照明灯具的安装工艺与检修方法。

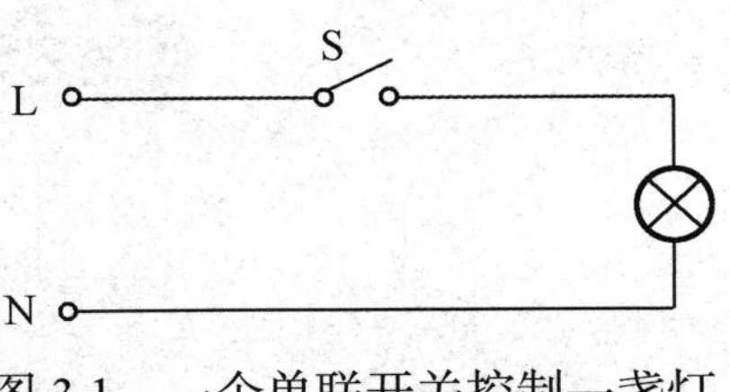

图 3.1　一个单联开关控制一盏灯

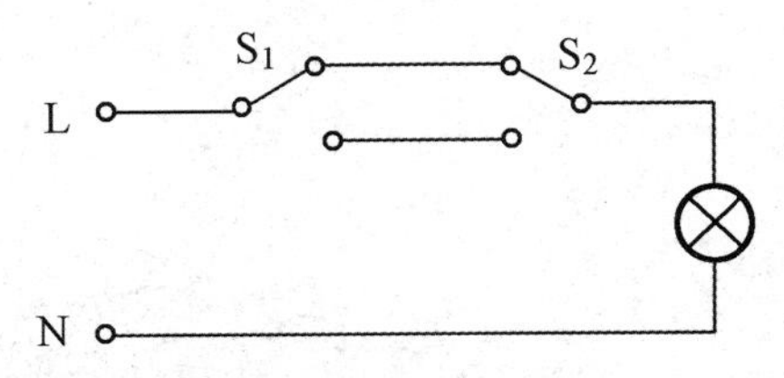

图 3.2　两个双联开关控制一盏灯

1．白炽灯的安装

白炽灯亦称钨丝灯泡，灯泡内充有惰性气体，当电流通过钨丝时，将灯丝加热到白炽状态而发光，白炽灯的功率一般为 15 ~ 300W。因其结构简单、使用可靠、价格低廉，且便于安装和维修，故应用很广。室内白炽灯的安装方式常有吸顶式、壁式和悬吊式三种，如图 3.3 所示。下面以悬吊式为例介绍其具体安装步骤。

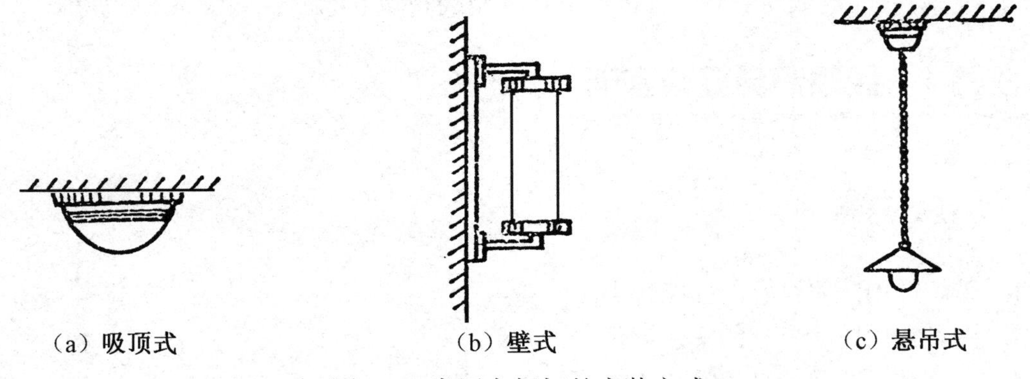

（a）吸顶式　（b）壁式　（c）悬吊式

图 3.3　常用白炽灯的安装方式

（1）安装圆木。先在准备安装吊线盒的地方打孔，预埋木榫或尼龙胀管。在圆木底面用电工刀刻两条槽，在圆木中间钻三个小孔，然后将两根电源线端头分别嵌入圆木的两条槽内，并从两边小孔穿出，最后用木螺丝从中间小孔中将圆木紧固在木榫或尼龙胀管上，如图 3.4 所示。

（2）安装吊线盒。先将圆木上的电线从吊线盒底座孔中穿出，用木螺丝将吊线盒紧固在圆木上；将穿出的电线剥头，分别接在吊线盒的接线柱上；按灯的安装高度取一段软电线，作为吊线盒和灯头的连接线，将上端接在吊线盒的接线柱上，下端准备接灯头；在离电线上端约 5cm 处打一个结，使结正好卡在接线孔内，以便承受灯具重量，如图 3.5 所示。

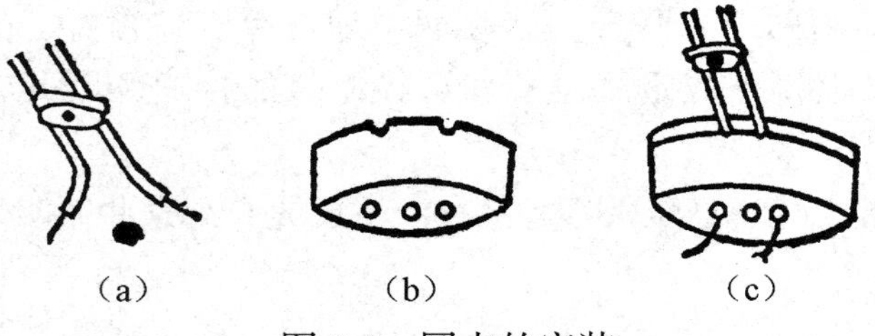

（a）　（b）　（c）

图 3.4　圆木的安装

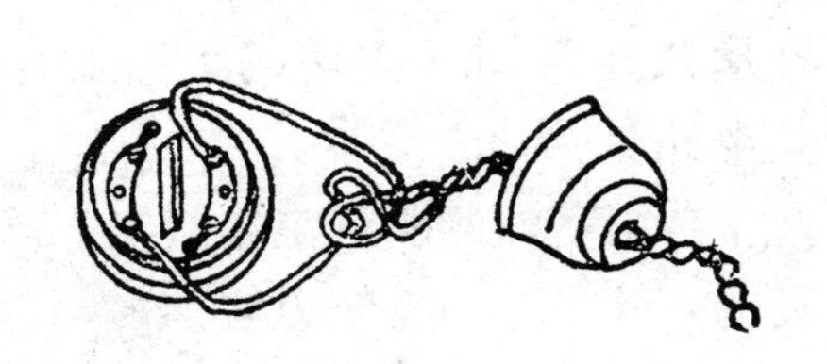

图 3.5　吊线盒的安装

（3）安装灯头。旋下灯头盖，将软线下端穿入灯头盖孔中；在离线头约 3mm 处也打一个结，把两个线头分别接在灯头的接线柱上，然后旋上灯头盖，如图 3.6 所示。若是螺口灯头，相线应接在与中心铜片相连的接线柱上，否则容易发生触电事故。

在一般环境下灯头离地高度不低于 2m，潮湿、危险场所不低于 2.5m，如因生活、工作和生产需要而必须把电灯放低时，其离地高度不能低于 1m，且应在电源引线上加绝缘管保护，并使用安全灯座。离地不足 1m 使用的电灯，必须采用 36V 以下的安全灯。

（4）安装开关。控制白炽灯的开关应串接在相线上，即相线通过开关再进入灯头。一般拉线开关的安装高度离地面 2.5m，扳动开关（包括明装或暗装）离地高度为 1.4m。安装扳动开关时，方向要一致，一般向上为“合”，向下为“断”。

安装拉线开关或明装扳动开关的步骤和方法与安装吊线盒大体相同，先安装圆木，再把开关安装在圆木上，如图 3.7 所示。

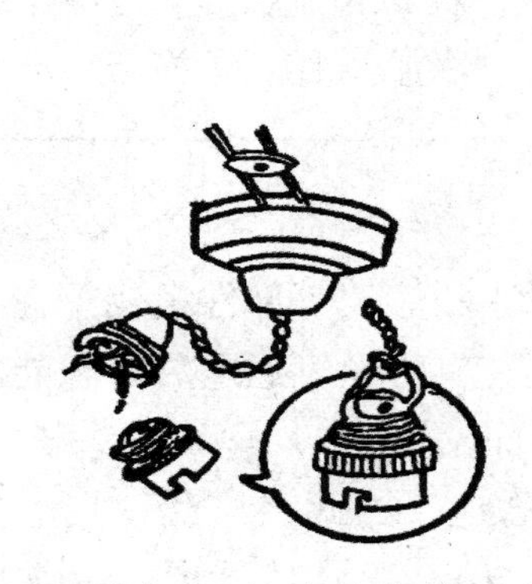

图 3.6 灯头的安装

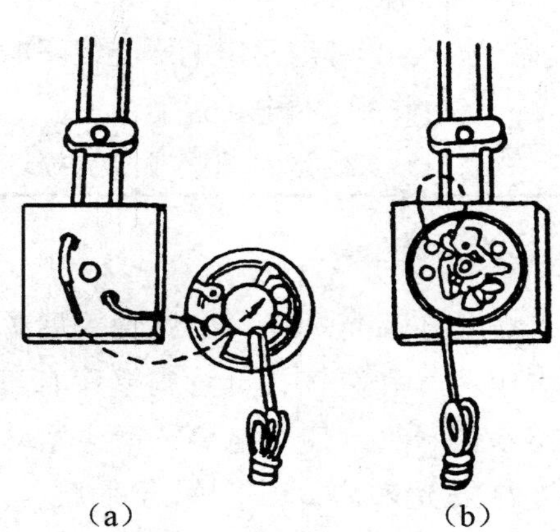

（a）　　（b）

图 3.7　开关的安装

对于暗敷线路，通常使用暗装开关。暗装开关应安装在预埋墙内的开关盒中，先连接好开关的接线，再用螺钉将其固定在开关盒上。

（5）常见故障与处理方法。白炽灯线路比较简单，检修起来也比较容易，其常见故障与处理方法可参考表 3.1。

表 3.1　白炽灯常见故障与处理方法

故障现象	造 成 原 因	处 理 方 法
灯泡不亮	①灯泡灯丝已断或灯座引线断开 ②灯头或开关处的接线接触不良 ③线路断路 ④电源熔丝烧断	①更换灯泡或灯头 ②查明原因，加以紧固 ③检查并接通线路 ④查明原因并重新更换

续表

故障现象	造成原因	处理方法
灯泡忽亮忽暗或忽亮忽熄	①灯头或开关处接线松动 ②熔丝接触不良 ③灯丝与灯泡内电极忽接忽离 ④电源电压不正常	①查明原因，加以紧固 ②加以紧固或更换 ③更换灯泡 ④采取措施，稳定电源电压
灯泡特亮	①灯泡断丝后搭丝（短路）使电流增大 ②灯泡额定电压与线路电压不符 ③电源电压过高	①更换灯泡 ②更换灯泡 ③检查原因，排除线路故障
灯光暗淡	①灯泡使用时间久，灯丝蒸发变细，电流减小 ②灯泡额定电压与线路电压不符 ③电源电压过低 ④线路因潮湿或绝缘损坏有漏电现象	①更换灯泡 ②更换灯泡 ③采取措施，提高电源电压 ④检查线路，更换新线

2. 日光灯的安装

日光灯又称荧光灯，它由灯管、启辉器、镇流器、灯座和灯架等部件组成。在灯管中充有水银蒸气和氩气，灯管内壁涂有荧光粉，灯管两端装有灯丝，通电后灯丝能发射电子轰击水银蒸气，使其电离，产生紫外线，激发荧光粉而发光。

日光灯发光效率高、使用寿命长、光色较好、经济省电，因此被广泛使用。日光灯按功率分，常用的有 6W、8W、15W、20W、30W、40W 等；按外形分，常用的有直管形、U 形、环形、盘形等；按发光颜色分，有日光色、冷光色、暖光色和白光色等。

日光灯的安装方式有悬吊式和吸顶式。吸顶式安装时，灯架与天花板之间应留 15mm 的间隙，以利通风，如图 3.8 所示。其具体安装步骤如下。

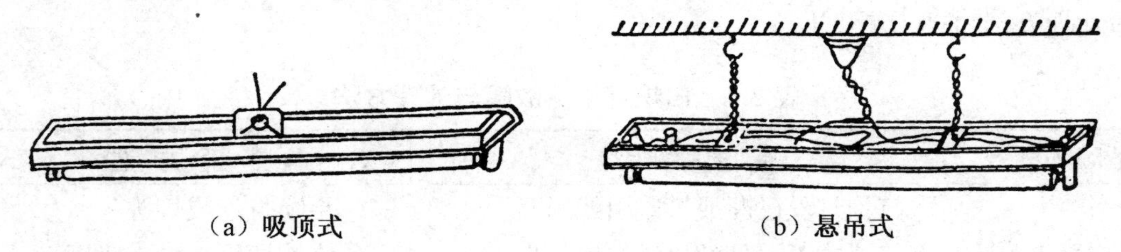

（a）吸顶式　　（b）悬吊式

图 3.8　日光灯的安装方式

（1）安装前的检查。安装前先检查灯管、镇流器、启辉器等有无损坏，镇流器和启辉器是否与灯管的功率一致。特别注意，镇流器与日光灯管的功率必须一致，否则不能使用。

（2）各部件安装。悬吊式安装时，应将镇流器用螺钉固定在灯架的中间位置；吸

顶式安装时，不能将镇流器放在灯架上，以免散热困难，可将镇流器放在灯架外的其他位置。

将启辉器座固定在灯架的一端或一侧边上，两个灯座分别固定在灯架的两端，中间的距离按所用灯管长度量好，使灯脚刚好插进灯座的插孔中。

吊线盒和开关的安装与白炽灯的安装方法相同。

（3）电路接线。各部件位置固定好后，进行接线，如图 3.9 所示。接线完毕要对照电路图仔细检查，以防接错或漏接。然后把启辉器和灯管分别装入插座内。接电源时，其相线应经开关连接在镇流器上，通电试验正常后，即可投入使用。

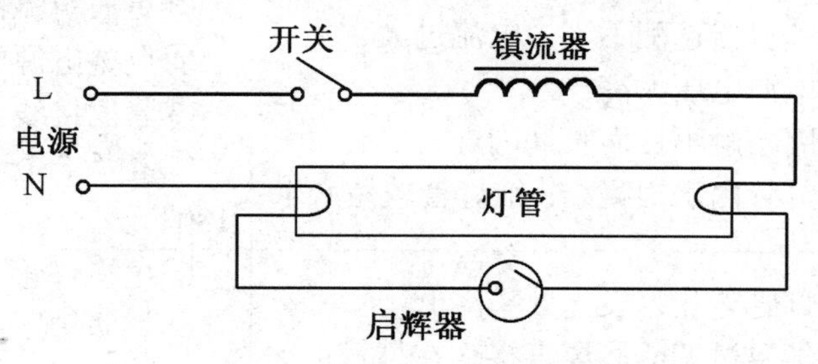

图 3.9 日光灯接线图

（4）常见故障及处理方法。由于日光灯的附件较多，故障相对来说比白炽灯要多。

日光灯常见故障及处理方法可参考表 3.2。

表 3.2 日光灯常见故障与处理方法

故障现象	造 成 原 因	处 理 方 法
不能发光或启动困难	①电源电压太低或线路压降太大 ②启辉器损坏或内部电容击穿 ③新装的灯接线有错误 ④灯丝断丝或灯管漏气 ⑤灯座与灯脚接触不良 ⑥镇流器选配不当或内部断路 ⑦气温过低	①调整电源电压，更换线路导线 ②更换启辉器 ③检查线路，改正错误 ④检查后更换灯管 ⑤检查接触点，加以紧固 ⑥检查修理或更换镇流器 ⑦加热灯管
灯管两头发光及灯光抖动	①新装的灯接线有错误 ②启辉器内部触点粘连或电容击穿 ③镇流器选配不当或内部接线松动 ④电源电压太低或线路压降太大 ⑤灯座与灯脚接触不良 ⑥灯管老化，灯丝不能起到放电作用 ⑦气温过低	①检查线路，改正错误 ②更换启辉器 ③检查修理或更换镇流器 ④调整电源电压，更换线路导线 ⑤检查接触点，加以紧固 ⑥更换灯管 ⑦加热灯管

续表

故障现象	造 成 原 因	处 理 方 法
灯光闪烁	①新灯管的暂时现象 ②线路接线不牢 ③启辉器损坏或接触不良 ④镇流器选配不当或内部接线松动	①使用几次后即可消除 ②检查线路，紧固接线 ③更换启辉器或紧固接线 ④检查修理或更换镇流器
灯管两头发黑或生黑斑	①灯管老化，荧光粉烧坏 ②启辉器损坏 ③镇流器选配不当，电流过大 ④电源电压太高 ⑤因接触不良而长期闪烁 ⑥灯管内水银凝结，细灯管较易产生	①更换灯管 ②更换启辉器 ③更换镇流器 ④调整电源电压 ⑤紧固接线 ⑥亮后自行蒸发或将灯管扭转180°
灯管亮度降低	①灯管老化，发光效率降低 ②气温过低或冷风直接吹在灯管上 ③电源电压太低或线路压降太大 ④灯管上污垢太多	①更换灯管 ②加防护罩或回避冷风 ③调整电源电压或更换线路导线 ④清除污垢
产生杂音或电磁声	①镇流器质量不佳，铁芯未夹紧 ②电源电压太高引起镇流器发声 ③启辉器不良引起辉光杂音 ④镇流器过载或内部短路引起过热	①检查修理或更换镇流器 ②调整电源电压 ③更换启辉器 ④更换镇流器
产生电磁干扰	①同一线路上产生干扰 ②无线电设备距灯管太近 ③镇流器质量不佳，产生电磁辐射 ④启辉器不良引起干扰	①在电路上加装电容或滤波器 ②增大距离 ③更换镇流器 ④更换启辉器

3．高压汞灯的安装

高压汞灯分镇流器式和自镇流式两种。高压汞灯功率在 125W 以下的，应配用 E27 型瓷质灯座，功率在 175W 以上的，应配用 E40 型瓷质灯座。

（1）镇流器式高压汞灯。镇流器式高压汞灯是普通荧光灯的改进型，是一种高压放电光源，与白炽灯相比具有光效高、省电、寿命长等优点，适用于大面积照明。

它的玻璃外壳内壁上涂有荧光粉，中心是石英放电管，其两端有一对用杜钨丝制成的主电极，在主电极旁装有启动电极，用来启动放电。灯泡内充有水银和氩气，在辅助电极上串联一个 4kΩ 的电阻，其结构如图 3.10 所示。

安装镇流器式高压汞灯时，其镇流器的规格必须与灯泡的功率一致，镇流器应安装在灯具附近，并应安装在人体触及不到的位置，在镇流器接线端上应覆盖保护物，若镇

流器装在室外，应有防雨措施。其接线方法如图 3.11 所示。

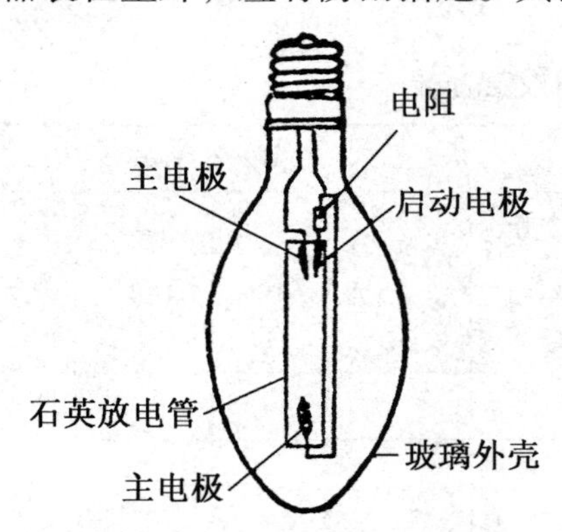

图 3.10　高压汞灯的结构

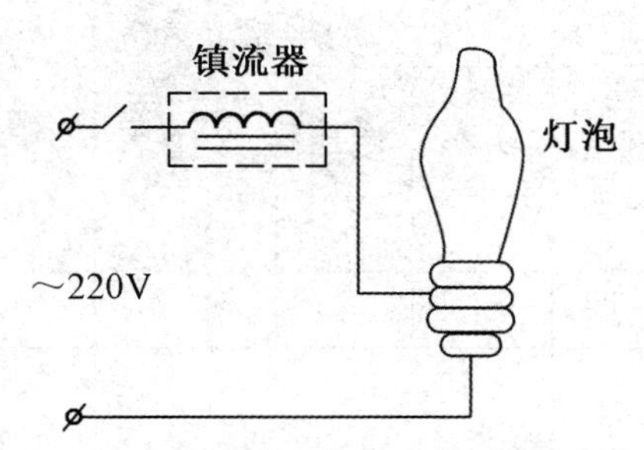

图 3.11　镇流器式高压汞灯接线图

（2）自镇流式高压汞灯。自镇流式高压汞灯是利用水银放电管、白炽体和荧光质三种发光元素同时发光的一种复合光源，故又称复合灯。它与镇流器式高压汞灯外形相同，工作原理基本一样。不同的是它在石英放电管的周围串联了镇流用的钨丝，不需要外附镇流器，像白炽灯一样使用，并能瞬时起燃，安装简便，光色也好。但它的发光效率低，不耐震动，寿命较短。

三、实训内容

1. 实训用工具、仪表和辅助材料

（1）工具：常用电工工具一套、冲击电钻及钻头、锤子。

（2）仪表：MF-47 型万用表、500V 兆欧表。

（3）辅助材料：护套线、软电线、木螺钉、绝缘胶布、尼龙胀管等。

2. 实训内容及要求

（1）白炽灯的安装

① 主要材料：白炽灯泡、灯头、吊线盒、圆木、双联开关两个。

② 按要求在指定位置上采用悬吊式正确安装一个白炽灯。

③ 用两个双联开关从两个地方控制，并使之能正常工作。

④ 实训报告：白炽灯安装技能训练填写表 3.3 中的有关内容。

（2）日光灯的安装

① 主要材料：日光灯管、灯脚、灯架、镇流器、启辉器及灯座、开关、圆木、吊线盒。

② 组装一套日光灯，并排除日光灯所有故障，使之能正常工作。

③ 采用悬吊式安装，在吊线盒两边装悬吊链，用一个单联开关控制。

④ 实训报告：根据日光灯安装技能训练填写表 3.4 中的有关内容。

表 3.3　白炽灯安装实训报告

项目	灯泡规格			辅助材料数量				安装高度（m）		
	功率（W）	电压（V）	灯丝电阻（Ω）	硬电线（m）	软电线（m）	尼龙胀管（根）	木螺钉（个）	灯头	吊线盒	开关
数据										
安装步骤				故障及排除方法			安装接线图			

实训所用时间：　　　　　　　　　　　　实训人：　　　　　　　　　　　　日期：

表 3.4　日光灯安装实训报告

项目	灯管规格				镇流器参数			安装高度（m）		
	功率（W）	工作电压（V）	灯丝电阻（Ω）	长度（m）	工作电压（V）	线圈电阻（Ω）	功率（W）	灯架	吊线盒	开关
数据										
安装步骤				故障及排除方法			安装接线图			

实训所用时间：　　　　　　　　　　　　实训人：　　　　　　　　　　　　日期：

（3）高压汞灯的安装

① 主要材料：高压汞灯管、灯头、灯头架、镇流器、开关。

② 在指定位置上安装高压汞灯，并排除所有故障，使之能正常工作。

③ 采用壁式安装，将灯头架固定在墙上，用一个单联开关控制。

④ 实训报告：高压汞灯安装技能训练填写表 3.5 中的有关内容。

四、成绩评定

完成各项操作训练后进行技能考核，参考表 3.6 中的评分标准进行成绩评定。

表 3.5 高压汞灯安装实训报告

<table>
<tr><th rowspan="2">项目</th><th colspan="4">灯泡规格</th><th colspan="3">镇流器参数</th><th colspan="3">安装高度（m）</th></tr>
<tr><th>功率（W）</th><th>工作电压（V）</th><th>灯丝电阻（Ω）</th><th>直径（mm）</th><th>工作电压（V）</th><th>线圈电阻（Ω）</th><th>功率（W）</th><th>灯头架</th><th>镇流器</th><th>开关</th></tr>
<tr><td>数据</td><td></td><td></td><td></td><td></td><td></td><td></td><td></td><td></td><td></td><td></td></tr>
<tr><td>安装步骤</td><td colspan="3"></td><td>故障及排除方法</td><td colspan="2"></td><td>安装接线图</td><td colspan="3"></td></tr>
</table>

实训所用时间： 实训人： 日期：

表 3.6 照明灯具安装评分标准

序号	考 核 内 容	配分	评 分 细 则
1	白炽灯安装	20 分	安装正确、牢固 10 分 接线牢固、正确 5 分，错一条线扣 2 分 导线剖削无损伤 5 分，损伤一处扣 2 分
2	日光灯安装	30 分	安装正确、牢固 10 分 接线牢固、正确 15 分，错一条线扣 2 分 导线剖削无损伤 5 分，损伤一处扣 2 分
3	高压汞灯安装	30 分	安装正确、牢固 10 分 接线牢固、正确 15 分，错一条线扣 2 分 导线剖削无损伤 5 分，损伤一处扣 2 分
4	安全文明生产	20 分	遵守操作规程，无违章操作情况 5 分 正确使用工具，用过后完好无损 5 分 保持工位卫生，做好清洁及整理 5 分 听从教师安排，无各类事故发生 5 分
5	操作完成时间 90min		在规定时间内完成，每超时 10min 扣 5 分

任务2　配电板及插座安装实训

一、任务目标

1. 了解单相照明配电板的组成。
2. 熟悉配电板及插座的安装工艺。
3. 掌握配电板及插座的安装技能。

二、相关知识

1. 照明配电板安装工艺

照明配电装置是用户室内照明及电器用电的配电点，输入端接在供电部门送到用户的进户线上，它将计量、保护和控制电器安装在一起，便于管理和维护，有利于安全用电。

单相照明配电板一般由电度表、控制开关、过载和短路保护器等组成，要求较高的还装有漏电保护器。普通单相照明配电板如图 3.12 所示。

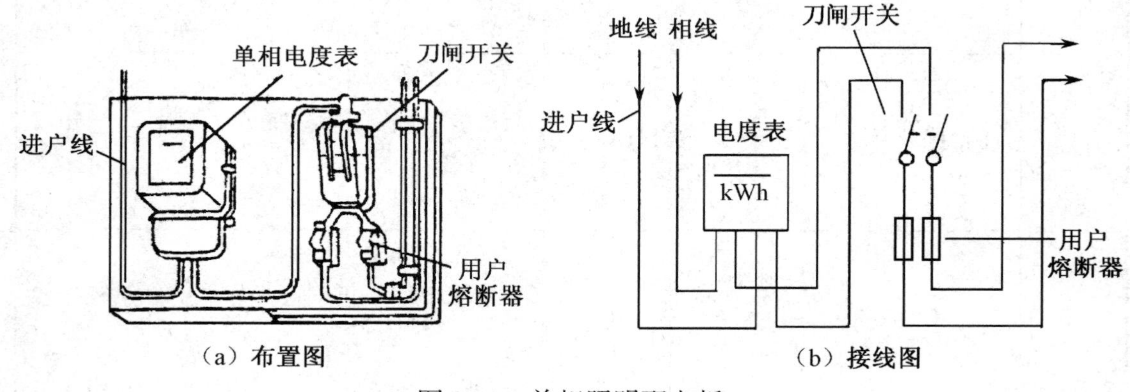

图 3.12　单相照明配电板

（1）刀闸开关的安装。刀闸开关的作用是控制用户电路与电源之间的通断，在单相照明配电板上，一般采用胶盖瓷底刀闸开关。开关上端的一对接线端子与静触点相连，规定接电源进线，这样，当刀闸拉下时，刀片和保险丝上就不带电，保证了装换保险丝的安全。

安装固定刀闸开关时，手柄一定要向上，不能平装，更不能倒装，以防拉闸后，手柄由于重力作用而下落，引起误合闸。

（2）单相电度表的安装。电度表又称电能表，是用来对用户的用电量进行计量的仪表。按电源相数分有单相电度表和三相电度表，在小容量照明配电板上，大多使用单相电度表。

① 电度表的选择。选择电度表时，应考虑照明灯具和其他用电器具的总耗电量，电度表的额定电流应大于室内所有用电器具的总电流，电度表所能提供的电功率为额定电

流和额定电压的乘积。

② 电度表的安装。单相电度表一般应安装在配电板的左边，而开关应安装在配电板的右边，与其他电器的距离大约为60mm，安装位置如3.13图所示。安装时应注意，电度表与地面必须垂直，否则将会影响电度表计数的准确性。

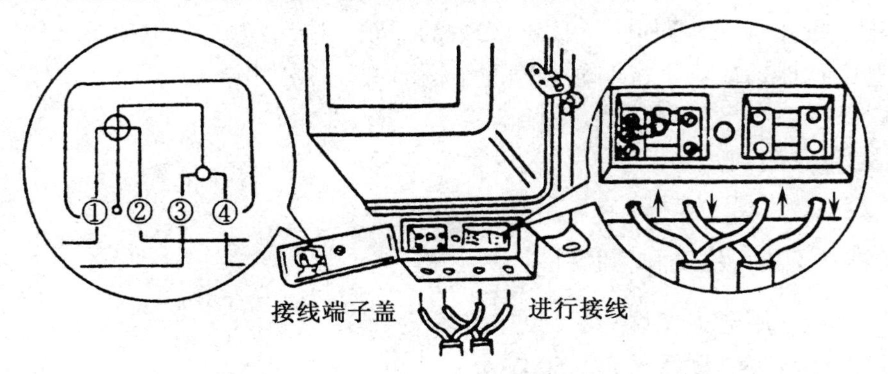

图3.13 单向电度表的接线方法

③ 电度表的接线。单相电度表的接线盒内有四个接线端子，编号自左向右为①、②、③、④。接线方法是：①、③接进线，②、④接出线，接线方法如图3.14所示。也有的电度表接线特殊，具体接线时应以电度表所附接线图为依据。

2．电源插座的安装工艺

电源插座是各种用电器具的供电点，一般不用开关控制，只串接瓷保险盒或直接接入电源。单相插座分为双孔和三孔，三相插座为四孔。照明线路上常用单相插座，使用时最好选用扁孔的三孔插座，它带有保护接地，可避免发生用电事故。

明装插座的安装步骤和工艺与安装吊线盒大致相同。先安装圆木或木台，然后把插座安装在圆木或木台上，对于暗敷线路，需要使用暗装插座，暗装插座应安装在预埋墙内的插座盒中。插座的安装工艺要点及注意事项如下。

（1）两孔插座在水平排列安装时，应零线接左孔，相线接右孔，即左零右火；垂直排列安装时，应零线接上孔，相线接下孔，即上零下火，如图3.14（a）。三孔插座安装时，下方两孔接电源线，零线接左孔，相线接右孔，上面大孔接保护接地线，如图3.14（b）。

常用普通插座和86系列插座规格及数据参见附表A.2。

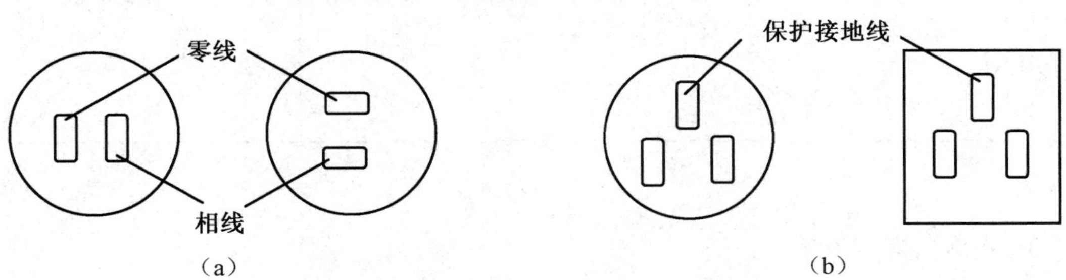

图3.14 电源插座及接线

（2）插座的安装高度，一般应与地面保持 1.4m 的垂直距离，特殊需要时可以低装，离地高度不得低于 0.15m，且应采用安全插座。但托儿所、幼儿园和小学等儿童集中的地方禁止低装。

（3）在同一块木台上安装多个插座时，每个插座相应位置和插孔相位必须相同，接地孔的接地必须正规；相同电压和相同相数的插座，应选用统一的结构形式，不同电压或不同相数的插座，应选用有明显区别的结构形式，并标明电压。

三、实训内容

1．实训用工具、仪表和辅助材料

（1）工具：常用电工工具一套、冲击电钻及钻头、锤子。

（2）仪表：MF-47 型万用表、500V 兆欧表。

（3）辅料：软电线、硬电线、木螺钉、绝缘胶布、尼龙胀管等。

2．照明配电板的安装

（1）主要材料：安装板、单相电度表、刀闸开关、瓷保险盒两个。

（2）按要求组装一套单相照明配电板，单相电度表和刀闸开关的安装应严格符合要求。

（3）将组装好的配电板按规定高度正确安装在实训室墙上，并使之能正常工作。

（4）将安装照明配电板的步骤和有关数据填入表 3.7 中，并画出安装接线图。

（5）实训报告：根据照明配电板安装技能训练填写表 3.7 中的有关内容。

表 3.7　照明配电板安装实训报告

<table>
<tr><th rowspan="2">项目</th><th colspan="2">单相电度表规格</th><th colspan="2">两极刀闸开关</th><th colspan="2">安装板尺寸</th><th colspan="3">辅助材料数量</th></tr>
<tr><th>额定电流（A）</th><th>每度转数（度/转）</th><th>型号</th><th>额定电流（A）</th><th>长度（mm）</th><th>宽度（mm）</th><th>硬电线（m）</th><th>尼龙胀管（根）</th><th>木螺钉（个）</th></tr>
<tr><td>数据</td><td></td><td></td><td></td><td></td><td></td><td></td><td></td><td></td><td></td></tr>
<tr><td>安装步骤</td><td colspan="2"></td><td>故障及排除方法</td><td colspan="2"></td><td>安装接线图</td><td colspan="3"></td></tr>
</table>

实训所用时间：　　　　　　　　　　实训人：　　　　　　　　　　日期：

3．电源插座的安装

（1）主要材料：三孔插座、两孔插座、瓷保险盒、三联木台各两块。

（2）按要求在两块木台上各安装一个三孔插座、一个两孔插座和一个瓷保险盒。

（3）分别按正常高度和低装高度正确安装在实训室墙上，并使之能正常工作。

（4）将安装电源插座的步骤和有关数据填入表3.8中，并画出安装接线图。

（5）实训报告：根据电源插座安装技能训练填写表3.8中的有关内容。

表3.8 电源插座安装实训报告

<table>
<tr><th rowspan="2">项目</th><th colspan="3">插座规格</th><th colspan="4">辅助材料数量</th><th colspan="2">安装高度（m）</th></tr>
<tr><th>型号</th><th>额定电流（A）</th><th>额定电压（V）</th><th>硬电线（m）</th><th>软电线（m）</th><th>尼龙胀管（根）</th><th>木螺钉（个）</th><th>正常高度</th><th>低装高度</th></tr>
<tr><td>数据</td><td></td><td></td><td></td><td></td><td></td><td></td><td></td><td></td><td></td></tr>
<tr><td>安装步骤</td><td colspan="3"></td><td>故障及排除方法</td><td colspan="2"></td><td>安装接线图</td><td colspan="2"></td></tr>
</table>

实训所用时间： 实训人： 日期：

四、成绩评定

完成各项操作训练后进行技能考核，参考表3.9中的评分标准进行成绩评定。

表3.9 配电板及插座安装实训评分表

序号	考核内容	配分	评分细则
1	配电板布置和固定	30分	电气元件布置合理 15分 电气元件安装牢固 15分，一件松动扣5分
2	配电板电路连接	30分	接线正确、牢固 20分，错一条线扣2分 导线剖削无损伤 5分 布线整齐、美观 5分
3	电源插座安装	20分	安装正确、牢固 10分 接线牢固、正确 10分，错一条线扣2分
4	安全文明生产	20分	遵守操作规程，无违章操作情况 5分 正确使用工具，用过后完好无损 5分 保持工位卫生，做好清洁及整理 5分 听从教师安排，无各类事故发生 5分
5	操作完成时间90min		在规定时间内完成，每超时10min扣5分

任务3　室内配电线路布线训练

一、任务目标

1. 了解室内配电线路布线的技术要求和布线类型。
2. 学会室内绝缘子布线、槽板布线和线管布线工艺。
3. 掌握室内绝缘子布线和槽板布线的操作技能。

二、相关知识

室内布线就是敷设室内用电器具的供电和控制电路，有明装式和暗装式两种：明装式是导线沿墙壁、天花板、横梁及柱子等表面敷设；暗装式是将导线穿管埋设在墙内、地下或顶棚里。

室内布线方式有瓷夹板布线、绝缘子布线、槽板布线、护套线布线和线管布线等，暗装式布线中最常用的是线管布线，明装式布线中最常用的是绝缘子布线和槽板布线。

1．室内布线的技术要求

室内布线不仅要使电能安全可靠地传送，还要使线路布置正规、合理、整齐和牢固，其技术要求如下。

（1）所用导线的额定电压应大于线路的工作电压，导线的绝缘应符合线路的安装方式和敷设环境的条件。导线的截面积应满足供电安全电流和机械强度的要求，一般的家用照明线路选用 2.5mm^2 的铝芯绝缘导线或 1.5mm^2 的铜芯绝缘导线为宜，500V 以下的橡胶、塑料绝缘导线在常温下的安全载流量如表 3.10 和表 3.11 所示。

表 3.10　500V 单芯橡胶绝缘导线的安全载流量

线芯截面积（mm^2）	明敷安全载流量（A）		穿铁管敷设安全载流量（A）						穿塑料管敷设安全载流量（A）					
			两根线		三根线		四根线		两根线		三根线		四根线	
	铜芯	铝芯	铜芯	铝芯	铜芯	铝芯	铜芯	铝芯	铜芯	铝芯	铜芯	铝芯	铜芯	铝芯
0.75	18	—	13	—	12	—	10	—	11	—	10	—	9	—
1.0	21	—	15	—	14	—	12	—	13	—	12	—	11	—
1.5	27	19	20	15	18	14	17	11	17	14	16	12	14	11
2.5	33	27	28	21	25	19	23	16	25	19	22	17	20	15
4.0	45	35	37	28	33	25	30	23	33	25	30	23	26	20

续表

线芯截面积（mm^2）	明敷安全载流量（A）		穿铁管敷设安全载流量（A）						穿塑料管敷设安全载流量（A）					
			两根线		三根线		四根线		两根线		三根线		四根线	
	铜芯	铝芯	铜芯	铝芯	铜芯	铝芯	铜芯	铝芯	铜芯	铝芯	铜芯	铝芯	铜芯	铝芯
6.0	60	45	49	37	43	34	39	30	43	33	38	29	34	26
10	85	65	68	52	60	46	53	40	59	44	52	40	46	35
16	110	85	86	66	77	59	69	52	76	58	68	52	60	46
25	125	110	113	86	100	76	90	68	100	77	90	68	80	60
50	158	127	140	106	122	94	110	93	125	95	110	84	98	74
70	180	160	175	133	154	118	138	105	160	120	140	108	123	95

表 3.11　500V 单芯塑料绝缘导线的安全载流量

线芯截面积（mm^2）	明敷安全载流量（A）		穿铁管敷设安全载流量（A）						穿塑料管敷设安全载流量（A）					
			两根线		三根线		四根线		两根线		三根线		四根线	
	铜芯	铝芯	铜芯	铝芯	铜芯	铝芯	铜芯	铝芯	铜芯	铝芯	铜芯	铝芯	铜芯	铝芯
0.75	16	—	12	—	11	—	9	—	10	—	9	—	8	—
1.0	19	—	14	—	13	—	11	—	12	—	11	—	10	—
1.5	24	18	19	15	17	13	16	12	16	13	15	12	13	10
2.5	32	25	26	20	24	18	22	15	24	18	21	16	19	14
4.0	42	32	35	27	31	24	28	22	31	24	28	22	25	19
6.0	55	42	47	35	41	32	37	28	41	31	36	29	32	25
10	75	59	65	49	57	44	50	38	56	42	49	38	44	33
16	105	80	82	63	73	56	65	50	72	55	65	49	57	44
25	120	105	107	80	95	70	85	65	95	73	85	65	75	57
50	148	122	130	100	115	90	105	80	120	90	105	80	93	70
70	170	150	165	125	145	110	130	100	150	115	130	103	117	90

（2）布线时应尽量避免导线有接头，若必须有接头时，应采用压接或焊接，连接方法按导线的电连接中的操作方法进行，然后用绝缘胶布包缠好。穿在管内的导线不允许有接头，必要时应把接头放在接线盒、开关盒或插座盒内。

（3）布线时应水平或垂直敷设，水平敷设时导线距地面不小于 2.5m，垂直敷设时导线距地面不小于 2m，布线位置应便于检查和维修。

（4）导线穿过楼板时，应敷设钢管加以保护，以防机械损伤。导线穿过墙壁时，应敷设塑料管加以保护，以防墙壁潮湿产生漏电现象。导线相互交叉时，应在每根导线上套上绝缘管，并将套管固定，以避免碰线。

（5）为确保用电的安全，室内电气线路及配电设备和其他管道、设备间的最小距离，应符合有关规定，否则应采取其他保护措施。

2. 室内布线的工艺步骤

室内布线无论哪种方式，都有以下工序。

（1）按设计图样确定灯具、插座、开关、配电箱等装置的位置。

（2）勘察建筑物情况，确定导线敷设的路径、穿越墙壁或楼板的位置。

（3）在土建未涂灰之前，打好布线所需的孔眼，预埋好螺钉、螺栓或木榫。暗敷线路，还要预埋接线管、线盒、开关盒及插座盒等。

（4）装设绝缘支撑物、线夹或管卡。

（5）进行导线敷设，导线连接、分支或封端。

（6）将出线接头与电器装置或设备连接。

3. 室内线管布线工艺

把绝缘导线穿在线管内敷设，称为线管布线。这种布线方式比较安全可靠，可避免腐蚀性气体侵蚀和遭受机械损伤，适用于公共建筑和工业厂房中。

线管布线有明装式和暗装式两种。明装式要求线管横平竖直、整齐美观；暗装式要求线管短、弯头少。线管布线的步骤与工艺要点如下。

（1）选择线管规格。常用的线管种类有电线管、水煤气管和硬塑料管三种。电线管的管壁较薄，适用于环境较好的场所；水煤气管的管壁较厚，机械强度较高，适用于有腐蚀性气体的场所；硬塑料管耐腐蚀性较好，但机械强度较低，适用于腐蚀性较大的场所。

线管种类选择好后，还应考虑管的内径与导线的直径、根数是否合适，一般要求管内导线的总面积（包括绝缘层）不应超过线管内径截面积的 40%。线管的直径选择见表 3.12。

为了便于穿线，当线管较长时，须装设拉线盒，在无弯头或有一个弯头时，管长不超过 50m；当有两个弯头时，管长不超过 40m；当有三个弯头时，管长不超过 20m，否则应选大一级的线管直径。

（2）线管防锈与涂漆。为防止线管年久生锈，应对线管进行防锈处理。管内除锈可用圆形钢丝刷，两头各绑一根钢丝，穿入管内来回拉动，把管内铁锈清除干净。管子外壁可用钢丝刷或电动除锈机进行除锈。除锈后在线管的内外表面涂以防锈漆或沥青。对埋设在混凝土中的线管，其外表面不要涂漆，以免影响混凝土的结构强度。

表 3.12 线管直径选择表

线管种类	水煤气管直径（内径）mm				电线管直径（外径）mm				硬塑料管直径 mm		
导线根数 / 截面积 mm^2	2 根	3 根	4 根	5 根	2 根	3 根	4 根	5 根	2 根	3 根	4 根
1	13	13	13	16	13	16	16	19	13	16	16
1.5	13	16	16	19	13	16	19	19	13	16	19
2	13	16	16	19	16	16	19	25	16	16	19
2.5	16	16	16	19	16	16	19	25	16	16	19
3	16	16	19	19	16	16	19	25	16	16	19
4	16	19	19	25	16	19	25	25	16	19	25
5	16	19	19	25	16	19	25	25	16	19	25
6	19	19	19	25	19	19	25	32	19	19	25
8	19	19	25	32	19	25	25	32	19	25	25
10	19	25	25	32	25	25	32	38	25	25	32
16	25	25	32	38	25	32	32	38	25	32	32
20	25	32	32	51	25	32	38	51	25	32	38
25	32	32	38	51	32	38	38	51	32	38	38
35	32	38	51	51	32	38	51	64	32	38	51
50	38	51	51	64	38	51	64	64	38	51	64

（3）锯管套丝与弯管。按所需线管的长度将线管锯断，为使管与管或接线盒之间连接起来，需在线管端部进行套丝。水煤气管套丝，可用管子绞扳；电线管和硬塑料管套丝，可用圆丝扳，如图 3.15 所示。套丝完后，应去除管口毛刺，使管口保持光滑，以免划破导线的绝缘层。

根据线路敷设的需要，在线管改变方向时，需将线管弯曲。为便于穿线，应尽量减少弯头。需弯管处，其弯曲角度一般要在 90° 以上，其弯曲半径，明装管应大于管直径的 6 倍，暗装管应大于管直径的 10 倍。

对于直径在 50mm 以下的电线管和水煤气管，可用手工弯管器弯管，如图 3.16 所示。对于直径在 50mm 以上的管子，可使用电动或液压弯管机弯管。塑料管的弯曲，可采用热弯法，直径在 50mm 以上时，应在管内添沙子进行热弯，以避免弯曲后管径粗细不匀或弯扁。

（4）布管与连接。线管加工好后，就可以按预定的线路布管。布管工作一般从配电箱开始，逐段布至各用电装置处，有时也可相反。无论从哪端开始，都应使整个线路连通。

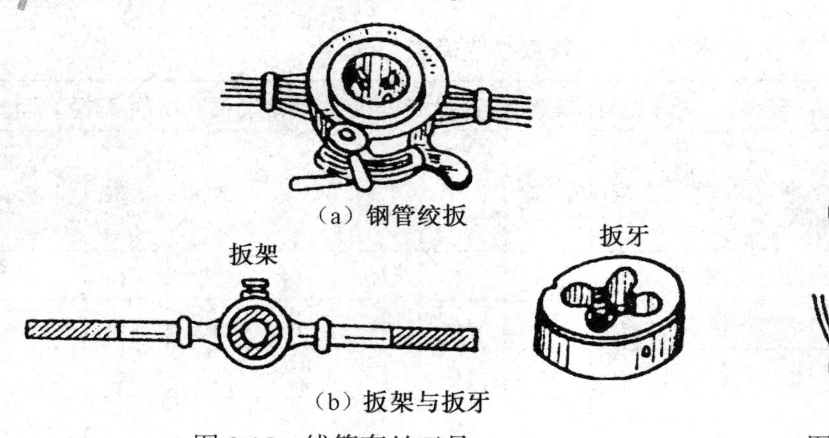

图 3.15　线管套丝工具

图 3.16　弯管器弯管方法

① 固定线管。对于暗装管，如布在现场浇注的混凝土构件内，可用铁丝将线管绑扎在钢筋上，也可用垫块垫起、铁丝绑牢，用钉子将垫块固定在模板上；如布在砖墙内，一般是在土建砌砖时预埋，否则应先在砖墙上留槽或开槽；如布在地平面下，需在土建浇注混凝土前进行，用木桩或圆钢打入地中，并用铁丝将线管与其绑牢，如图 3.17 所示。

对于明装管，为使布管整齐美观，管路应沿建筑物水平或垂直敷设。当线管沿墙壁、柱子和屋架等处敷设时，可用管卡或管夹固定；当线管沿建筑物的金属构件敷设时，薄壁管应用支架、管卡等固定，厚壁管可用电焊直接点焊在钢构件上；当线管进入开关、灯头、插座等接线盒内和有弯头的地方时，也应用管卡固定，如图 3.18 所示。

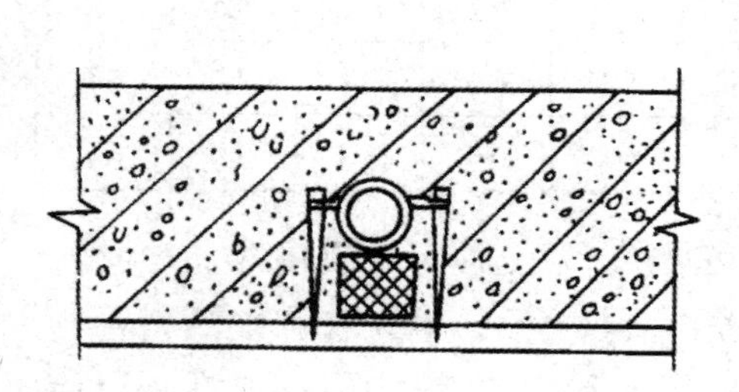

图 3.17　线管在混凝土模板上的固定

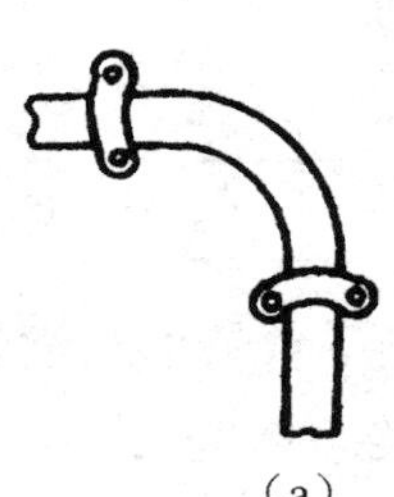

（a）

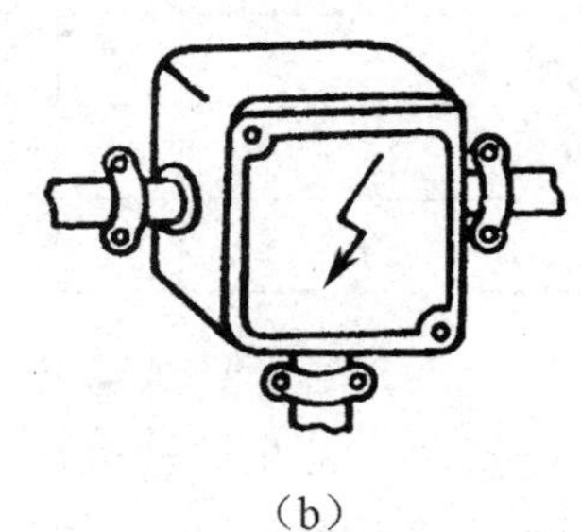

（b）

图 3.18　管卡固定方法

对于硬塑料管，由于其膨胀系数较大，因此沿建筑物表面敷设时，在直线部分每隔 30m 要装一个温度补偿盒。对于安装在支架上的硬塑料管，可用改变其挠度来适应其长度的变化，故可不装设温度补偿盒。硬塑料管的固定也要用管卡，但对其间距有一定的要求。

② 线管连接。无论是明装管还是暗装管，钢管与钢管最好采用管接头连接。特别是埋地和防爆线管，为了保证接口的严密性，应涂上铅油缠上麻丝，用管钳拧紧。直径 50mm 以上的线管，可采用外加套管焊接。硬塑料管之间的连接，可采用插入法或套接法。插入法是在电炉上加热线管至柔软状态后扩口插入，并用黏结剂或塑焊密封；套接法是将同直径的塑料管加热扩大成套筒套在线管上，再用黏结剂或塑焊密封，如图 3.19 所示。

线管与灯头盒或接线盒的连接方法，如图 3.20 所示。

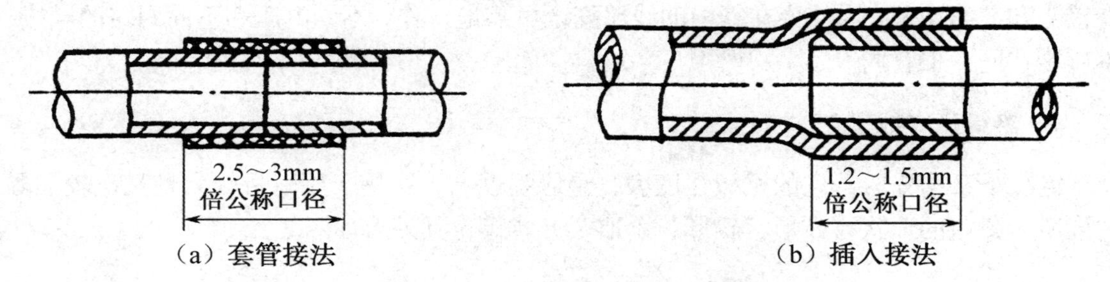

（a）套管接法　　（b）插入接法

图 3.19　硬塑料管的连接图

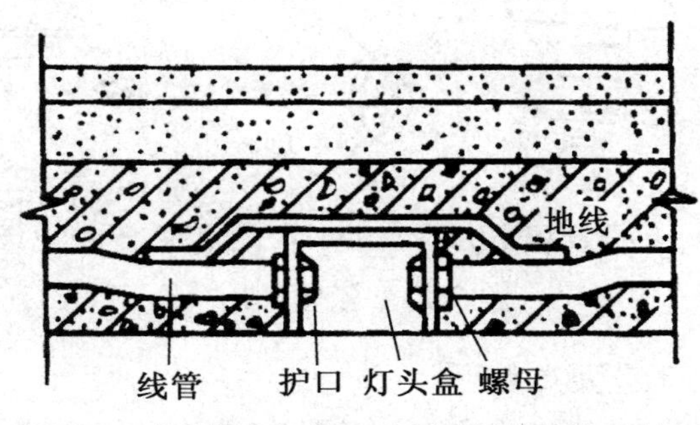

图 3.20　线管与灯头盒或接线盒的连接

③ 线管接地。为了安全用电，钢管与钢管、配电箱、接线盒等连接处都应做好系统接地。在管路中有了接头，将影响整个管路的导电性能和接地的可靠性，因此在接头处应焊上跨接线，如图 3.21 所示。钢管与配电箱上，均应焊有专用的接地螺栓。

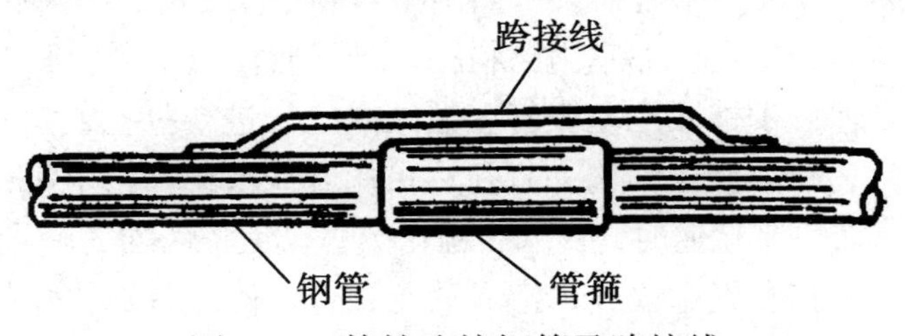

图 3.21　管箍连接钢管及跨接线

④ 装设补偿盒。当线管经过建筑物的伸缩缝时，为防止基础下沉不均，损坏线管和导线，需在伸缩缝的旁边装设补偿盒。暗装管补偿盒安装在伸缩缝的一边，明装管通常用软管补偿。

（5）清管穿线。穿线就是将绝缘导线由配电箱穿到用电设备或由一个接线盒穿到另一个接线盒，一般在土建地平和粉刷工程结束后进行。为了不伤及导线，穿线前应先清扫管路，可用压缩空气吹入已布好的线管中，或用钢丝绑上碎布来回拉几次，将管内杂物和水分清除。清扫管路后，随即向管内吹入滑石粉，以便于穿线。最后还要在线管端部安装上护线套，然后再进行穿线。

穿线时一般用钢丝引入导线，并使用放线架，以使导线不乱又不产生急弯。穿入管中的导线应平行成束进入，不能相互缠绕。为了便于检修换线，穿在管内的导线不允许有接头和绞缠现象。为使穿在管内的线路安全可靠地工作，不同电压和不同回路的导线，不应穿在同一根管内。

4．绝缘子布线工艺

绝缘子又称瓷瓶，它的机械强度大，绝缘强度高，适用于用电量较大且又比较潮湿的场所，瓷瓶的形状有鼓形、碟形、伞形及悬式等，其外形如图 3.22 所示。

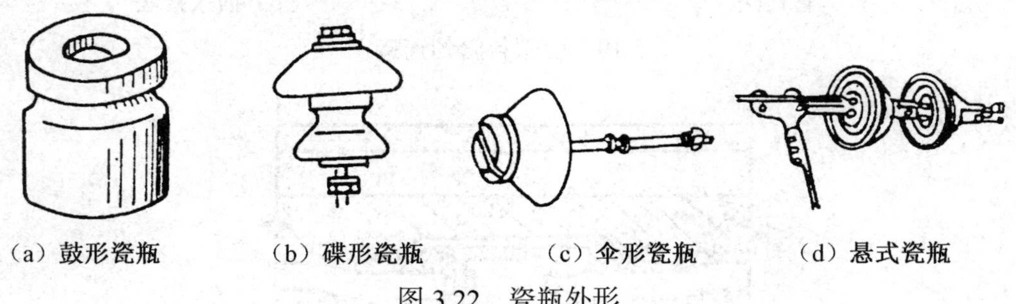

（a）鼓形瓷瓶　（b）碟形瓷瓶　（c）伞形瓷瓶　（d）悬式瓷瓶

图 3.22　瓷瓶外形

绝缘子布线的步骤与工艺要点如下。

（1）勘测定位和画线。定位工作应在土建抹灰之前进行。首先按施工图确定电器装置的安装位置，然后再确定导线的敷设位置、穿过墙壁和楼板的位置，以及起始、转角、和终端瓷瓶的位置，最后再确定中间瓷瓶的位置。

安装位置定好后，即可进行画线。使用粉线袋或边缘刻有尺寸的木板条，用铅笔或粉线袋画出安装线路，并在每个电器设备固定中点画一个“×”号。画线时，尽可能使线路沿房屋线脚、墙角等处敷设。如室内已粉刷，画线时注意不要弄脏墙壁表面。

（2）打孔和凿眼埋设木榫或尼龙胀管。按画线定位进行打孔或凿眼。在砖墙上打孔可采用小扁凿或电钻，在混凝土结构上打孔，可用麻线凿或冲击电钻；在墙上凿通孔，可用长凿或长钻头，在快要打通时，要减少锤击力，以免将墙的另一端打掉大块的墙壁。所有的孔眼凿好后，可在孔眼中安放木榫或尼龙胀管，待以后安装瓷瓶时用。

（3）埋设穿墙瓷管和过楼板钢管。最好在土建砌墙时预埋穿墙瓷管或过楼板钢管，在过梁或其他混凝土结构中预埋瓷管，应在土建铺模板时进行，预埋时可先用竹管或塑料管代替，待拆去模板后，将竹管拿去换上瓷管。若采用塑料管，也可不拿去，直接代替瓷管使用。

（4）固定瓷瓶。在不同的结构上，瓷瓶固定方法也不同。各种固定方式如图 3.23 所示。

① 在木结构墙上固定瓷瓶。在木结构上只能固定鼓形瓷瓶，可用木螺钉直接拧入，如图 3.23（a）所示。

② 在砖墙上固定瓷瓶。在砖墙上可利用预埋的木榫或尼龙胀管，用木螺钉来固定鼓形瓷瓶；可用预埋的支架和螺栓来固定鼓形瓷瓶、碟形瓷瓶或伞形瓷瓶，如图 3.23（b）所示。

③ 在混凝土墙上固定瓷瓶。在混凝土墙上，可用膨胀螺栓来固定鼓形瓷瓶，或用预埋的支架和螺栓来固定鼓形瓷瓶、碟形瓷瓶或伞形瓷瓶，如图 3.23（c）所示。此外还可用环氧树脂黏结剂来固定瓷瓶，如图 3.23（d）所示。

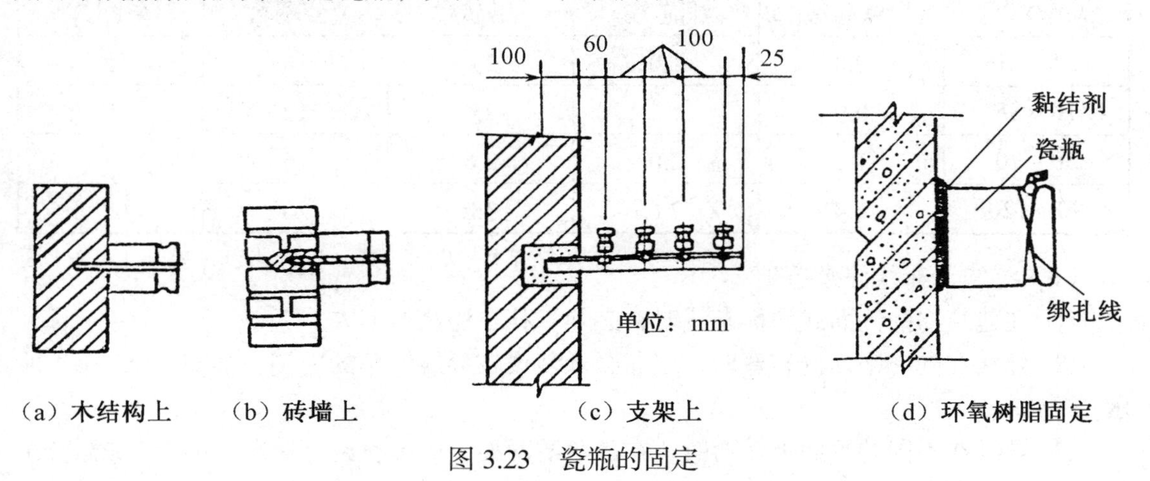

图 3.23 瓷瓶的固定

（5）敷设导线及导线绑扎。在瓷瓶上敷设导线，也应从一端开始，先将导线的一端绑扎在瓷瓶的颈部，然后将导线的另一端收紧绑扎固定，最后再把中间的导线也绑扎固定好。如导线弯曲，应预先校直。导线在瓷瓶上绑扎固定的方法如下。

① 终端导线的绑扎。导线的终端可用回头线绑扎，如图 3.24（a）所示。绑扎线宜用绝缘线，绑扎线的线径和绑扎圈数如表 3.13 所示。

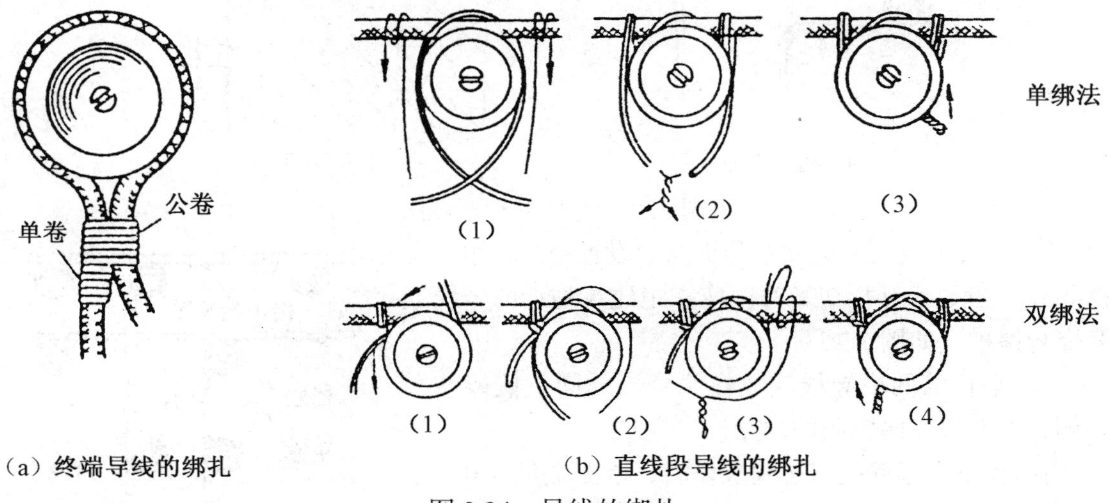

图 3.24 导线的绑扎

② 直线段导线的绑扎。鼓形和碟形瓷瓶直线段导线一般采用单绑法和双绑法两种。截面积在 $6mm^2$ 以下的导线可采用单绑法；截面积在 $10mm^2$ 以上的导线应采用双绑法，两种绑扎法和步骤如图 3.24（b）所示。

表 3.13　绑扎线的线径和绑扎圈数

导线截面积（mm^2）	绑扎线直径（mm）			绑扎圈数	
	铁芯线	铜芯线	铝芯线	公圈数	单圈数
1.5 ~ 10	0.8	1.0	2.0	10	5
10 ~ 35	0.9	1.4	2.0	12	5
50 ~ 70	1.2	2.0	2.6	16	5
90 ~ 120	1.4	2.6	3.0	20	5

（6）绝缘子布线注意事项。

① 在建筑物的侧面或斜面布线时，必须绑扎在瓷瓶的上方。

② 导线在同一平面内转弯时，瓷瓶必须装设在导线转角的内侧，如图 3.25（a）所示。

③ 导线在不同的平面上转弯时，在凸角的两面上应装设两个瓷瓶，如图 3.25（b）所示。

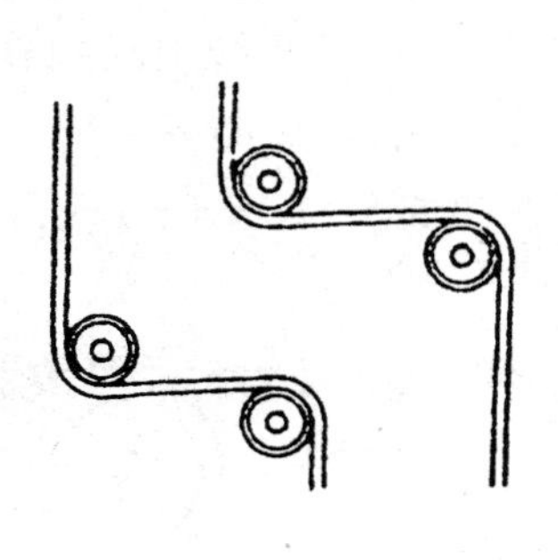

（a）同一平面

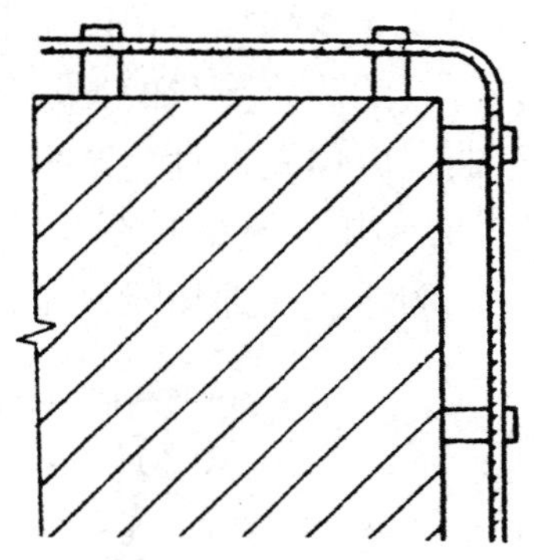

（b）不同平面

图 3.25　瓷瓶的转弯做法

④ 导线分支时，必须在分支点处设置瓷瓶，用以支撑导线。当导线互相交叉时，应在距建筑物近的导线上套瓷管保护，如图 3.26 所示。

⑤ 平行的两根导线应放在两瓷瓶的同一侧或均在外侧，不能放在两瓷瓶的内侧。

⑥ 瓷瓶沿墙壁垂直排列敷设时，导线弛度不得大于 5mm，沿层架或水平支架敷设时，导线弛度不得大于 10mm。

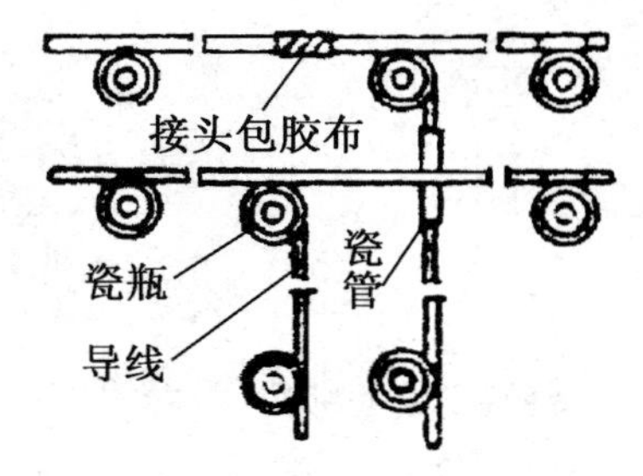

图 3.26　瓷瓶的分支做法

5. 槽板布线工艺

槽板布线就是把绝缘导线敷设在槽板的线槽内，上面用盖板把导线盖住。槽板布线

适用于办公室、卧室、学校图书馆等干燥的房间内。常用的槽板有木槽板和塑料槽板，线槽有双线的和三线的，如图 3.27 所示。

单位：mm

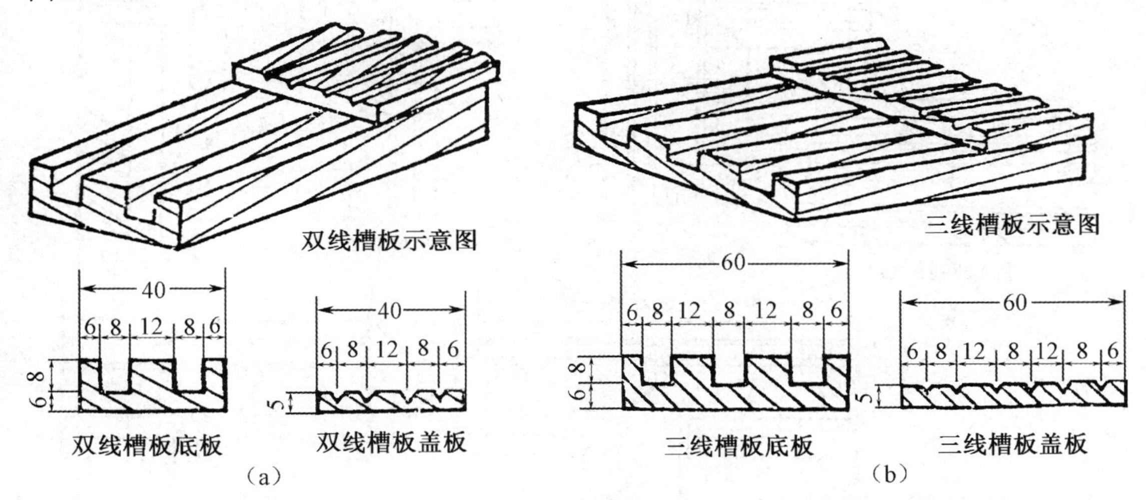

图 3.27　槽板类型

槽板布线工作，通常是在抹灰和粉刷层干燥后进行。木槽板布线步骤如下。

（1）定位画线。槽板布线的定位画线、预埋、穿墙等步骤和方法与绝缘子布线基本相同。为了使线路安装得整齐美观，应尽量沿房屋线脚、横梁等处敷设，与建筑物的线条平行或垂直。

（2）安装槽板。安装前，先将槽板中平直的和弯曲的分别挑选出来，以便在安装时把平直的用于平顶或明显处，弯曲的经加工后，用于较隐蔽处。

在砖墙上固定槽板，可用钉子把槽板钉在预埋的木榫上；在抹灰的墙或顶棚上固定槽板，也可以用钉子直接钉上；在混凝土结构上固定槽板，可利用预埋好的膨胀螺钉来固定。

固定槽板时，应先在离槽板起点或终点 40mm 处，用钉子固定；中间段两钉子间的距离一般不大于 300mm，三线槽板在固定时，钉子应左右交错着钉。

底槽板拼接时线槽要对准，拼接要紧密。直线拼接、T 形拼接、转角拼接和线槽封端的具体做法如图 3.28 所示。

在 T 形拼接时，应在拼接点处把底板的筋锯掉、铲平，使导线在槽中能顺畅通过。在转角拼接时，要把线槽内侧削成圆弧状，以免划伤导线的绝缘层。

电器装置不能直接安装在槽板上，必须用圆木或木台与槽板连接。连接时要先在圆木或木台上挖一个豁口，然后扣在槽板上，如图 3.29 所示。

（3）敷设导线。槽板的底槽固定好后，就可以敷设导线。敷设时，每一分路用一条槽板，每一条线槽内只能敷设一根导线。槽内的导线不能有分支，如果必须有接头和分支时，应在槽板上设接线盒，把接头留在接线盒内。

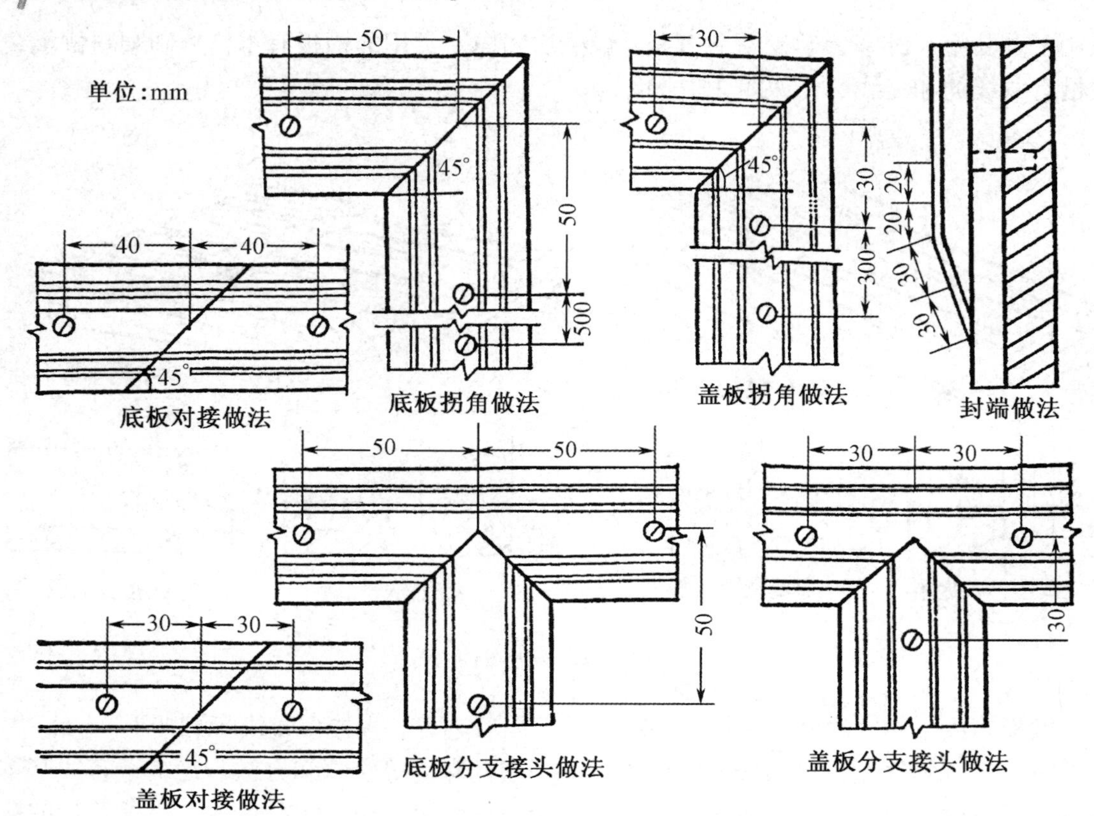

图 3.28　槽板的拼接方法

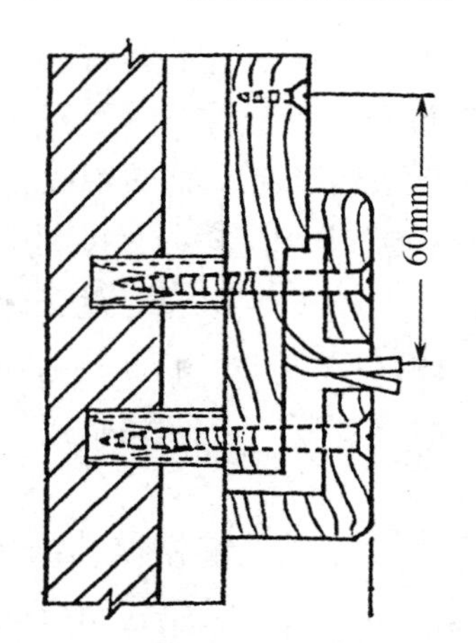

图 3.29　圆木与槽板的连接

当敷设到灯具、开关、插座或接头处时，要留出 100mm 左右的线头，以便连接。在配电板处，可以按实际需要留出足够长度，并在线端做好标记，以便接线时识别。

（4）固定槽板盖。此工作与敷设导线同时进行，边敷线边将盖板固定在底槽板上。固定盖板可以用钉子直接钉在底槽板的中线上，钉子要垂直钉入，以免钉在导线上。两固定点之间的距离应不大于 300mm，距起点或终点的距离应不大于 30mm。盖板拼接的

做法与底槽板一样，但是在直线拼接时，两者的接口应尽量错开，错开距离不小于槽板的宽度，如图 3.30 所示。

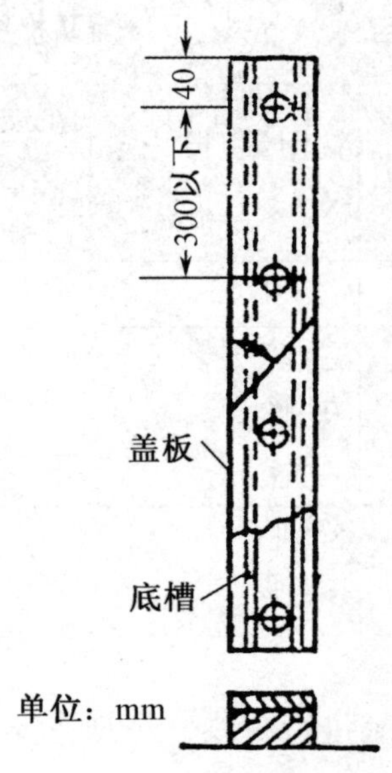

图 3.30　槽板的固定方法

塑料槽板的敷设与木槽板基本一样，只是盖板可直接利用燕尾槽扣在底槽板上，不用钉子固定。

三、实训内容

1．实训用工具、仪表和材料

（1）工具：常用电工工具一套、冲击电钻及钻头、锤子、钢锯。

（2）仪表：MF-47 型万用表、500V 兆欧表。

（3）主要材料：鼓形瓷瓶、木槽板或塑料槽板、硬电线。

（4）辅助材料：扎线、木螺钉、尼龙胀管、绝缘胶布等。

2．绝缘子布线及要求

（1）布线规划。在实训室墙上用鼓形瓷瓶进行布线，并规划将安装好的高压汞灯和照明配电板的进线端与用户进线连接。

（2）安装瓷瓶。使用尼龙胀管和木螺钉在实训室墙上安装固定鼓形瓷瓶。

（3）敷设导线。完成直线段、转弯、T 形分支等形式的布线和导线绑扎，使高压汞灯、照明配电板的进线端与用户进线连接。

（4）实训报告。将绝缘子线的步骤和有关数据填入表 3.14 中，并画出总线路接线图。

表 3.14　绝缘子布线实训报告

项目	绝缘子		硬电线		辅助材料数量			绝缘子安装间距（cm）		
	类型	使用量（m）	截面积（mm^2）	使用量（m）	接线盒（个）	尼龙胀管（根）	木螺钉（个）	直线段	转角处	交叉处
数据										
布线步骤				故障及排除方法			线路接线图			

实训所用时间：　　　　　　　　　　　　　　实训人：　　　　　　　　　　　　日期：

3．槽板布线及要求

（1）在实训室墙上用塑料槽板进行布线，规划将安装好的照明灯和电源插座与照明配电板的出线端连接。

（2）安装槽板，完成直线段、转角、T 形分支并与照明配电板、插座的木台、照明灯的圆木相连接。

（3）在槽板线槽内敷设导线并进行线路分支，使照明灯、电源插座与照明配电板连接，完成后固定槽板盖。

（4）实训报告。将槽板布线的步骤和有关数据填入表 3.15 中，并画出总线路接线图。

表 3.15　室内槽板布线实训报告

项目	槽　板		硬电线		辅助材料数量			槽板固定间距（cm）		
	规格	使用量（m）	截面积（mm^2）	使用量（m）	接线盒（个）	尼龙胀管（根）	木螺钉（个）	直线段	转角处	交叉处
数据										
布线步骤				故障及排除方法			线路接线图			

实训所用时间：　　　　　　　　　　　　　　实训人：　　　　　　　　　　　　日期：

四、成绩评定

完成各项操作训练后进行技能考核，参考表 3.16 中的评分标准进行成绩评定。

表 3.16 室内配电线路布线评分标准

序号	考 核 内 容	配分	评 分 细 则
1	布线规划和定位画线	20 分	布线设计合理 10 分 定位画线正确 10 分
2	瓷瓶固定、布线和导线绑扎	20 分	瓷瓶固定牢固整齐 10 分 布线和导线绑扎正确 10 分
3	槽板固定、布线和安装盖板	20 分	槽板固定牢固整齐 10 分 布线和安装盖板正确 10 分
4	线路分支和线路连接	20 分	线路分支合理 10 分 线路连接正确 10 分
5	安全文明生产	20 分	遵守操作规程，无违章操作情况 5 分 正确使用工具，用过后完好无损 5 分 保持工位卫生，做好清洁及整理 5 分 听从教师安排，无各类事故发生 5 分
6	操作完成时间 90min		在规定时间内完成，每超时 10min 扣 5 分

任务 4 漏电保护器的安装训练

一、任务目标

1. 了解交流电源漏电保护器的工作原理。
2. 熟悉交流电源漏电保护器的安装工艺。
3. 掌握交流电源漏电保护器的安装技能。

二、相关知识

当低压电网发生人体触电或设备漏电时，若能迅速切断电源，就可以使触电者脱离危险或使漏电设备停止运行，从而避免造成事故。在发生上述触电或漏电时，能迅速自动完成切断电源的装置称为漏电保护器，又称漏电保护开关或漏电保护断路器，它可以防止设备漏电引起的触电、火灾和爆炸事故。漏电保护器若与自动开关组装在一起，同时具有短路、过载、欠压、失压和漏电等多种保护功能。

漏电保护器按其动作类型可分为电压型和电流型，电压型性能较差已趋淘汰，电流型漏电保护器可分为单相双极式、三相三极式和三相四极式三类。对于居民住宅及其他单相电路，应用最广泛的是单相双极电流型漏电保护器；三相三极式漏电保护器应用于三相动力电路，三相四极式漏电保护器应用于动力、照明混用的三相电路。

1．单相电流型漏电保护器

单相电流型漏电保护器电路原理图如图 3.31 所示，正常运行（不漏电）时，流过相线和零线的电流相等，两者合成电流为零，漏电电流检测元件（零序电流互感器）无漏电信号输出，脱扣线圈无电流而不跳闸；当发生人碰触相线触电或相线漏电，线路对地产生漏电电流，流过相线的电流大于零线电流，两者合成电流不为零，互感器感应出漏电信号，经放大器输出驱动电流，脱扣线圈因有电流而跳闸，起到人体触电或漏电的保护作用。单相漏电保护器的外形如图 3.32 所示。

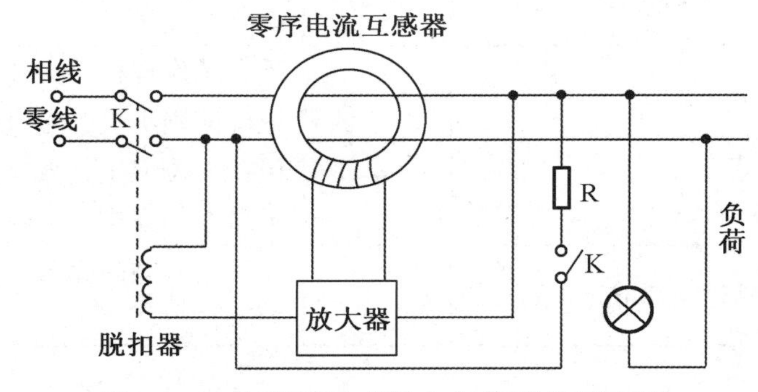

图 3.31　单相双极式漏电保护器的原理图

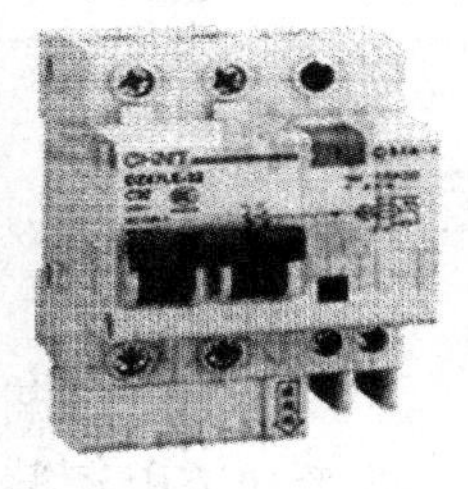

图 3.32　单相双极式漏电保护器的外形

常用型号为 DZL18-20 的漏电保护器，放大器采用集成电路，具有体积小、动作灵敏、工作可靠的优点。适用于交流额定电压 220 V、额定电流 20 A 及以下的单相电路，额定漏电动作电流有 30mA、15mA 和 10mA 可选用，动作时间小于 0.1s。

2．三相电流型漏电保护器

三相漏电保护器的工作原理与单相双极型基本相同，其电路原理图如图 3.33 所示。

在三相五线制供电系统中要注意正确接线，零线有工作零线（N）和保护零线（PE），工作零线与三根相线一同穿过漏电电流检测的互感器铁芯。工作零线不可重复接地，保护零线作为漏电电流的主要回路，应与电气设备的保护接零线相连接。保护零线不能经过漏电保护器，末端必须进行重复接地。错误安装漏电保护器会导致保护器误动作或失效。三相漏电保护器的外形如图 3.34 所示。

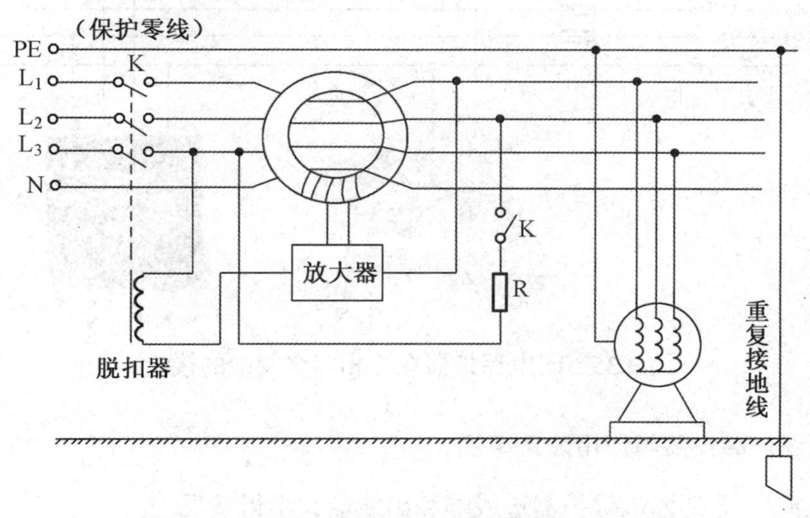

图 3.33　三相四极式漏电保护器的原理图

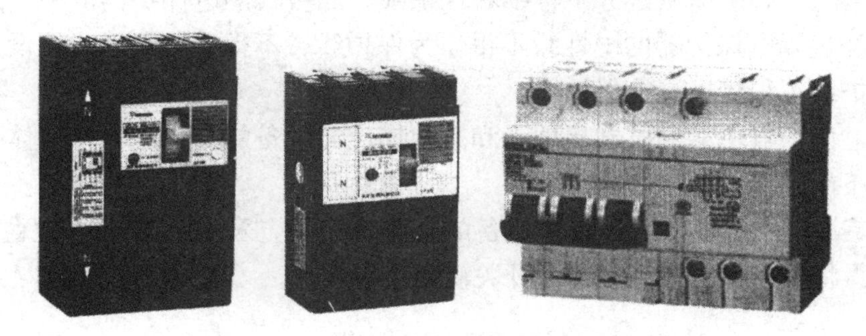

图 3.34　三相四极式漏电保护器的外形

常用型号为 DZ15L-40/390 的漏电保护器，适用于交流额定电压 380V、额定电流 40A 及以下的三相电路中，额定漏电动作电流有 30 mA、50 mA 和 75 mA（四极为 50mA、75mA 和 100 mA）可选用，动作时间小于 0.2s。

3．漏电保护器的安装与使用

（1）照明线路的相线和零线均要经过漏电保护器，电源进线必须接在漏电保护器的正上方，即外壳上标注的“电源”或“进线”的一端；出线接正下方，即外壳上标注的“负载”或“出线”的一端，如图 3.35 所示。

（2）安装漏电保护器后，不准拆除原有的闸刀开关、熔断器，以便日后的设备维护。

（3）漏电保护器在安装后，先带负荷分、合 3 次，不应出现误动作；再按压试验按钮 3 次，应能自动跳闸，注意按压时间不要太长，以免烧坏漏电保护器。试验正常后即可投入使用。

（4）运行中，每月应按压试验按钮检验 1 次，检查动作性能确保运行正常。

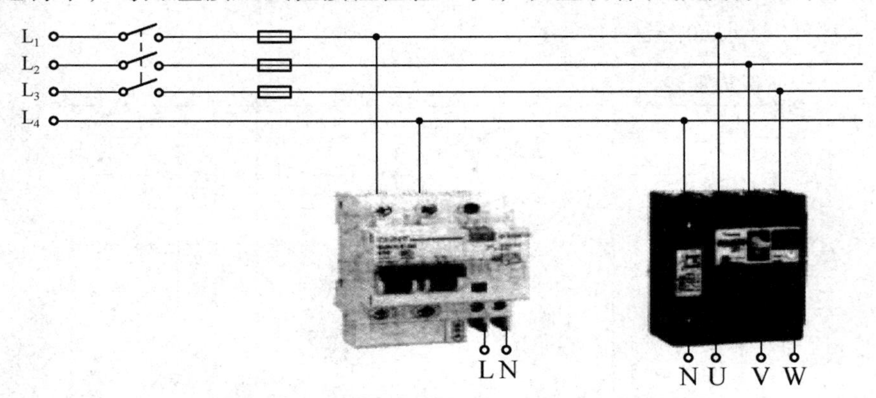

图 3.35　漏电保护器在三相四线制中的接线

4．漏电保护器安装与使用注意事项

（1）装接时，分清漏电保护器进线端和出线端，不得接反。

（2）安装时，必须严格区分中性线和保护线，四极式漏电保护器的中性线应接入漏电保护器。经过漏电保护器的中性线不得作为保护线，不得重复接地或接设备外露的导电部分；保护线不得接入漏电保护器。

（3）漏电保护器中的继电器接地点和接地体应与设备的接地点和接地体分开，否则漏电保护器不能起保护作用。

（4）安装漏电保护器后，被保护设备的金属外壳仍应采用保护接地和保护接零。

（5）不得将漏电保护器当作闸刀开关使用。

三、实训内容

1．实训用工具、仪表和材料

（1）工具：常用电工工具一套、冲击电钻及钻头、锤子、钢锯。

（2）仪表：MF-47 型万用表、500V 兆欧表。

（3）主要材料：单相和三相漏电保护器、闸刀开关、熔断器。

（4）辅助材料：安装板、木螺钉、硬电线、绝缘胶布等。

2．实训内容与步骤

（1）阅读漏电保护器使用说明书，弄清型号规格，熟悉器材。

（2）合理选择单相漏电保护器在配电板上的合适位置。

（3）按图 3.35 所示的线路进行装接。检查接线正确无误后接通电源。

（4）按压试验按钮，漏电保护器应瞬间跳闸。

3．实训报告

根据漏电保护器安装技能训练填写表 3.17 中的有关内容。

表 3.17　漏电保护器安装实训报告

<table>
<tr><th rowspan="2">项目</th><th colspan="3">漏电保护器规格</th><th colspan="2">三极闸刀开关</th><th colspan="2">安装板尺寸</th><th colspan="2">辅助材料数量</th></tr>
<tr><th>型号</th><th>额定电流（A）</th><th>动作电流（A）</th><th>型号</th><th>额定电流（A）</th><th>长度（mm）</th><th>宽度（mm）</th><th>硬电线（m）</th><th>木螺钉（个）</th></tr>
<tr><td>单相</td><td></td><td></td><td></td><td></td><td></td><td></td><td></td><td></td><td></td></tr>
<tr><td>三相</td><td></td><td></td><td></td><td></td><td></td><td></td><td></td><td></td><td></td></tr>
<tr><td>安装步骤</td><td colspan="3"></td><td>故障及排除方法</td><td colspan="2"></td><td>安装接线图</td><td colspan="2"></td></tr>
</table>

实训所用时间：　　　　　　　　　　　　实训人：　　　　　　　　　　　日期：

四、成绩评定

完成各项操作训练后进行技能考核，参考表 3.18 中的评分标准进行成绩评定。

表 3.18　漏电保护器的安装评分表

序号	考 核 内 容	配分	评 分 细 则
1	布置和固定	20 分	电气元件布置合理 10 分 电气元件安装牢固 10 分，一件松动扣 5 分
2	电路布线连接	30 分	电路连接正确 10 分，错一条线扣 2 分 导线剖削无损伤 10 分，损伤一处扣 2 分 布线整齐、美观 10 分
3	通电运行情况	30 分	通电不能工作扣 20 分 通电造成短路扣 20 分 运行功能不全，每处扣 10 分

续表

序号	考 核 内 容	配分	评 分 细 则
4	安全文明生产	20分	遵守操作规程，无违章操作情况 5分 正确使用工具，用过后完好无损 5分 保持工位卫生，做好清洁及整理 5分 听从教师安排，无各类事故发生 5分
5	操作完成时间 120min		在规定时间内完成，每超时 10min 扣 5 分

思考题

1. 电气照明的基本要求是什么?
2. 常用的照明灯种类有哪些?
3. 简述白炽灯悬吊式安装的步骤。
4. 日光灯由哪些部件组成?
5. 日光灯的常见故障有哪些?
6. 照明配电板由哪些电气元件组成?
7. 室内常用布线方式有哪些?
8. 室内布线的基本要求是什么?
9. 简述室内槽板布线的工艺步骤。
10. 简述绝缘子布线的工艺步骤。

项目 4

常用电工仪表

在电工技术中经常测量的电量主要有电流、电压、电阻、电能、电功率和功率因数等，测量这些电量所使用的仪器仪表统称为电工仪表。在实际电气测量工作中，必须要了解电工仪表的分类、基本用途、性能特点，以便合理地选择仪表，还必须掌握电工仪表的使用方法和电气测量的操作技能，以获得正确的测量结果。本项目主要进行电工仪表符号识别与选用及万用表、兆欧表、接地电阻表、直流电桥的操作使用等技能训练。

任务 1　仪表符号识别与选用训练

一、任务目标

1. 了解电工仪表的构造和分类。
2. 熟悉电工仪表中的符号识别。
3. 掌握电工仪表的选用技能。

二、相关知识

1. 指示仪表分类

电工仪表的种类繁多，归纳起来可分为两大类：即直读式电工仪表和比较式电工仪表。直读式仪表按指示方式又分为指示仪表和数字仪表。虽然它们的结构原理不同，但测量使用方法是相似的。在此主要介绍指示仪表。

指示仪表是最常见的一种电工仪表，其特点是把被测电量转换为可动部分的角位移，根据可动部分的指针在标尺刻度上的位置，直接读出被测量的数值。常用的指示仪表又可按以下六种方法分类。

（1）按仪表使用方式分类：可分为安装式仪表和可携式仪表。

安装式仪表是指在发电厂、变电站、配电室的开关板上及各种小型电气设备上所使用的固定安装的仪表。

可携式仪表是指在科学研究、教学实验、工矿企业的实验室和生产工序中所使用的非固定安装的仪表。

（2）按仪表测量的量分类：可分为电流表、电压表、功率表、电度表、欧姆表、兆欧表等，表 4.1 列出了一些最常用的电工测量仪表及其符号。

表 4.1　常用的电工测量仪表及其符号

被　测　量	仪 表 名 称	仪 表 符 号
电流	电流表（安培表/毫安表/微安表）	Ⓐ (mA) (μA)
电压	电压表（伏特表/毫伏表/千伏表）	Ⓥ (mV) (kV)
电功率	功率表（瓦特表/千瓦表）	Ⓦ (kW)
电能	电能表（电度表）	[kWh]
电阻	欧姆表（欧姆表/兆欧表）	(Ω) (MΩ)

（3）按仪表工作原理分类：可分为磁电系、电磁系、电动系、感应系、整流系等。三种常用的指示仪表结构如图 4.1 所示。

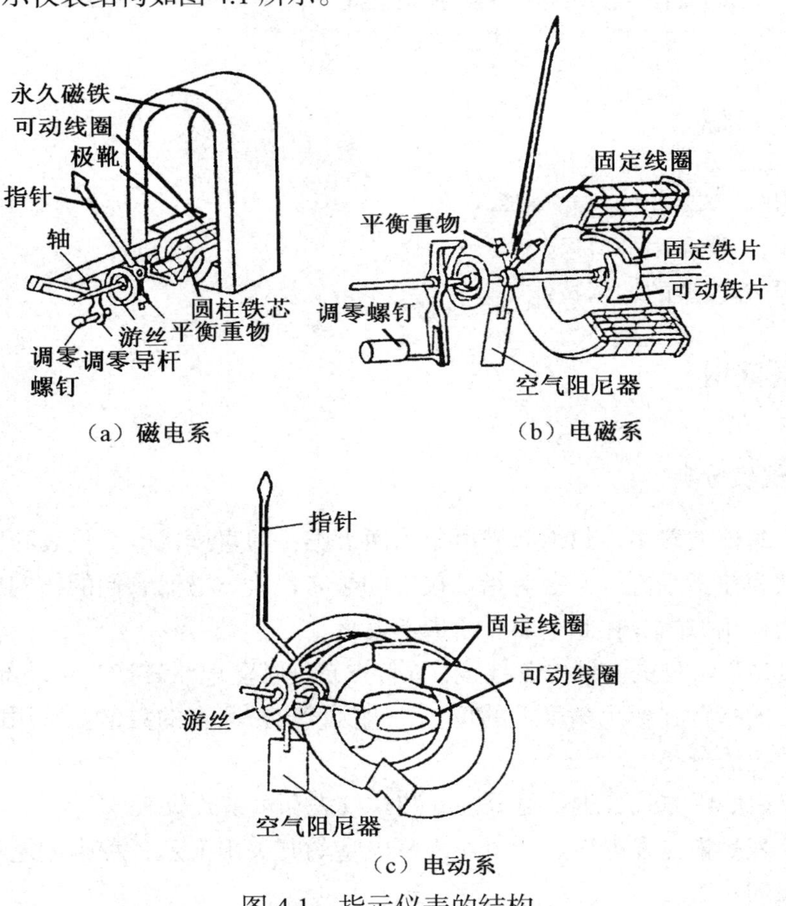

（a）磁电系　（b）电磁系

（c）电动系

图 4.1　指示仪表的结构

磁电系仪表是根据通电线圈在恒定磁场中受电磁力作用的原理制成；电磁系仪表是根据铁磁物质在通电线圈的磁场中受电磁力作用的原理制成；电动系仪表是根据两个通电线圈之间产生电动力的原理制成；感应系仪表是根据交变磁场中导体感生的涡流与磁场产生作用力的原理制成；整流系仪表是经由整流器整流后再进行测量的仪表。表 4.2 列出了几种常用电工指示仪表的类型、符号、代号及用途。更多内容参见附表 A.3。

表 4.2 常用电工指示仪表的类型、符号、代号及用途

仪表类型	符　号	代　号	可测物理量
磁电系		C	直流电流、电压、电阻
电磁系		T	直流或交流电流、电压
电动系		D	直流或交流电流、电压、电功率、电能量
感应系		G	交流电能量
整流系		L	交流电流、电压

（4）按仪表防护性能分类：可分为普通型、防尘型、防溅型、防水型、水密型、气密型、隔爆型七种形式。

（5）按仪表精度等级分类：可分为 0.1、0.2、0.5、1.0、1.5、2.5、5.0 七个等级。

仪表精度等级的百分数又称仪表的基本误差，仪表可能产生的绝对误差等于精度等级的百分数乘以仪表的量程。

（6）按被测物理量性质分类：可分为直流电表、交流电表和交直流电表。交流电表一般都是按正弦交流电的有效值标度的。

2. 电工仪表的型号

电工仪表的型号是按规定的编号规则编制的，它可以反映出仪表的用途和工作原理。不同结构形式的仪表规定有不同的编号规则。

安装式仪表的型号一般由形状代号、系列代号、设计序号和用途代号组成。形状代号有两位：第一位代表仪表面板的最大尺寸；第二位代表仪表的外壳尺寸。系列代号（参见表 4.2 中的“代号”）是表示仪表的工作原理，用途代号（参见表 4.1 中的“仪表符号”）表示测量的量。例如，44C2-A 型电流表，其中“44”为形状代号，表示面板和外壳为 40mm，“C”表示磁电系仪表，“2”为设计序号，“A”表示测量电流。

可携式仪表的型号除了不用形状代号外，其他部分与安装式仪表相同。例如，T62-V 型电压表，其中“T”表示电磁系仪表，“62”为设计序号，“V”表示测量电压。

电度表的型号与可携式仪表基本相同，只是在型号前再加一个“D”。例如，“DD”表示单相电度表，“DT”表示三相电度表，“DS”表示有功电度表，“DX”表示无功电度表。在使用电工仪表进行测量时，为了保证测量精度，减小测量误差，应合理选择仪表的结构类型、测量范围、精度等级、仪表内阻等，同时还须采用正确的测量方法。

3．仪表类型的选择

被测电量可分为直流电量和交流电量，交流电量又分为正弦量和非正弦量。在电力工程中涉及的交流电，大多数是工频（50 Hz）正弦交流电。

对于直流电量的测量，普遍选用磁电系仪表。对于正弦交流电量的测量，可选用电磁系或电动系仪表。一般交流电表都是按正弦交流电的有效值刻度的，若要测量正弦交流电的平均值、峰值、峰-峰值或非正弦交流电，则需要进行换算或使用专门刻度的仪表。

4．仪表精度的选择

从提高测量准确度的角度出发，仪表的精确度越高越好。但精确度高的仪表对工作条件的要求严格，仪表的成本也高，所以仪表精确度的选择，要从测量的实际需要出发，既要满足测量要求，又要本着节约的原则。

通常 0.1 级和 0.2 级仪表用作标准仪表或在精密测量时选用，0.5 级和 1.0 级仪表在实验室测量时选用，1.5 级、2.5 级和 5.0 级仪表可在一般工程测量中选用。

5．仪表量程的选择

仪表的准确度只有在合理的量程下才能发挥作用，这在指示仪表中具有普遍意义。由于测量误差与仪表的量程有关，如果仪表的量程选择得不合理，标尺刻度得不到充分利用，即使仪表本身的准确度很高，测量误差也会很大。

为了充分利用仪表的准确度，应尽量按使用标尺的后 1/4 段的原则选择仪表的量程。此段上的测量误差基本上等于仪表的精度等级，而在标尺中间位置上的测量误差为仪表准确度的 2 倍。应尽量避免使用标尺的前 1/4 段，但要保证仪表的量程大于被测量的最大值。

6．仪表内阻的选择

仪表的内阻是指仪表两端子间的等效电阻，它反映了仪表本身消耗的功率大小，测量时会影响电路的工作状态。选择仪表时，须根据被测对象阻抗大小来选择仪表内阻，否则会给测量结果带来很大误差。

为了使仪表接入测量电路后不至于改变原来电路的工作状态，要求电流表或功率表的电流线圈内阻尽量小些，并且量程越大，内阻应越小，而要求电压表或功率表的电压线圈内阻尽量大些，并且量程越大，内阻应越大。

选择仪表时，对仪表的类型、精度、量程、内阻等的选择要综合考虑，特别要考虑引起较大误差的因素。除此之外，还应考虑仪表的使用环境和工作条件，在国家标准中，对仪表的使用环境和工作条件做了具体的规定，仪表必须在规定的工作条件下使用。

三、实训内容

1. 识别所给常用仪表上的10个符号的含义。
2. 说明所给两种仪表型号的含义与主要用途。
3. 按给定测量用途选择仪表的类型和量程。

四、成绩评定

完成各项操作训练后进行技能考核，参考表4.3中的评分标准进行成绩评定。

表4.3　仪表符号识别和选用评分标准

序号	考核内容	配分	评分细则
1	识别各符号的含义	50分	每个符号正确给 5分
2	说明仪表型号与用途	20分	型号说明正确，每种5分 用途说明正确，每种5分
3	选择仪表类型和量程	30分	类型选择正确 15分 量程选择正确 15分
4	操作完成时间30min		在规定时间内完成，每超时5min扣5分

任务2　万用表的测量使用训练

一、任务目标

1. 了解万用表的组成和测量原理。
2. 学会普通万用表的基本使用方法。
3. 掌握电压、电流和电阻的测量技能。

二、相关知识

1．万用表的组成与基本性能

万用表又称复用电表，它是一种可测量多种电量的多量程便携式仪表。由于它具有测量种类多、测量范围宽、使用和携带方便和价格低等优点，因此应用十分广泛。

一般万用表都可以测量直流电流、直流电压、交流电压、直流电阻等，有的万用表还可以测量电平、交流电流、电容、电感及晶体管的 h_{FE} 值等。

万用表的基本原理是建立在欧姆定律和电阻串并联分流、分压规律的基础之上的。万用表主要由表头、转换开关、分流和分压电路、整流电路等组成。在测量不同的电量或使用不同的量程时，可通过转换开关进行切换。

万用表按指示方式不同，可分为指针式（模拟式）和数字式两种。指针式万用表的表头为磁电系电流表，数字式万用表的表头为数字电压表。在电工测量中，指针式万用表使用得较多，但有些场合也使用数字式万用表，下面分别讲述其使用方法。

2．指针式（模拟式）万用表的使用

指针式（模拟式）万用表的型号很多，但测量原理基本相同，使用方法相近。下面以电工测量中常用的 MF-47 型万用表为例，说明其使用方法。MF-47 型万用表的表头灵敏度为 45μA，表头内阻为 2500Ω，并对各量程实现了全保护。其主要性能如表 4.4 所示，外形如图 4.2 所示，表盘如图 4.3 所示，电路原理如图 4.4 所示。MF-47 型万用表的使用方法如下。

表 4.4　MF-47 型指针式万用表的主要性能指标

测量功能	量程范围	压降或内阻	精度
直流电流	0～0.05mA～0.5mA～5mA～50mA～500mA～5A	0.25V	2.5
直流电压	0～0.25V～1V～2.5V～10V～50V～250V	20kΩ/V	2.5
	0～500V～1000V～2500V	10kΩ/V	
交流电压	0～10V～50V～250V～500V～1000V～2500V	10kΩ/V	5
直流电阻	R×1Ω　R×10Ω　R×100Ω　R×1kΩ　R×10kΩ	中心值为 16.5Ω	2.5
电平指示	-10dB～+ 22dB	0dB=1mW/600Ω	
晶体管 h_{FE}	0～300	I_B=0.01mA	

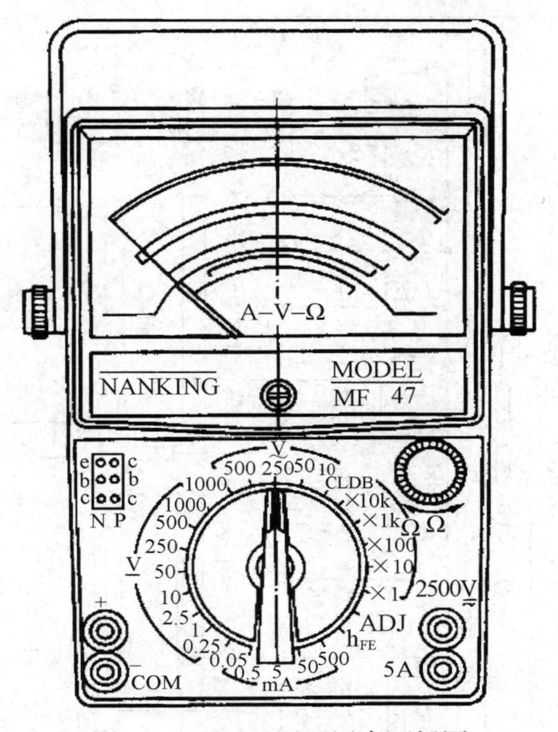

图 4.2 MF-47 型万用表面板图

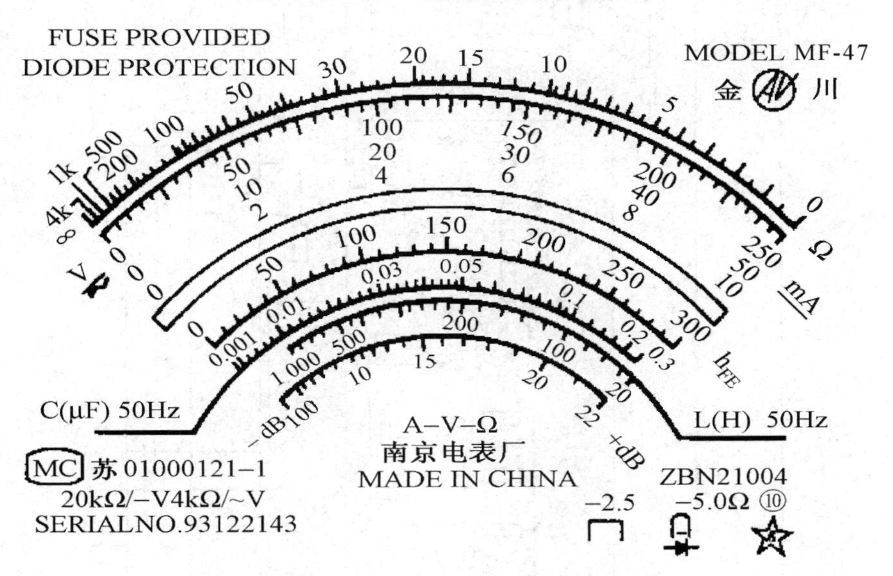

图 4.3 MF-47 型万用表表盘图

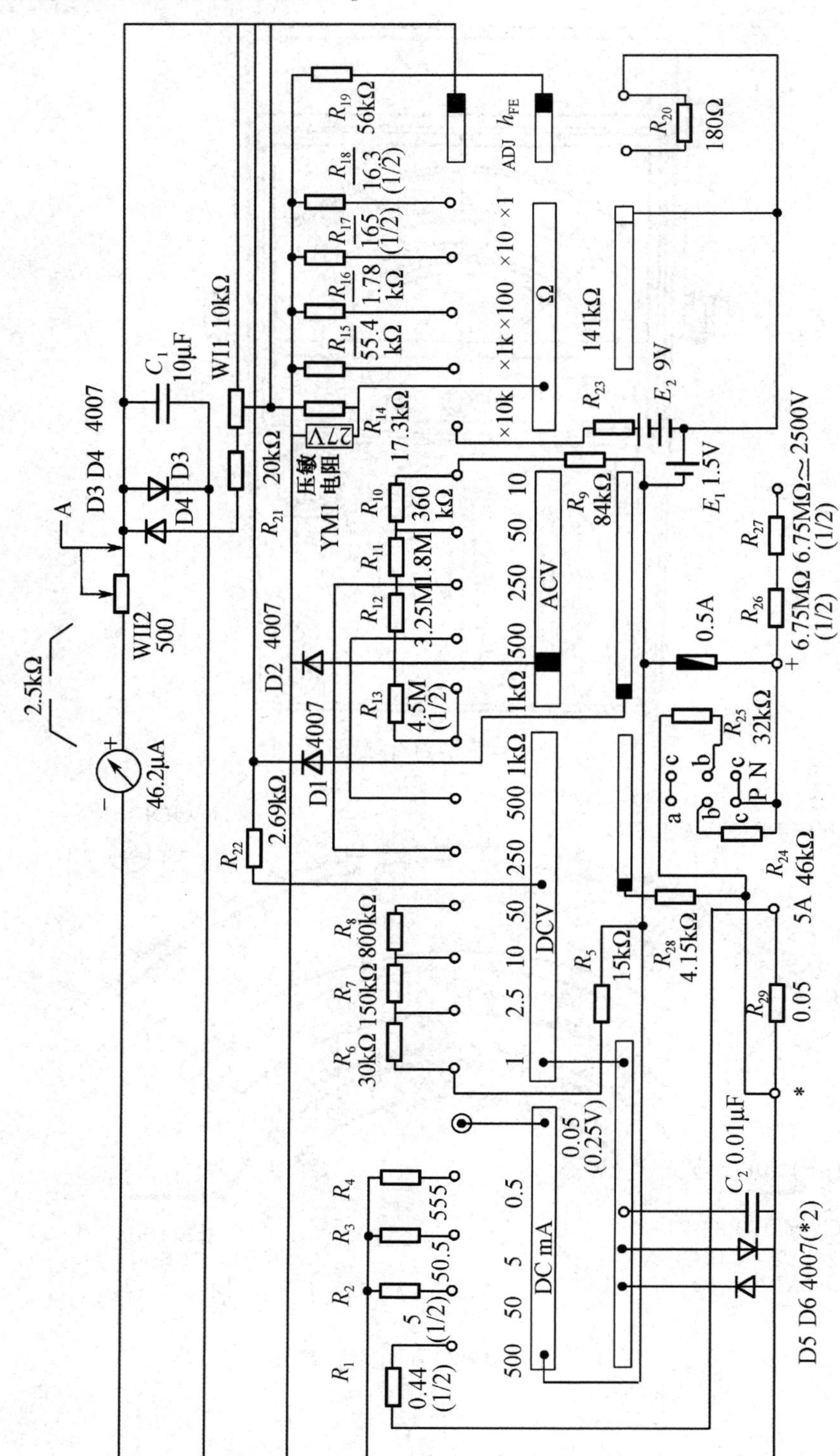

图4.4　MF-47型万用表电路原理图

（1）使用前的准备。万用表使用前先要调整机械零点，把万用表水平放置好，看表针是否指在电压刻度零点，如不指零，则应旋动机械调零螺丝，使表针准确指在零点上。

万用表有红色和黑色两只表笔（测试棒），使用时应插在表的下方标有“+”和“*”的两个插孔内，红表笔插入“+”插孔，黑表笔插入“*”插孔。

MF-47 型万用表用一个转换开关来选择测量的电量和量程，使用时应根据被测电量及其量程大小选择相应挡位。在被测电量大小不详时，应先选用较大的量程测量，如不合适再改用较小的量程，以表头指针指到满刻度的 2/3 以上位置为宜。

万用表的刻度盘上有许多标度尺，分别对应不同被测电量和不同量程，测量时应在与被测电量及其量程相对应的刻度线上读数。

（2）电流的测量。测量直流电流时，用转换开关选择好适当的直流电流量程，将万用表串联到被测电路中进行测量。测量时注意正负极性必须正确，应按电流从正到负的方向，即由红表笔流入，黑表笔流出。测量大于 500mA 的电流时，应将红表笔插到“5A”插孔内。

（3）电压的测量。测量电压时，用转换开关选择好适当的电压量程，将万用表并联在被测电路上进行测量。测量直流电压时，正负极性必须正确，红表笔应接被测电路的高电位端，黑表笔接低电位端。测量大于 500V 的电压时，应使用高压测试棒，插在“2500V”插孔内，并应注意安全。交流电压的刻度值为交流电压的有效值。被测交流、直流电压值，在表盘的相应量程刻度线上读数。

（4）电阻的测量。测量电阻时，用转换开关选择好适当的电阻倍率。测量前应先调整欧姆零点，将两表笔短接，看表针是否指在欧姆零刻度上，若不指零，应转动欧姆调零旋钮，使表针指在零点。如调不到零，说明表内的电池不足，需更换电池。每次变换倍率挡后，应重新调零。

测量时用红、黑两表笔接在被测电阻两端进行测量，为提高测量的准确度，选择量程时应使表针指在欧姆刻度的中间位置附近为宜，测量值在表盘欧姆刻度线上读数。

被测电阻值=表盘欧姆读数×挡位倍率

测量接在电路中的电阻时，须断开电阻的一端或断开与被测电阻相并联的所有电路，此外还必须断开电源，对电解电容进行放电，不能带电测量电阻。

（5）晶体管测量。将测量转换开关置于“h_{FE}”位置，将被测晶体管 NPN 型或 PNP 型的基极、集电极和发射极分别插入测试插座相应的“B”、“C”和“E”插孔中，即得到“h_{FE}”的值。测试条件 V_{CE}=1.5V，I_B=10μA，“h_{FE}”的值显示为 0～300。

（6）使用注意事项。

① 在测量大电流或高电压时，禁止带电转换量程开关，以免损坏转换开关的触点。切忌用电流挡或电阻挡测量电压，否则会烧坏仪表内部电路和表头。

② 测量直流电量时，正负极性应正确，接反会导致表针反向偏转，引起仪表损坏。在不能分清正负极时，可选用较大量程的挡试测一下，一旦发生指针反向偏转，应立即更正。

③ 测量完毕后，将转换开关置于空挡或电压最高挡位置，以保护仪表。若仪表长期不用时，应取出内部电池，以防电解液流出损坏仪表。

3．数字万用表的使用

数字万用表以其测量精度高、显示直观、速度快、功能全、可靠性好、小巧轻便、耗电量小及便于操作等优点，受到人们的普遍欢迎，已成为电子、电工测量及电子设备维修的必备仪表。下面以 M-830B 型数字万用表为例进行介绍。

M-830B 型数字万用表是一种三位半数字万用表，配有液晶显示器，最大显示值为 1999；测量速率约 3 次/s，能自动显示极性和超量程符号，并对各量程实现了全保护。采用一节 6F22 型 9V 叠层电池供电，工作温度范围为 0～40℃。M-830B 型数字式万用表的主要性能指标如表 4.5 所示，外形如图 4.5 所示。M-830B 型数字万用表的使用方法如下。

（1）直流电压（DCV）测量。使用时将功能转换开关置于“DCV”挡的合适量程上，将红表笔插入测量插孔“VΩmA”中，黑表笔插入测量插孔“COM”中，两表笔并联在被测电路两端，并使红表笔接高电位端，黑表笔接低电位端。此时显示屏显示出相应的电压数值。如果被测电压超过所选用的量程，显示屏将只显示最高位“1”，表示溢出，此时应将量程改高一挡，直至得到合适的读数。但被测电压超过所用量程范围过大时，易造成万用表的损坏，因此应注意测量前的挡位选择。

表 4.5　M-830B 型数字万用表的主要性能指标

测 量 功 能	量 程 范 围	压降或内阻	误 差 极 限
直流电压	0～±0.2V～±2V 0～±20V～±200V～±1000V	≥1MΩ	±(0.5%+2) ±(0.8%+3)
直流电流	0～±200μA～±2mA～±20mA 0～±200mA～±10A	≤0.2V	±(1.0%+3) ±(2.0%+5)
交流电压	0～±200V～±750V	≥450kΩ	±(1.5%+5)
直流电阻	0～200Ω　0～2kΩ 0～20kΩ　0～200kΩ　0～2MΩ	≤2.8V ≤0.3V	±(1.0%+2)
二极管	0～2.8V	≤2.8V	
三极管 h_{FE}	0～1000	I_B=10μA	

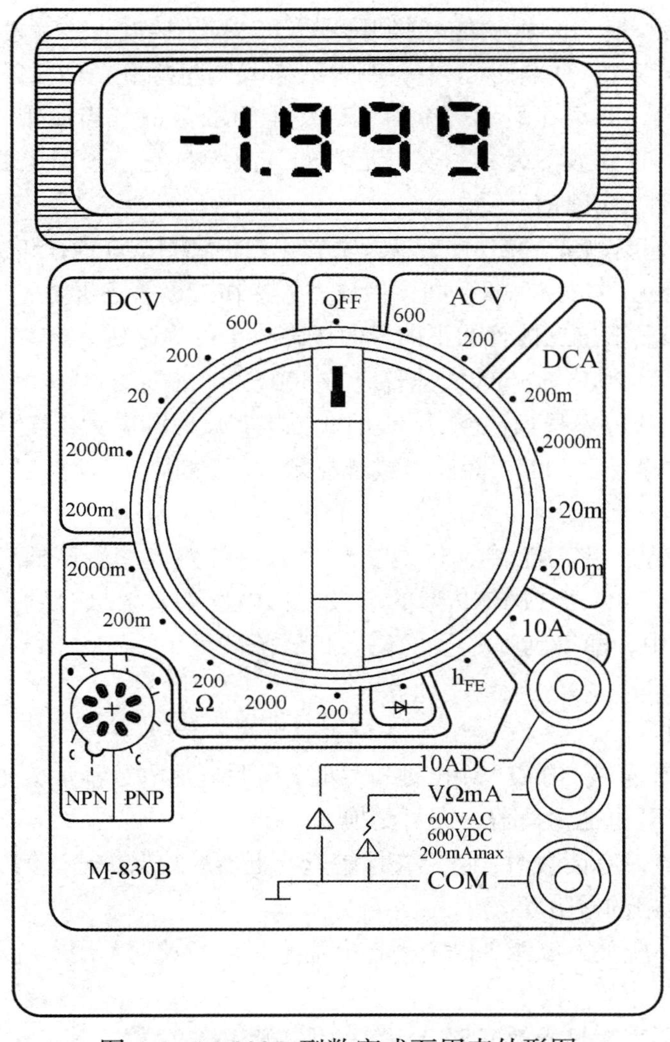

图 4.5 M-830B 型数字式万用表外形图

（2）交流电压（ACV）测量。使用时将功能转换开关置于“ACV”挡的合适量程上，将红表笔插入测量插孔“VΩmA”中，黑表笔插入测量插孔“COM”中，两表笔并联在被测电路两端，表笔不分正负。数字表所显示数值为测量端交流电压的有效值。如果被测电压超过所设定量程，显示屏将只显示最高位“1”，表示溢出，此时应将量程改高一挡测量。

（3）直流电流（DCA）测量。使用时将功能转换开关置于“DCA”挡的合适量程上，将红表笔插入测量插孔“VΩmA”中，黑表笔插入测量插孔“COM”中，两表笔应串联在被测回路中，红表笔接在电流正极方向，黑表笔接在电流负极方向。当电流超过 200 mA 时，置量程转换开关于“DCA”挡的“10 A”量程上，并将红表笔插入测量插孔“10A”中。因此时测量最高电流可达 10A，测量时间不得超过 10s，否则会因分流电阻发热使读数变化。

(4)电阻测量。使用时将功能转换开关置于“Ω”挡的合适量程上，无须调零，将红表笔插入测量插孔“VΩmA”中，黑表笔插入测量插孔“COM”中，将两表笔跨接在被测电阻两端，即可在显示屏上得到被测电阻的数值。当使用 200Ω 量程进行测量时，两表笔短路时读数不为零，这是正常的，此读数是一个固定的偏移值，正确的阻值是显示读数减去偏移值。

(5)二极管和通断测试。将功能转换开关置于二极管测试位置，红表笔插入“VΩmA”插孔中，黑表笔插入“COM”插孔中，将红表笔接在二极管正极上，黑表笔接在二极管负极上，显示屏即显示出二极管的正向导通压降，单位为毫伏(mV)。二极管的正向压降显示值：锗管应为200～300mV，硅管应为500～800mV。如测试笔反接，显示屏应显示为 “1”，表明二极管不导通，否则，表明此二极管反向漏电大。若被测二极管已损坏，则正反向连接时都显示“000”(短路)或都显示“1”(断路)。此挡还可用于测量电路的通断。

(6)晶体管测量。将功能转换开关置于“h_{FE}”位置，用测试插座连接晶体管的管脚，即将被测晶体 NPN 型或 PNP 型的基极、集电极和发射极分别插入相应的“B”、“C”和“E”插孔中，即得到“h_{FE}”的值。测试条件为 V_{CE}=3V，I_B=10μA。通常“h_{FE}”的值显示为 0～1000。

(7)注意事项。

① 当显示屏出现“LOBAT”或电池符号时，表明电池电压不足应更换。装换电池时，关掉电源开关，打开电池盒后盖，即可更换。

② 当测量电流没有读数时，请检查保险丝。更换过载保护熔丝时，需打开整个后端盒盖，更换相同规格的保险丝。

③ 测量完毕，应关上电源，以免消耗电池电量。若长期不用，应取出电池，以免产生漏液损坏仪表。

④ 这种仪表不宜在日光及高温、潮湿的地方使用与存放。其工作温度为 0～40℃，湿度小于 80%。

三、实训内容

1．实训用仪表、器材和工具

(1)仪表：MF-47 型万用表、M-830 型数字万用表。

(2)器材：0～250V 交流调压器、0～30V 可调直流稳压电源、各种碳膜电阻。

(3)工具：常用电工工具一套，35W 内热式电烙铁。

2．实训内容及要求

(1)交流电压测量。测量前，先在实训室总电源处接一个调压器，用来改变工作

台上插座盒的交流电压，以供测量使用，由实训指导教师调节测量电压。使用数字万用表和模拟万用表分别进行测量，正确选择挡位或量程。将交流电压测试数据填入表 4.6 中。

（2）直流电压测量。按图 4.6 所示电路，把电阻连接成串、并联网络，a、b 两端接在可调直流稳压电源的输出端上，输出电压酌情确定。用数字万用表和模拟万用表分别测量串、并联网络中两点间的直流电压，正确选择挡位或量程。将直流电压测量数据填入表 4.7 中。

（3）直流电流测量。在串、并联电阻网络各支路中依次接入数字万用表和模拟万用表，分别测量各支路的直流电流，正确选择挡位或量程。将直流电流测量数据填入表 4.8 中。

（4）直流电阻测量。使用数字万用表和模拟万用表欧姆挡测量，并正确选择欧姆挡的倍率或量程。先测量单个电阻的阻值，再测量串、并联电阻网络中两点间的电阻值。将直流电阻测量数据填入表 4.9 中。

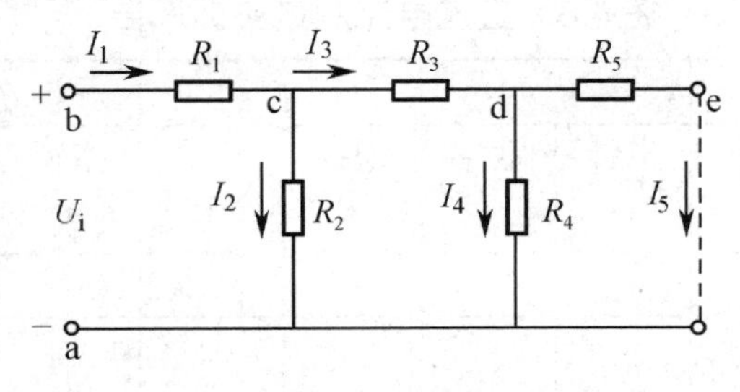

图 4.6　测量用电阻网络

3．实训报告

（1）根据交流电压测量训练填写表 4.6 中的有关内容。

表 4.6　交流电压测量实训报告

测量次数	第一次		第二次		第三次		第四次		第五次	
使用仪表	指针表	数字表	指针表	数字表	指针表	数字表	指针表	数字表	指针表	数字表
仪表量程										
读数值（V）										
两仪表差值										

实训所用时间：　　　　　　　　　　实训人：　　　　　　　　　　日期：

（2）根据直流电压测量训练填写表 4.7 中的有关内容。

表 4.7　直流电压测量实训报告

电压测量	U_{ab}		U_{ac}		U_{ad}		U_{bc}		U_{cd}	
使用仪表	指针表	数字表	指针表	数字表	指针表	数字表	指针表	数字表	指针表	数字表
仪表量程										
读数值（V）										
两仪表差值										

实训所用时间：　　　　　　　　　实训人：　　　　　　　　　日期：

（3）根据直流电流测量训练填写表 4.8 中的有关内容。

表 4.8　直流电流测量实训报告

电流测量	I_1		I_2		I_3		I_4		I_5	
使用仪表	指针表	数字表	指针表	数字表	指针表	数字表	指针表	数字表	指针表	数字表
仪表量程										
读数值（mA）										
两仪表差值										

实训所用时间：　　　　　　　　　实训人：　　　　　　　　　日期：

（4）根据直流电阻测量训练填写表 4.9 中的有关内容。

表 4.9　直流电阻测量实训报告

单个电阻	R_1		R_2		R_3		R_4		R_5	
标称值（Ω）										
使用仪表	指针表	数字表	指针表	数字表	指针表	数字表	指针表	数字表	指针表	数字表
欧姆挡位										
读数值（Ω）										

续表

两仪表差值										
网络电阻	R_{ab}		R_{ac}		R_{ad}		R_{ae}		R_{cd}	
使用仪表	指针表	数字表	指针表	数字表	指针表	数字表	指针表	数字表	指针表	数字表
欧姆挡位										
读数值（Ω）										
两仪表差值										

实训所用时间：　　　　　　　　实训人：　　　　　　　　日期：

四、成绩评定

完成各项操作训练后进行技能考核，参考表4.10中的评分标准进行成绩评定。

表4.10　电压、电流和电阻测量评分标准

序号	考 核 内 容	配分	评 分 细 则
1	交流电压测量	20分	量程选择正确10分，错一次扣2分 测量读数正确10分，错一个值扣2分
2	直流电压测量	20分	量程选择正确10分，错一次扣2分 测量读数正确10分，错一个值扣2分
3	直流电流测量	20分	量程选择正确10分，错一次扣2分 测量读数正确10分，错一个值扣2分
4	直流电阻测量	20分	量程选择正确10分，错一次扣2分 测量读数正确10分，错一个值扣2分
5	安全文明生产	20分	遵守操作规程，无违章操作情况 5分 正确使用工具，用过后完好无损 5分 保持工位卫生，做好清洁及整理 5分 听从教师安排，无各类事故发生 5分
6	操作完成时间60min		在规定时间内完成，每超时5min扣5分

任务3　兆欧表的测量使用训练

一、任务目标

1. 了解兆欧表的测量原理。
2. 学会兆欧表的使用方法。
3. 掌握电气设备绝缘电阻的测量技能。

二、相关知识

1. 兆欧表的结构原理

兆欧表又称摇表或绝缘电阻测定仪，它是用来检测电气设备、供电线路绝缘电阻的一种可携式仪表。其标尺刻度以“MΩ”为单位，可较准确地测出绝缘电阻值。

兆欧表主要由手摇直流发电机和磁电系电流比率式测量机构（流比计）组成，其外形和结构原理如图 4.7 所示。手摇直流发电机的额定输出电压有 250V、500V、1kV、2.5kV、5kV 等几种规格。

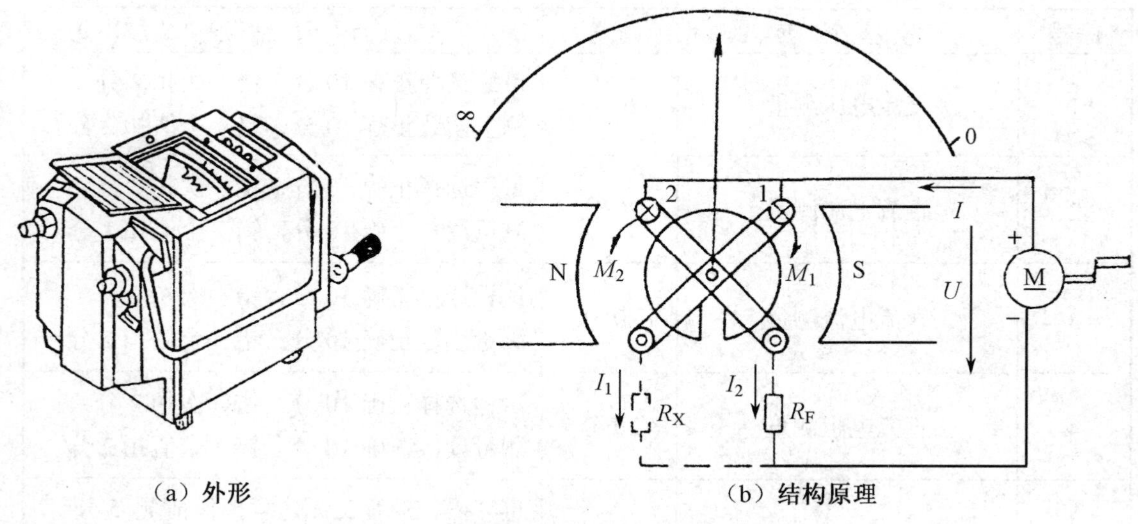

（a）外形　　（b）结构原理

图 4.7　兆欧表的外形和结构原理

兆欧表的测量机构有两个互成一定角度的可动线圈，装在一个有缺口的圆柱铁芯外边，并与指针一起固定在同一转轴上，置于永久磁铁的磁场中。由于指针上没有力矩弹簧，在仪表不用时，指针可停留在任何位置。

测量时摇动手柄，直流发电机产生电压，形成两路电流 I_1 和 I_2，其中 I_1 流过线圈 1 和被测电阻 R_X，I_2 流过线圈 2 和附加电阻 R_F，若线圈 1 的电阻为 R_1，线圈 2 的电阻为

R_2，则有：

$$I_1 = \frac{U}{R_1 + R_X}, I_2 = \frac{U}{R_2 + R_F}$$

两式相比得：

$$\frac{I_1}{I_2} = \frac{R_2 + R_F}{R_1 + R_X}$$

式中 R_1、R_2 和 R_F 均为定值，只有 R_X 是变量，可见 R_X 的改变与电流的比值相对应。当 I_1、I_2 分别流过线圈 1 和线圈 2 时，受到永久磁铁磁场力的作用，使线圈 1 产生转动力矩 M_1，线圈 2 与线圈 1 绕向相反，则产生反作用力矩 M_2，其合力矩的作用使指针发生偏转。当 M_1=M_2 时，指针停留在一定位置上，这时指针所指的位置就是被测绝缘电阻值。

当未接 R_X 时，指针仅在 M_2 的作用下向逆时针方向偏转，最终指在标尺刻度的 $R_X=\infty$ 处。如果将测量端短路，此时 I_1 最大，即 M_1 最大，综合作用的结果使指针向顺时针方向偏转，最终指在标尺刻度的 R_X =0 处。

2. 兆欧表的选择

选择兆欧表时，其额定电压一定要与被测电气设备或线路的工作电压相适应，测量范围也要与被测绝缘电阻的范围相吻合。

测量 500V 以下电气设备，可选用额定电压为 500V 或 1kV 的兆欧表，测量高压电气设备，须选用额定电压为 2.5kV 或 5kV 的兆欧表。不能用额定电压低的兆欧表测量高压电气设备，否则测量结果不能反映工作电压下的绝缘电阻，但也不能用额定电压过高的兆欧表测量低压设备，否则会产生电压击穿而损坏设备。检测何种电气设备应当选用何种规格的兆欧表，可参见表 4.11。

表 4.11 兆欧表的额定电压和量程选择

被 测 对 象	设备的额定电压（V）	兆欧表额定电压（V）	兆欧表的量程（MΩ）
普通线圈的绝缘电阻	500 以下	500	0～200
变压器和电动机线圈的绝缘电阻	500 以上	1000～2500	0～200
发电机线圈的绝缘电阻	500 以下	1000	0～200
低压电气设备的绝缘电阻	500 以下	500～1000	0～200
高压电气设备的绝缘电阻	500 以上	2500	0～2000
瓷瓶、高压电缆、刀闸	500 以上	2500～5000	0～2000

兆欧表测量范围的选择，注意不要使测量范围超出被测绝缘电阻的数值过多，以免读数时产生较大误差。一般测量低压电气设备绝缘电阻时，可选用 0～200 MΩ 量程的兆欧表，测量高压电气设备或电缆时可选用 0～2000 MΩ 量程的兆欧表。

3. 兆欧表使用前的准备

（1）测量前须先校表，将兆欧表平稳放置，先使 L、E 两端开路，摇动手柄使发电机达到额定转速，这时表头指针应指在“∞”刻度处。然后将 L、E 两端短路，缓慢摇动手柄，指针应指在“0”刻度上。若指示不对，说明该兆欧表不能使用，应进行检修。

（2）用兆欧表测量线路或设备的绝缘电阻，必须在不带电的情况下进行，决不允许带电测量。测量前应先断开被测线路或设备的电源，并对被测设备进行充分放电，清除残存静电荷，以免危及人身安全或损坏仪表。

4．兆欧表的使用

兆欧表有三个接线柱，分别标有 L（线路）、E（接地）和 G（屏蔽），测量时将被测绝缘电阻接在 L、E 两个接线柱之间。测量电力线路的绝缘电阻时，将 E 接线柱可靠接地，L 接被测线路；测量电动机、电气设备的绝缘电阻时，将 E 接线柱接设备外壳，L 接电动机绕组或设备内部电路；测量电缆芯线与外壳间的绝缘电阻时，将 E 接线柱接电缆外壳，L 接被测芯线，G 接电缆壳与芯线之间的绝缘层上，如图 4.8 所示。

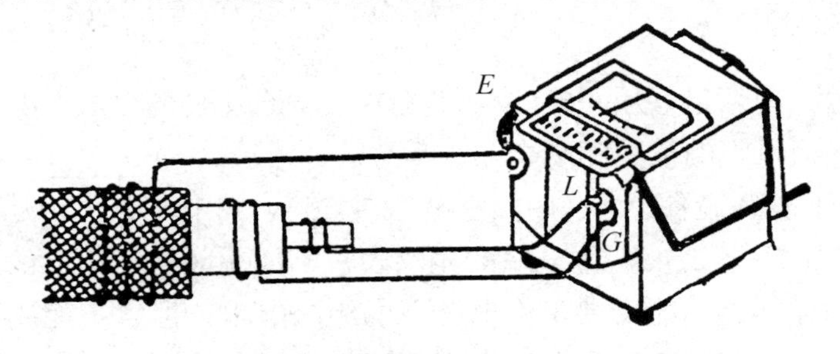

图 4.8　测电缆绝缘电阻的接线方法

接好线后，按顺时针方向摇动手柄，速度由慢到快，并稳定在 120 r/min，约 1min 后从表盘读取数值。

5．兆欧表使用注意事项

（1）兆欧表测量用的接线要选用绝缘良好的单股导线，测量时两条线不能绞在一起，以免导线间的绝缘电阻影响测量结果。

（2）测量完毕后，在兆欧表没有停止转动或被测设备没有放电之前，不可用手触及被测部位，也不可拆除连接导线，以免引起触电。

三、实训内容

1．实训用仪表、器材和工具

（1）仪表：500V 兆欧表。

（2）器材：三相电动机、单相变压器、电力电缆线。

（3）工具：常用电工工具一套。

2．实训内容及要求

使用500V兆欧表分别测量三相电动机、电源变压器和低压电缆线的绝缘电阻，将绝缘电阻测量数据填入表4.12中。

3．实训报告

根据电动机和变压器绝缘电阻测量填写表4.12中的有关内容。

表4.12　绝缘电阻测量实训报告

三相电动机	U对V	U对W	V对W	U对外壳	V对外壳	W对外壳
读数值（MΩ）						
变压器电缆线	原边对副边	原边对副边2	原边对铁芯	副边1对铁芯	副边2对铁芯	电缆线测量
读数值（MΩ）						

实训所用时间：　　　　　　　　　　　实训人：　　　　　　　　　日期：

四、成绩评定

完成各项操作训练后进行技能考核，参考表4.13中的评分标准进行成绩评定。

表4.13　绝缘电阻测量评分标准

序号	考核内容	配分	评分细则
1	测量电动机绝缘电阻	30分	仪表选择和接线正确　10分 测量操作和读数正确　20分，错1处扣4分
2	测量变压器绝缘电阻	30分	仪表选择和接线正确　10分 测量操作和读数正确　20分，错1处扣4分
3	测量电缆线绝缘电阻	20分	仪表选择和接线正确　10分 测量操作和读数正确　10分
4	安全文明生产	20分	遵守操作规程，无违章操作情况　5分 正确使用工具，用过后完好无损　5分 保持工位卫生，做好清洁及整理　5分 听从教师安排，无各类事故发生　5分
5	操作完成时间30min		在规定时间内完成，每超时5min扣5分

任务 4　接地电阻表的测量使用训练

一、任务目标

1. 了解接地电阻表的测量原理。
2. 学会接地电阻表的使用方法。
3. 掌握电气设备接地电阻的测量技能。

二、相关知识

1．电气设备接地电阻及其要求

电气设备的任何部分与接地体之间的连接称为“接地”，与土壤直接接触的金属导体称为接地体或接地电极。

电气设备运行时，为了防止设备漏电危及人身安全，要求将设备的金属外壳、框架进行接地。另外，为了防止大气雷电袭击，在高大建筑物或高压输电铁架上，都装有避雷装置。避雷装置也需要可靠接地。

对于不同的电气设备，接地电阻值的要求也不同，电压在 1kV 以下的电气设备，其接地装置的工频接地电阻值不应超过表 4.14 中所列数值。

表 4.14　1kV 以下电气设备接地电阻值

电气设备类型	接地电阻值（Ω）
100kVA 以上的变压器或发电机	≤4
电压或电流互感器次级线圈	≤10
100kVA 以下的变压器或发电机	≤10
独立避雷针	≤25

电气设备接地是为了安全，如果接地电阻不符合要求，不但安全得不到保证，而且还会造成安全假象，形成事故隐患。因此，电气设备的接地装置安装以后，要对其接地电阻进行测量，检查接地电阻值是否符合要求。接地电阻表又称接地摇表，是测量和检查接地电阻的专用仪器。

2．接地电阻表的结构原理

接地电阻表主要由手摇交流发电机、电流互感器、检流计和测量电路等组成，它是利用比较测量原理工作的，结构原理如图 4.9 所示。图中 E 为接地电阻测量电极，P 和 C 分别为电位和电流辅助电极，被测接地电阻 R_X 位于 E 和 P 之间，但不包括辅助电极 C 的接地电阻 R_C。

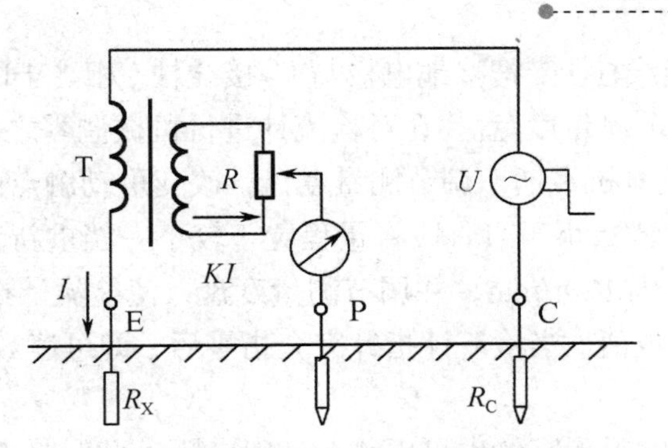

图 4.9 接地电阻表的结构原理

交流发电机的输出电流 I，经电流互感器的一次绕组、接地电极 E、辅助电极 C 构成一个闭合回路，在接地电阻 R_X 上形成的压降为 $U_X=IR_X$，在辅助电极的接地电阻 R_C 上形成的压降为 $U_C= IR_C$。

电流互感器的二次绕组电流为 KI，其中 K 为互感器的变流比，该电流在电位器动触点下边的电阻 R 上产生压降为 KIR，当检流计指示为零时，有 $IR_X=KIR$，由此可得 $R_X=KR$，可见，被测接地电极的接地电阻 R_X 与辅助电极的接地电阻 R_C 大小无关。

3. 接地电阻表的使用

下面以常用的 ZC−8 型接地电阻表为例说明其使用方法。ZC−8 型接地电阻表的外形结构及电路如图 4.10 所示，测量使用步骤如下。

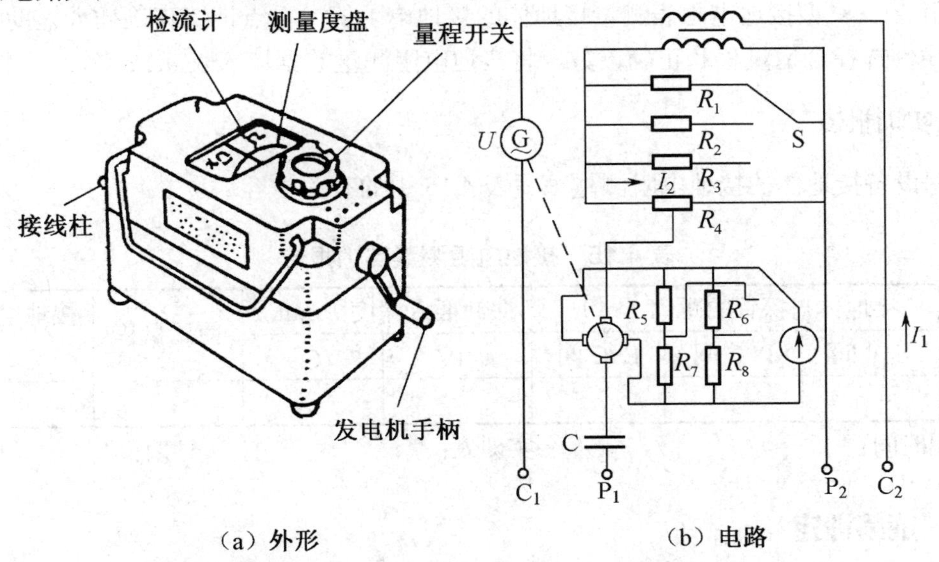

图 4.10 ZC−8 型接地电阻表的外形及电路

（1）连接接地电极和辅助探针。先拆开接地干线与接地体的连接点，把电位辅助探针和电流辅助探针分别插在距接地体约 20m 处的地下，两个辅助探针均垂直插入地面下 400mm 处，电位辅助探针应离近一些，两探针之间应保持一定距离，然后用测量导线将

它们分别接在 P_1、C_1 接线柱上，把接地电极与 C_2 接线柱（相当于图 4.9 中的 E 点）相接。

（2）选择量程并调节测量度盘。在对检流计进行机械调零之后，先将量程开关置于 100 Ω 挡，缓慢摇动发电机手柄，调节测量度盘，改变可动触点的位置，使检流计指针趋近于零。若测量度盘读数小于 1，应将量程置于较小一挡重新测量。测量时逐渐加快发电机的转速，使之达到 120r/min，并调节测量度盘，使检流计指针完全指零。

（3）读取接地电阻数值。当检流计指针完全指零后，即可读数，接地电阻值=测量度盘读数×量程值。

利用 ZC-8 型接地电阻测定仪也可以测量一般电阻，此时将 P 与 C 短接，把被测电阻接在 E 和 P 之间，测量步骤同前。

三、实训内容

1．实训用仪表、器材和工具

（1）仪表：ZC-8 型接地电阻表。

（2）器材：埋设好的设备接地体。

（3）工具：常用电工工具一套。

2．实训内容及要求

使用 ZC-8 型接地电阻表测量接地体的接地电阻值。重点训练正确插入辅助探针、仪表接线、选择合适量程和正确读数。将接地电阻测量数据填入表 4.15 中。

3．实训报告

根据设备接地体的接地电阻测量填写表 4.15 中的有关内容。

表 4.15　接地电阻测量实训报告

项目	接地体与探针的距离（m）			探针插入深度（mm）		使用量程	接地电阻值（Ω）
	E-P 间	P-C 间	E-C 间	P	C		
数据							

实训所用时间：　　　　　　　　　　实训人：　　　　　　　　日期：

四、成绩评定

完成各项操作训练后进行技能考核，参考表 4.16 中的评分标准进行成绩评定。

表 4.16 设备接地电阻测量评分标准

序号	考核内容	配分	评分细则
1	插入辅助探针	20 分	电压探针插入正确 10 分 电流探针插入正确 10 分
2	接线与选择量程	30 分	仪表接线正确 15 分 量程选择正确 15 分
3	测量操作与读数	30 分	测量操作正确 15 分 读取数值正确 15 分
4	安全文明生产	20 分	遵守操作规程，无违章操作情况 5 分 正确使用工具，用过后完好无损 5 分 保持工位卫生，做好清洁及整理 5 分 听从教师安排，无各类事故发生 5 分
5	操作完成时间 30min		在规定时间内完成，每超时 5min 扣 5 分

任务 5 直流电桥的测量使用训练

一、任务目标

1. 了解直流单臂和双臂电桥的测量原理。
2. 学会直流单臂和双臂电桥的使用方法。
3. 掌握使用直流单臂和双臂电桥测量各种电阻的技能。

二、相关知识

精确测量电阻须使用直流电桥，直流电桥是一种比较测量仪器，它是把被测电阻与标准电阻直接进行比较，从而确定被测电阻的大小。直流电桥又分为直流单臂电桥和直流双臂电桥，直流双臂电桥用于测量小电阻，如绕组线圈的电阻。

1. 直流单臂电桥

（1）直流单臂电桥的工作原理。直流单臂电桥又称为惠斯登电桥，其电路原理如图 4.11 所示。它由四个电阻连接成一个封闭的环形电路，每个电阻支路均称为桥臂。电桥的两个顶点 a、b 端为输入端，接电桥直流电源，另两个顶点 c、d 端为输出端，接电流检流计（指零仪）。

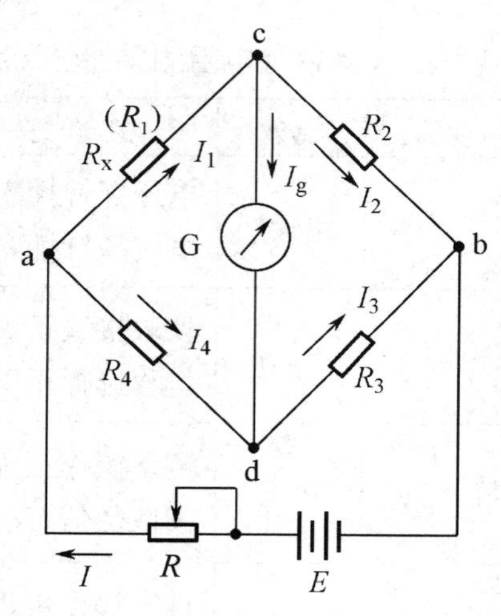

图 4.11　直流单臂电桥电路原理

四个桥臂电阻中，R_x 为被测电阻，其他均为标准电阻。测量时接通电桥电源，调节标准电阻，使检流计指示为零，即 I_g=0，此时电桥处于平衡状态，c、d 两点电位相等，即 $I_1R_x=I_4R_4$，$I_2R_2=I_3R_3$，当 I_g=0 时，有 $I_1=I_2$，$I_3=I_4$，可得到 $R_x/R_2=R_4/R_3$ 或 $R_xR_3=R_2R_4$，由此可求得 $R_x= R_2R_4/R_3$，电桥中 R_2、R_3 称为比率桥臂，R_4 称为比较桥臂。

由于被测电阻是与标准电阻进行比较，而标准电阻的准确度很高，检流计的灵敏度也很高，因此电桥测量电阻的准确度是很高的。一般直流单臂电桥的准确度等级有 0.01、0.02、0.05、0.1、0.2、 0.5、1.0、1.5 八个等级。

（2）直流单臂电桥的使用方法。直流单臂电桥的型号很多，但使用方法基本相同。下面以常用的 QJ23 型直流单臂电桥为例，介绍直流单臂电桥的测量使用方法。

QJ23 型直流单臂电桥的面板和电路如图 4.12 所示，其比例桥臂由 8 个电阻组成，有七个挡位，分别为 ×0.001、×0.01、×0.1、×1、×10、×100、×1000 七种比率，由比率盘开关切换。其比较臂由四组电阻串联组成，第一组为 9 个 1Ω 的电阻、第二组为 9 个 10Ω 的电阻、第三组为 9 个 100Ω 的电阻、第四组为 9 个 1000Ω 的电阻，当全部电阻串联时，总电阻值为 9999，由读数盘开关转换。选择不同的比例臂和比较臂的电阻，可测量不同的电阻值。

QJ23 型直流单臂电桥可以测量 1×10^{-3}～9999×10^{3} Ω 的电阻。其准确度在不同量限内有所不同。由于接线电阻的影响，只有在 100～99990 Ω 的量限内，其基本误差才不超过 ±0.2%。

QJ23 型直流单臂电桥的测量使用步骤如下。

① 使用前先将检流计锁扣打开，并调节其调零装置使指针指示在零位。

② 将被测电阻 R_x 接在测量接线柱上，先估计一下它的大约数值，选择合适的比率，以保证比较臂上的四组电阻都能用上。

③ 测量时，应先按电源按钮，再按检流计按钮，然后调节读数盘，使检流计指示为零，即可读数，被测电阻值=读数盘数值之和×比率盘比率。

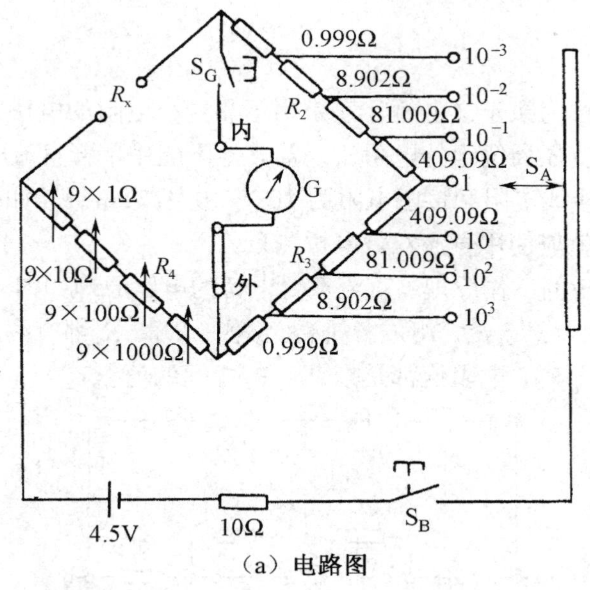

（a）电路图

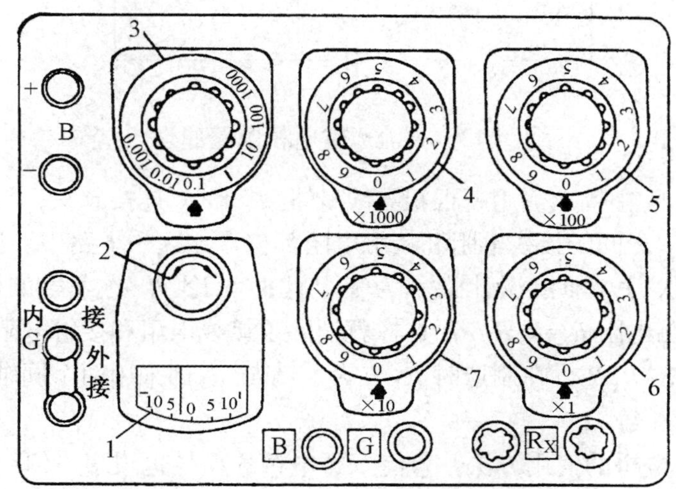

1—检流计；2—调零旋钮；3—比率臂（比率盘）；
4、5、6、7—比较臂（读数盘）

（b）面板图

图 4.12　QJ23 型直流单臂电桥面板及电路

（3）使用注意事项。

① 测量完毕，应先打开检流计按钮，再打开电源按钮。特别是被测电阻具有电感时，一定要遵守上述规则，否则会损坏检流计。

② 测量结束不再使用时，应将检流计锁扣锁上，以免检流计受震而损坏。

③ 若使用外接电源，应按规定选择电压。若使用外接检流计，也应按规定选择其灵敏度和临界电阻。

2．直流双臂电桥

直流双臂电桥又称为凯尔文电桥，它是用于测量小电阻的电桥，如测量电流表的分流器电阻、电动机或变压器绕组的电阻，以及其他不能用单臂直流电桥测量的小电阻。

一般测量时，连接线电阻和接触电阻为 10^{-4}～$10^{-2}\Omega$ 数量级，如果这个值与被测电阻值相比已不能忽略，就应使用直流双臂电桥测量。

（1）直流双臂电桥的工作原理。直流双臂电桥的电路原理如图 4.13 所示，其中 E 为电源，R_x 为被测电阻，R_x 与 R_s、组成各桥臂，其中 R_x 和 R_s 都有两对接头，即电流接头 C_1、C_2 和电位接头 P_1、P_2。电阻值都是指 P_1、P_2 之间的值。

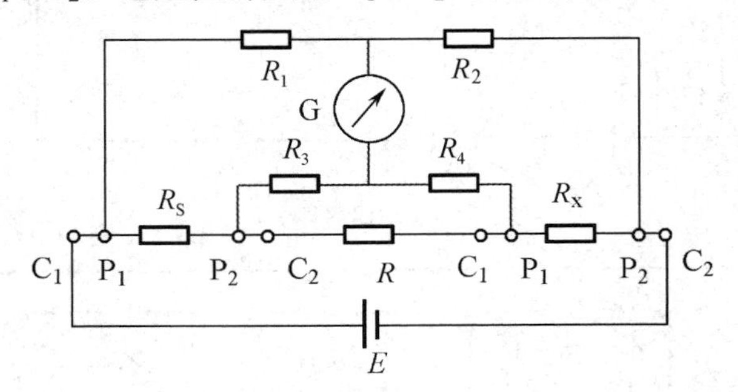

图 4.13　直流双臂电桥电路原理

测量时接入被测电阻 R_x，用一根粗导线 R 把 R_x 和 R_s 连接起来，与电源组成一闭合回路，这时 R_x 和 R_s 之间的接线电阻和接触电阻都包含在这一支路中。调节各桥臂电阻，使电桥处于平衡状态，即检流计指示为零，此时无论 R 的大小如何，只要能保证 $R_3/R_1=R_4/R_2$，则被测电阻 $R_x=R_s\ R_2/R_1$，这样就消除了接线电阻和接触电阻对测量结果的影响。为了保证 $R_3/R_1=R_4/R_2$，在制造时 R_3 与 R_1、R_4 与 R_2 都采用两个同轴转换开关同步调节，使之保持比例相等。

（2）直流双臂电桥的使用方法。直流双臂电桥的型号也很多，但结构原理和使用方法相同。下面以常用的 QJ103 型直流双臂电桥为例，说明其结构和使用方法。

QJ103 型直流双臂电桥的面板和电路如图 4.14 所示。其测量范围为 0.001～11Ω，基本误差为±2%，电路中用 12 个电阻组成比率桥臂，相当于图 4.13 中的 R_1、R_2、R_3 和 R_4。共分为五挡，分别为×0.01、×0.1、 ×1、×10、×100 五种比率。

QJ103 型直流双臂电桥的比较电阻（即相当于图 4.13 中的 R_s，图 4.14（a）中未标出）采用滑线电阻结构，其阻值可在 0.01～0.11Ω 之间调节，测量时可根据转盘位置，直接从面板刻度上读数。

QJ103 型双臂电桥的测量使用步骤如下。

① 先将被测电阻的电流接头和电位接头分别与接线柱 C_1、C_2 和 P_1、P_2 连接，其连接导线应尽量短而粗，以减小接触电阻。

② 根据被测电阻范围，选择适当的比率挡，然后接通电源和检流计。

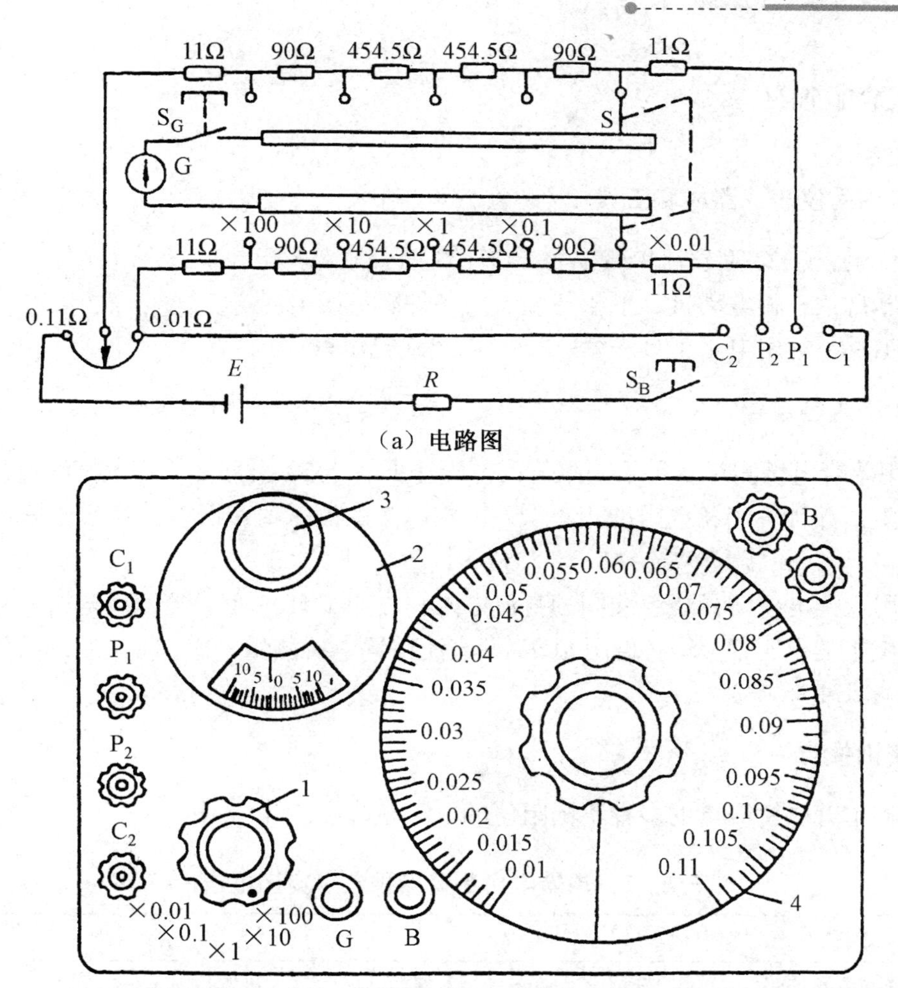

（a）电路图

1—比率臂（比率盘）；2—检流计；3—调零旋钮；4—比较臂（读数盘）

（b）面板图

图 4.14　QJ103 型直流双臂电桥的面板和电路

③ 调节读数盘，使检流计指示为零，则电桥处于平衡状态，即可读取被测电阻值。被测电阻值 R_x=读数盘的数值×比率盘的比率。

（3）使用注意事项。

① 被测电阻的每一端须有两个接头线，电位接头应比电流接头更靠近电阻本身，且两对接头线不能绞在一起。

② 测量时，接线头要除尽污物并接紧，尽量减少接触电阻，以提高测量准确度。

③ 直流双臂电桥的工作电流很大，如使用电池测量时操作速度要快，以免耗电过多。测量结束后，应立即切断电源。

三、实训内容

1．实训用仪表、器材和工具

（1）仪表：QJ23 型直流单臂电桥、QJ103 型直流双臂电桥。

（2）器材：三相电动机、单相变压器、各种阻值的电阻。

（3）工具：常用电工工具一套、35W 内热式电烙铁。

2．实训内容及要求

（1）用单臂电桥测量多种不同阻值的电阻。使用 QJ23 型直流单臂电桥测量各种不同阻值的电阻，并计算出各电阻的相对误差。将电阻的测量值和误差计算数据填入表 4.17 中。

（2）用双臂电桥测量绕组线圈的直流电阻。先用 QJ103 型直流双臂电桥测量电动机和变压器绕组的电阻值，然后再用 QJ23 型直流单臂电桥测量一次，将绕组的直流电阻测量数据填入表 4.18 中。

3．实训报告

（1）将单臂电桥测量的多种不同阻值的电阻填写在表 4.17 中。

表 4.17　单臂电桥测量多种电阻实训报告

测量对象	R_1	R_2	R_3	R_4	R_5
标称值（Ω）					
读数值（Ω）					
相对误差值%					

实训所用时间：　　　　　　　　　　实训人：　　　　　　　　　　日期：

（2）将电动机和变压器绕组的直流电阻测量值填写在表 4.18 中。

表 4.18　测量绕组的直流电阻实训报告

测量对象	三相电动机			单相变压器	
	U_1—U_2	V_1—V_2	W_1—W_2	原边绕组	副边绕组
双臂电桥读数（Ω）					
单臂电桥读数（Ω）					
两仪表读数差（Ω）					

实训所用时间：　　　　　　　　　　实训人：　　　　　　　　　　日期：

四、成绩评定

完成各项操作训练后进行技能考核，参考表 4.19 中的评分标准进行成绩评定。

表 4.19 直流电桥测量使用评分标准

序号	考核内容	配分	评分细则
1	单臂电桥测量多种电阻	30 分	倍率选择正确 5 分 测量操作正确 5 分 读数正确 20 分，错一个值扣 3 分
2	单臂电桥测量绕组电阻	25 分	倍率选择正确 5 分 测量操作正确 5 分 读数正确 15 分，错一个值扣 3 分
3	双臂电桥测量绕组电阻	25 分	倍率选择正确 5 分 测量操作正确 5 分 读数正确 15 分，错一个值扣 3 分
4	安全文明生产	20 分	遵守操作规程，无违章操作情况 5 分 正确使用工具，用过后完好无损 5 分 保持工位卫生，做好清洁及整理 5 分 听从教师安排，无各类事故发生 5 分
5	操作完成时间 60min		在规定时间内完成，每超时 5min 扣 5 分

思考题

1. 按测量的量分类，电工仪表有哪几种？
2. 按工作原理分类，电工仪表有哪几种？
3. 如何选择电工仪表的类型和量程？
4. 使用指针式万用表测电阻时，应注意哪些事项？
5. 简述兆欧表的使用方法和注意事项。
6. 简述接地电阻表的使用方法和注意事项。
7. 简述直流单臂电桥的使用方法。
8. 使用直流单臂电桥时应注意哪些事项？
9. 简述直流双臂电桥的使用方法。
10. 使用直流双臂电桥时应注意哪些事项？

项目 5

小型单相变压器

在电力供电系统以外所使用的变压器，大多是单相小容量变压器。变压器可用于变换电压、电流和阻抗，在电子电器产品中普遍使用变压器提供整机电源、进行阻抗匹配和信号耦合，其中使用较多的是单相电源变压器。了解变压器的构造和分类，掌握单相电源变压器的检测和维修技能很有必要。本项目主要进行变压器的选择与使用、变压器的性能测试、变压器的故障处理、变压器的重绕与制作等技能训练。

任务 1　变压器的参数与选用训练

一、任务目标

1. 了解变压器的基本构造和分类。
2. 熟悉小型单相变压器的额定参数。
3. 掌握小型单相电源变压器选用技能。

二、相关知识

1. 变压器的基本构造

变压器主要由铁磁材料构成的铁芯和绕在铁芯上的两个或几个线圈组成，与输入交流电源相接的线圈，称为原边线圈或一次绕组，与负载相接的线圈，称为副边线圈或二次绕组。变压器在电路中的符号如图 5.1（a）所示。

变压器是以电磁感应原理为基础工作的，其工作原理可以用图 5.1（b）来说明。当原边线圈加上交流电压 U_1 后，在铁芯中产生交变磁通 Φ，由于铁芯的磁耦合作用，副边线圈中会产生感应电压 U_2，在负载中就有电流 I_2 通过。

变压器的铁芯通常用硅钢片叠成，硅钢片的表面涂有绝缘漆，以避免在铁芯中产生较大的涡流损耗。变压器的铁芯有多种形状，小型变压器常用铁芯主要有两种：E 型和 C 型，如图 5.2 所示。E 型铁芯是将硅钢片冲裁成 E 型铁芯片，两片相对再叠加而成，C 型

铁芯是将硅钢片剪裁成带状，然后绕制成环形，再从中间切开而成。

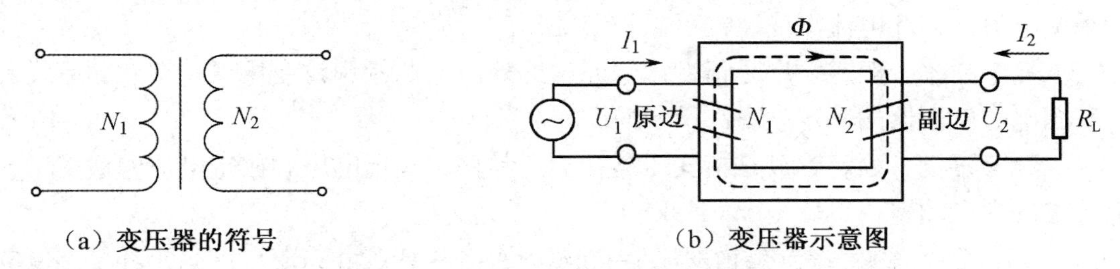

（a）变压器的符号　　（b）变压器示意图

图 5.1　变压器的符号和示意图

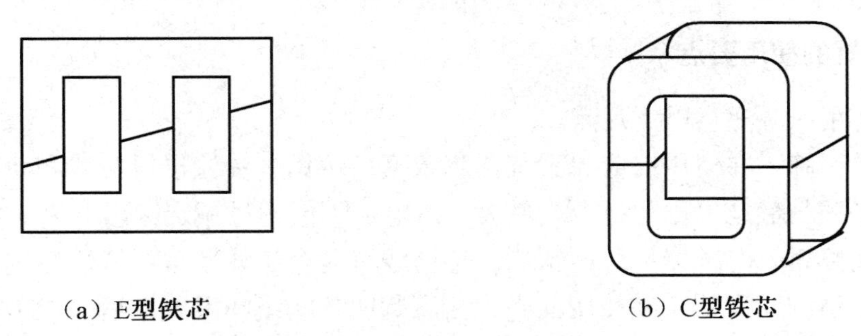

（a）E型铁芯　　（b）C型铁芯

图 5.2　常用小型变压器铁芯

2．变压器的分类

变压器的类型很多，可从不同方面分类。

（1）按用途分类。按变压器的用途，可分为电力变压器、控制变压器、电源变压器、调压变压器、耦合变压器、隔离变压器、仪用互感器等。

（2）按铁芯结构分类。按铁芯结构，可分为心式变压器和壳式变压器。

（3）按工作电压相数分类。按工作电压相数，可分为单相变压器和三相变压器。

（4）按电压升降分类。按工作电压升降，可分为升压变压器和降压变压器。

（5）按工作频率分类。按工作频率，可分为工频变压器、音频变压器、中频变压器和高频变压器等。

变压器不但可以变换电压，还可以变换电流、变换阻抗和传递信号。由于变压器具有多种功能，因此在电力工程和电子工程中都得到广泛的应用。在电子电器产品中，小型单相电源变压器使用较多。

3．变压器的额定值

为了安全和经济地使用变压器，在设计和制造时规定了变压器的额定值，即变压器的铭牌数据，它是使用变压器的重要依据。

（1）额定电压。额定电压是指变压器正常运行时的工作电压，原边额定电压是正常工作时外施电源电压。副边额定电压是指原边施加额定电压，副边绕组通过额定电流时的电压。

（2）额定电流。额定电流是指变压器原边电压为额定值时，原边和副边绕组允许通过的最大电流。在此电流下变压器可以长期工作。

（3）额定频率。额定频率是指变压器原边的外施电源频率，变压器是按此频率设计的，我国电力变压器的额定频率都是 50Hz。

（4）额定容量。额定容量是指变压器在额定频率、额定电压和额定电流的情况下，所能传输的视在功率，单位是 VA 或 kVA。

（5）额定温升。额定温升是指变压器满载运行 4h 后绕组和铁芯温度高于环境温度的值，我国规定标准环境温度为 40℃，对于 E 级绝缘材料，变压器的温升不应超过 75℃。

4．变压器的使用要点

变压器使用前应注意以下几点。

（1）查看铭牌。在使用前应先看其铭牌数据，按铭牌标注进行接线和使用。加在原边上的电压必须与额定电压相符合，最大负载电流不能超过额定输出电流。

（2）正确接线。变压器最忌接错线，接错线可能会烧坏变压器或烧坏用电设备，对于铭牌标注不清的变压器，在使用前必须注意判明各绕组的引出端后才能进行接线和使用。

（3）判别高、低压绕组。测量各绕组的电阻，可确定变压器的好坏，也可以区分各绕组。高压绕组的线径细、匝数多，直流电阻较大；而低压绕组的线径粗、匝数少，直流电阻相对较小，以此可判断出高、低压绕组。

（4）判别各绕组同名端。有的变压器绕组是分为两个线圈绕制的，使用时需将两个线圈的头和尾端串联起来。两个线圈相同极性的引出端称为同名端，串联时必须正确区分。判别同名端时可采用如图 5.3 所示的方法。若开关接通瞬间，两个直流电流表针向同方向偏摆，则同极性所接的引出端为同名端，否则不同极性所接的引出端为同名端。

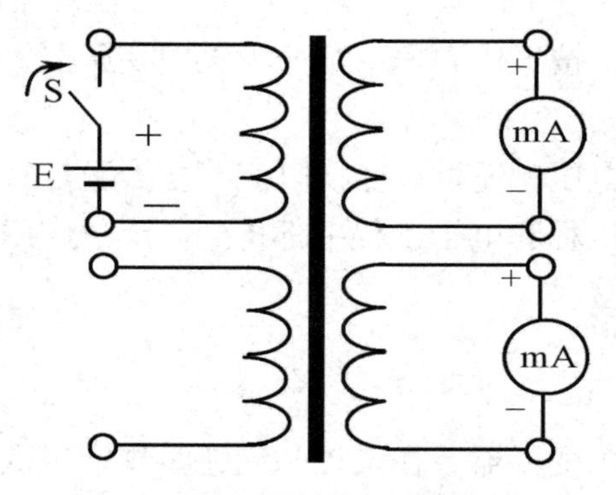

图 5.3　变压器同名端的判定

三、实训内容

1. 实训用仪表、器材和工具

（1）仪表：MF-47 型万用表、直流电源。
（2）器材：单相电源变压器。
（3）工具：常用电工工具一套。

2. 实训内容及要求

（1）观察所给单相变压器的外形，查看铭牌数据和绕组连接方式。
（2）按照所提出的使用要求，选择变压器的类型和性能参数。
（3）判别变压器各绕组的同名端，并标注在变压器引出端上。

3. 实训报告

将查看的变压器铭牌数据、额定参数和同名端判别结果（按端子号顺序）填入表 5.1 中。

表 5.1　变压器的识别实训报告

变压器型号		额定容量		额定电流		额定频率	
初级额定电压		次级 1 电压		次级 2 电压		绝缘等级	
初级 1 端号		初级 2 端号		次级 1 端号		次级 2 端号	

实训所用时间：　　　　　　　　　　实训人：　　　　　　　　　　日期：

四、成绩评定

完成各项操作训练后进行技能考核，参考表 5.2 中的评分标准进行成绩评定。

表 5.2　变压器的识别与选用评分标准

序号	考 核 内 容	配分	评 分 细 则
1	查看铭牌数据和额定参数	40 分	每个数据正确给 5 分
2	选择变压器类型和性能参数	20 分	类型选择正确 10 分 参数选择正确 10 分
3	各绕组同名端判别	20 分	每个绕组正确给 5 分
4	安全文明生产	20 分	遵守操作规程，无违章操作情况 5 分 正确使用工具，用过后完好无损 5 分 保持工位卫生，做好清洁及整理 5 分 听从教师安排，无各类事故发生 5 分
5	操作完成时间 30min		在规定时间内完成，每超时 5min 扣 5 分

任务2　单相变压器的性能测试训练

一、任务目标

1. 了解单相变压器的主要性能参数。
2. 熟悉单相变压器的性能测试方法。
3. 掌握单相变压器的性能测试技能。

二、相关知识

1. 变压器绕组的直流电阻测量

变压器绕组线圈由漆包铜导线绕制而成，具有一定的直流电阻，它可作为判别绕组是否正常的参考数据。测量绕组的直流电阻可使用直流电桥做精确测量，也可用万用表欧姆挡做粗略测量。

2. 变压器的绝缘电阻测量

变压器各绕组之间及各绕组与铁芯之间都有一定的绝缘性能要求，其绝缘电阻值应符合规定，测量绝缘电阻可使用兆欧表。变压器的绝缘电阻值一般应不低于 50MΩ。

3. 变压器的空载特性及测试电路

变压器的空载特性是指原边绕组上加额定电压，副边绕组不接负载时的特性。空载特性包括空载电流、空载电压。空载电流是指原边绕组上加额定电压 U_{1N} 时，通过原边绕组的电流 I_{10}；空载电压是指副边绕组的开路电压 U_{20}。可使用交流电压表和电流表进行测试，测试电路如图 5.4 所示。

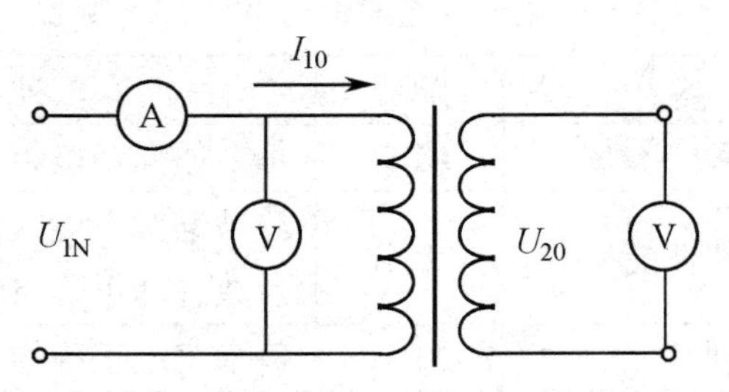

图 5.4　变压器空载特性测试电路

变压器的空载电流一般应不大于原边额定电流的 10%，空载电压应为副边额定电压的 105%～110%。

变压器空载时，在理想情况下，原边与副边电压之比等于原边与副边绕组的匝数比，

即 $U_1/U_2=N_1/N_2=n$，这就是变压器变换电压的关键所在。当 $N_2<N_1$ 时，$U_2<U_1$ 称为降压变压器；当 $N_2>N_1$ 时，$U_2>U_1$ 称为升压变压器。

4．变压器的负载特性及测试电路

变压器的负载特性是指原边绕组上加额定电压 U_{1N}，副边绕组接一定负载时，副边电压 U_2 随副边电流 I_2 的变化特性，又称电压调整率 $\Delta u\%$。

$$\Delta u\%=[(U_{20}-U_{2N})/U_{20}]\times 100\%$$

其测试电路如图 5.5 所示。

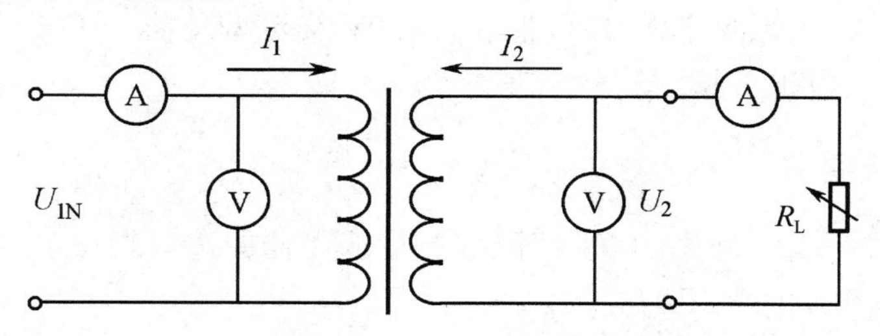

图 5.5　变压器负载特性测试电路

变压器接负载时，原边电流 I_1 主要取决于副边电流 I_2。在理想情况下，原边与副边电流之比等于原边与副边绕组匝数的反比，即 $I_1/I_2=N_2/N_1=1/n$，这就是变压器变换电流的原理，电流互感器就是按此原理工作的。

5．变压器的短路电压及测试电路

短路电压又称阻抗电压，是指变压器副边绕组短路，原边和副边均流过额定电流时，施加在原边绕组上的电压 U_k。它是反映变压器内部阻抗大小的量，是负载变化时计算变压器副边电压变化和发生短路时计算短路电流的依据。短路电压测试电路如图 5.6 所示。图中 T 为调压器，测试时用来调整原边所加电压。短路电压应不大于额定电压的 10%。

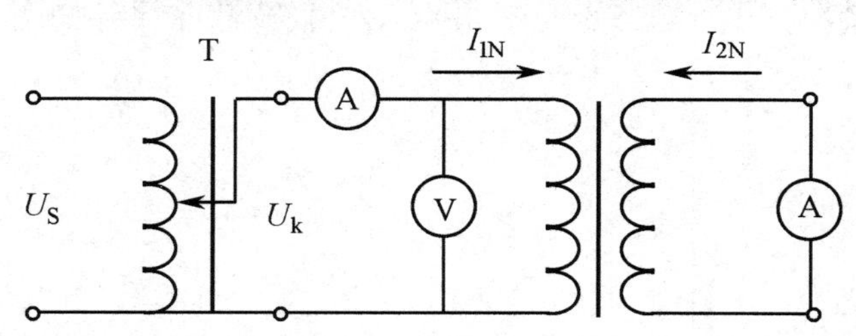

图 5.6　变压器短路电压测试电路

6．变压器的温升测量

变压器的温升测量，可采用测量线圈直流电阻的方法。先用直流电桥测出原边线圈的冷态电阻 R_0，然后加上额定负载，接通电源运行数小时，待温度稳定后切断电源，再测出其热态电阻 R_T，用下列公式可求出温升 ΔT：

$$\Delta T=\frac{R_{\mathrm{T}}-R_0}{0.0042R_0}$$

三、实训内容

1．实训所用仪表、器材和工具

（1）仪表：交流电压表、交流电流表、500V 兆欧表、QJ103 直流双臂电桥。

（2）器材：220V/18V1A 电源变压器、0～250V 交流调压器、100Ω20W 滑线电阻器。

（3）工具：常用电工工具一套。

2．实训内容及要求

（1）绝缘电阻的测量。使用 500V 兆欧表测量变压器原边对副边绕组及各绕组对铁芯的绝缘电阻，将测量数据填入表 5.3 中。

（2）直流电阻的测量。使用 QJ103 直流双臂电桥测量变压器原边和副边绕组的直流电阻值，将测量数据填入表 5.3 中。

（3）空载特性测试。按图 5.4 接线，在变压器原边绕组上加额定电压，副边绕组开路，由交流电压表和交流电流表上读出原边空载电流和副边空载电压，将空载特性测量数据填入表 5.4 中。

（4）短路特性测试。按图 5.6 接线，先将调压器输出电压调至零，加电后缓慢增加电压，直至副边电流达到额定值，在交流电压表上读出原边上的电压值，将短路特性测量数据填入表 5.4 中。

（5）负载特性测试。按图 5.5 接线，在变压器原边绕组上加额定电压，副边绕组接滑线电阻器，调节滑线电阻器阻值，改变负载电流，在交流电压表上读出相应的副边电压值。将负载特性测量数据填入表 5.5 中，并绘出负载特性曲线，如图 5.7 所示。

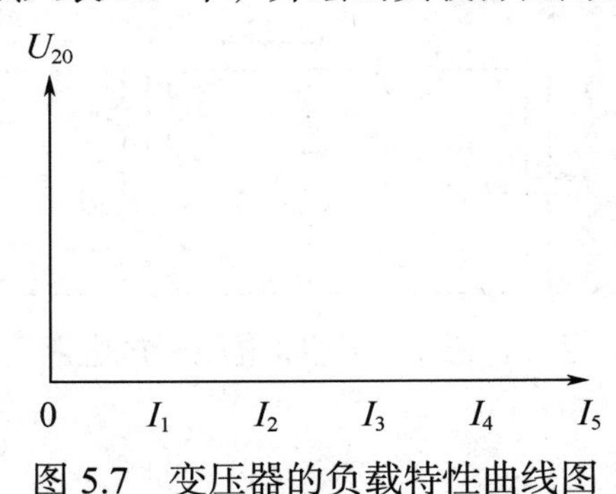

图 5.7 变压器的负载特性曲线图

3．实训报告

（1）将变压器绝缘电阻和直流电阻测量数据填入表 5.3 中。

表 5.3　绝缘电阻和直流电阻测量实训报告

测量项目	绝缘电阻（MΩ）			直流电阻（Ω）	
测量对象	原边对副边	原边对铁芯	副边对铁芯	原边绕组	副边绕组
测量读数值					

实训所用时间：　　　　　　　　　　实训人：　　　　　　　　　　日期：

（2）将变压器基本特性测试数据填入表 5.4 和表 5.5 中。

表 5.4　空载和短路特性测试实训报告

测量项目	空载特性			短路特性	
测量对象	额定电压（V）	空载电流（mA）	空载电压（V）	额定电流（mA）	短路电压（V）
测量读数值					

实训所用时间：　　　　　　　　　　实训人：　　　　　　　　　　日期：

表 5.5　变压器负载特性测试实训报告

负载电流	I_1	I_2	I_3	I_4	I_5
电流数值（mA）					
副边电压（V）					

实训所用时间：　　　　　　　　　　实训人：　　　　　　　　　　日期：

（3）根据变压器负载特性测试数据画出变压器的负载特性曲线。

四、成绩评定

完成各项操作训练后进行技能考核，参考表 5.6 中的评分标准进行成绩评定。

表 5.6　单相变压器的性能测试评分标准

序号	考 核 内 容	配分	评 分 细 则
1	空载特性测试	25 分	测量电路接线正确　10 分 操作与读数正确　15 分
2	负载特性测试	30 分	测量电路接线正确　10 分 操作与读数正确　10 分 负载特性曲线正确　10 分

续表

序号	考核内容	配分	评分细则
3	短路电压测试	25分	测量电路接线正确 10分 操作与读数正确 15分
4	安全文明生产	20分	遵守操作规程，无违章操作情况 5分 正确使用工具，用过后完好无损 5分 保持工位卫生，做好清洁及整理 5分 听从教师安排，无各类事故发生 5分
5	操作完成时间 60min		在规定时间内完成，每超时 5min 扣 5 分

任务3　单相变压器的故障检修训练

一、任务目标

1. 了解变压器的常见故障及产生原因。
2. 学会小型单相变压器的故障检查方法。
3. 掌握小型单相变压器的故障检修技能。

二、相关知识

变压器的故障检查与处理

变压器运行中常见故障原因主要有绕组断路、绕组局部短路和电压击穿短路等。其故障检查方法如下。

（1）绕组断路故障。原边绕组断路和副边绕组断路都会使变压器没有输出电压，可使用直流电桥或万用表欧姆挡进行测量，绕组断路时电阻为无穷大。

（2）绕组局部短路故障。由于绕组的电阻较小，一般局部短路用测电阻的方法不易查出，可用测量空载电流的方法检查。原边绕组或副边绕组局部短路时，都会使变压器的空载电流增加很大，并且绕组温升很高，甚至会冒烟，因此测量速度要快。

（3）击穿短路故障。击穿短路又分为原边和副边绕组之间击穿短路、原边或副边绕组与铁芯之间击穿短路。可使用兆欧表分别进行测量，产生击穿短路后其绝缘电阻变得很小或为零。

变压器使用中，可根据具体故障现象，找出故障原因，再进行相应处理。小型单相变压器的故障原因与处理方法参考表 5.7。

表 5.7　小型单相变压器的故障原因与处理方法

故障现象	产 生 原 因	处 理 方 法
接通电源无输出电压	原边绕组断路或引出线脱焊	拆换原边绕组或焊牢引出线接头
	副边绕组断路或引出线脱焊	拆换副边绕组或焊牢引出线接头
	电源线或插头断路	检查修理或更换电源线和插头
温升过高	原边或副边绕组局部短路	拆换绕组或修理短路部分
	原边和副边绕组间短路	拆换绕组或修理短路部分
	负载过重或负载短路	减轻负载或排除短路故障
	铁芯叠厚不足或质量太差	有空隙时可加厚铁芯或更换铁芯
运行中有响声	铁芯片未插紧	插紧铁芯片或进行浸漆处理
	电源电压过高	调整电源电压为额定值
	负载过重或负载短路	减轻负载或排除短路故障
铁芯或底板带电	绕组与铁芯短路或绕组间短路	拆换绕组或加强对铁芯的绝缘
	绝缘材料老化	拆换绕组或加强对铁芯的绝缘
	引出线接头碰触铁芯或底板	检查并排除碰触点

三、实训内容

1．实训用仪表、器材与工具

（1）仪表：MF-47 型万用表、500V 兆欧表。
（2）器材：设有故障的变压器、短路测试器。
（3）工具：常用电工工具一套、50W 电烙铁。

2．实训内容及要求

（1）变压器所设故障是：绕组断路、击穿短路、绕组局部短路三种，损坏部位在容易查找和维修的地方。

（2）在不通电的情况下，使用万用表和兆欧表、短路测试器进行检查。找出故障后提出正确的处理方法。

（3）进行除重绕线圈以外的其他维修处理，使变压器能正常工作。

3．实训报告

根据单相变压器故障检修训练填写表 5.8 中的有关内容。

表 5.8　单相变压器故障检修实训报告

序号	故障种类	故障检查方法	故障处理方法	维修后的情况
1	绕组断路			
2	击穿短路			
3	绕组局部短路			

实训所用时间：　　　　　　　　　　实训人：　　　　　　　　　　日期：

四、成绩评定

完成各项操作训练后进行技能考核，参考表 5.9 中的评分标准进行成绩评定。

表 5.9　单相变压器故障检修评分标准

序号	考 核 内 容	配分	评 分 细 则
1	故障判断	30 分	类型判断正确 15 分，错一次扣 5 分 部位判断正确 15 分，错一处扣 5 分
2	故障检查	30 分	测量方法正确 15 分，错一次扣 5 分 测量结果正确 15 分，错一个扣 5 分
3	排除故障	20 分	排除故障方法正确 10 分 排除故障后运行正常 10 分
4	安全文明生产	20 分	遵守操作规程，无违章操作情况 5 分 正确使用工具，用过后完好无损 5 分 保持工位卫生，做好清洁及整理 5 分 听从教师安排，无各类事故发生 5 分
5	操作完成时间 60min		在规定时间内完成，每超时 5min 扣 5 分

任务4　单相变压器的重绕与制作训练

一、任务目标

1. 了解单相变压器铁芯和绕组的技术参数。
2. 学会小型单相变压器的重绕制作工艺。
3. 掌握小型单相变压器的重绕制作技能。

二、相关知识

1. 变压器结构参数的选取

在变压器维修中，虽然一般是在原有铁芯规格和绕组数据的基础上进行重绕，但有时需对变压器进行改制或重新制作一个变压器，此时就需要按使用要求选取变压器的结构参数。构成变压器的主要材料是铁芯和绕组线圈，制作变压器时，须按使用要求来选取变压器的铁芯规格、绕组匝数和导线直径。

（1）计算额定功率选取铁芯规格。选取铁芯规格时，要先计算变压器的输出功率 P_2、输入功率 P_1 和额定功率 P_N。

变压器的输出功率为副边各绕组输出功率之和，即 $P_2 = U_{21} I_{21} + U_{22} I_{22} + U_{23} I_{23} + \ldots\ldots$ 输入功率 $P_1 = P_2 / \eta$。式中 η 为变压器的效率，对于小型变压器，一般可按表 5.10 所示的值选取。则变压器的额定功率 $P_N = (P_1+P_2)/2$。

表 5.10　小型变压器的效率与输出功率的关系

功率（VA）	<10	10～30	30～80	80～200	200～400	>400
效率（%）	60～70	70～80	80～85	85～90	90～95	95

变压器的铁芯规格按额定功率 P_N 选取，对于 50Hz 的电源变压器，使用 E 型铁芯时，可按附表 A.4 中的值来选择各种硅钢片规格和叠片厚度及相应的每伏匝数；使用 C 型铁芯时，可按附表 A.5 中的值来选择各种铁芯规格和窗高及相应的每伏匝数。附表 A.4 和附表 A.5 中铁芯尺寸参数的示例如图 5.8 所示。

（2）计算绕组匝数选取导线直径。变压器的绕组匝数=绕组额定电压×每伏匝数。对于单相变压器，原边电压为 220V 时，原边绕组匝数= 220×每伏匝数。考虑副边绕组的导线电阻压降，副边绕组匝数应再乘以（1.05～1.1），即

$$副边绕组匝数=U_{2N}\times每伏匝数\times(1.05\sim1.1)$$

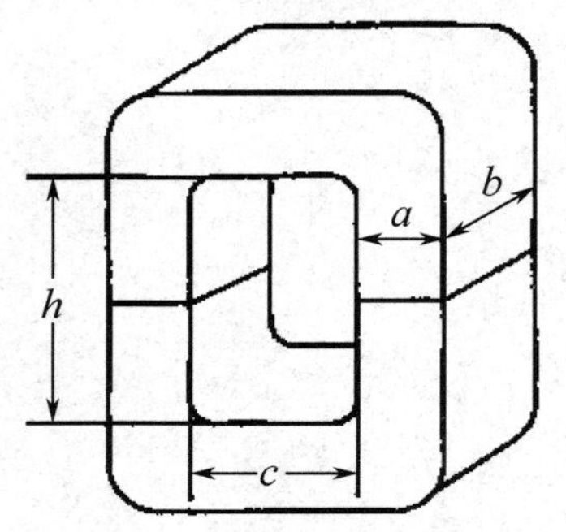

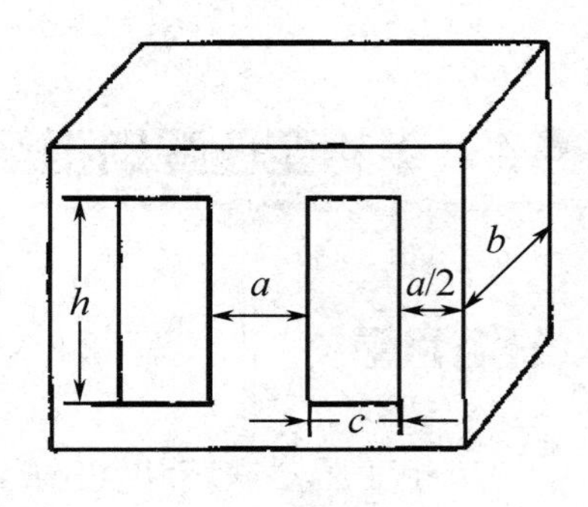

图 5.8　变压器铁芯尺寸

变压器绕组线圈的漆包铜线直径是按额定电流来选取的，原边额定电流 $I_{1N}=P_1/U_{1N}$。对于连续工作的变压器，导线电流密度可取 2.5A/mm²；对于间断工作的变压器，导线电流密度可取 3A/mm²。线圈的漆包铜线直径可参照附表 A.6 所给出的部分漆包铜线规格和安全载流量来选取。

2．变压器的重绕和制作方法

（1）拆开变压器和线圈。在原有铁芯规格和绕组数据的基础上重绕或改制变压器，需拆开变压器及绕组线圈。拆变压器时，可先将变压器加热，使绝缘漆软化后拆开铁芯，即可取出绕组线圈。在拆线圈时，用千分尺测量线圈的漆包线直径并记下拆出的线圈匝数。

（2）变压器线圈的绕制。变压器的线圈是绕制在绝缘骨架上的，在绕制前应先在线圈骨架中嵌入比铁芯稍大一些的木芯，木芯正中心钻一个孔，以供绕线机轴从中穿过。钻孔时不能偏斜，否则绕线时会不平稳，影响绕线质量。线圈绕制步骤如下。

① 绕制线圈。变压器通常是把原边线圈绕在最里层，把副边线圈绕在外层。有一些小型 E 型铁芯变压器也常把原边和副边线圈分成上下两段绕制，C 型铁芯型变压器原边绕组要分为两个线圈绕制。绕制中要使漆包线排列整齐、紧密，注意不可使导线打结或损伤漆皮。

线圈一般分层绕制，每绕完一层应加一层绝缘材料，普通低压绕组一般可用电容纸、黄蜡绸等绝缘材料，高压绕组应采用聚酯薄膜等耐高压的绝缘材料。低压绕组常用层间绝缘材料及其厚度的选用可参考表 5.11。

线圈全部绕完后，最外边也要包缠 2～3 层绝缘材料。

表 5.11　层间绝缘材料的选用

漆包线直径（mm）	0.06～0.14	0.15～0.25	0.27～0.80	0.83 以上
绝缘材料	电容纸	电话纸	电缆纸	青壳纸
厚度（mm）	0.03	0.05	0.08	0.12～0.17

② 装接引出线。一般直径超过 1mm 的漆包线可以直接引出，小于 1mm 的可通过其他硬线、软线或焊片等引出，以防止变压器使用过程中将引线折断。装接引出线时，先把引出线用绝缘材料包扎好，将其一部分压在线圈下边，进行固定，然后将线圈的端头焊在引出线上，并用绝缘材料覆盖，如图 5.9 所示。引出线的位置应根据绕组情况按一定规律排列，最后还要标明引出端标号，以便于使用。

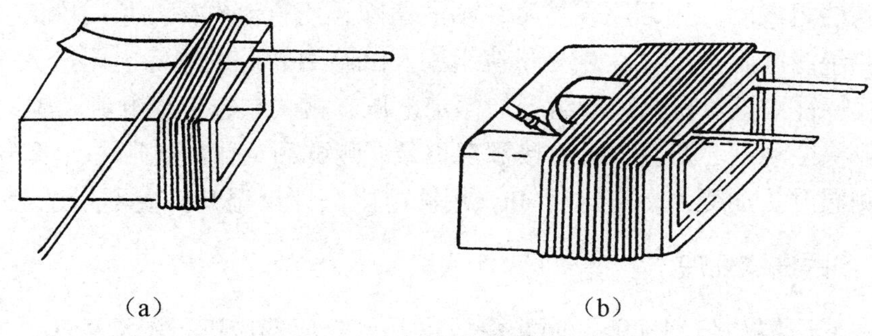

（a）　　（b）

图 5.9　引出线的连接和固定

（3）变压器铁芯的装配。

① 装配前的检查。装配铁芯前，应先进行以下检查：检查硅钢片是否平整，表面是否锈蚀，绝缘漆是否良好，硅钢片含硅量是否符合要求。

② E 型铁芯的装配。装配 E 型铁芯时，应采用交叉插片，不能有错位现象，硅钢片必须插紧，并尽量减小磁路气隙，铁芯片插好后用螺钉固定或装上固定架，如图 5.10（a）所示。

③ C 型铁芯的装配。装配 C 型铁芯时，应注意铁芯是否配对，方向是否一致，铁芯截面上是否有杂物，装配好后用钢带将铁芯固定，并加装底座，如图 5.10（b）所示。

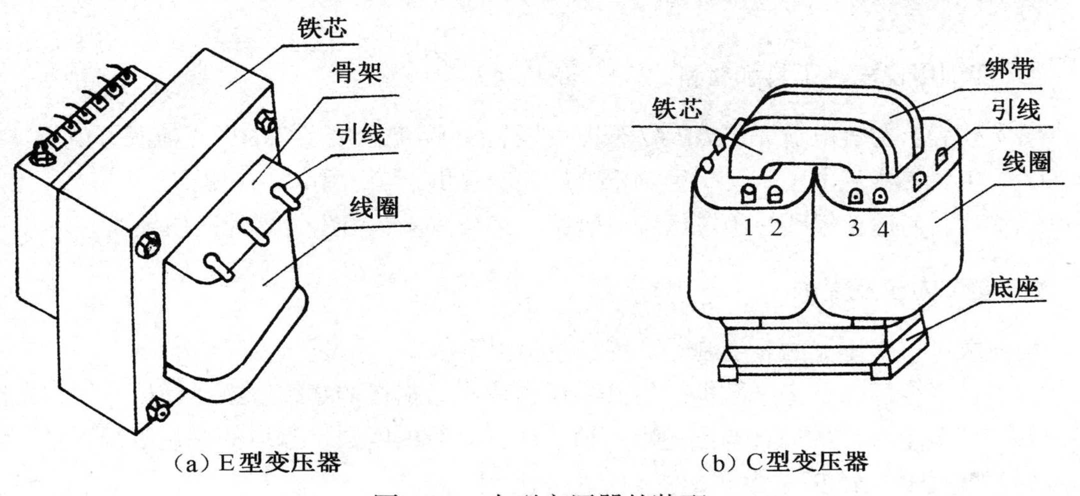

（a）E型变压器　　（b）C型变压器

图 5.10　小型变压器的装配

3．变压器的初步检测

无论是新制作的还是修理好的变压器，为保证其特性符合使用要求，应进行以下几方面的检查和测试。

（1）检查外观。检查绕组线圈有无断线、脱焊和机械损伤，检查铁芯是否装好。

（2）检测绕组线圈。用万用表检测线圈的通断，用直流电桥测量线圈的直流电阻。

（3）检测绝缘电阻。用兆欧表测量绕组间及绕组对铁芯的绝缘电阻应大于 50MΩ。

（4）空载特性测试。在原边绕组上加额定电压，测试原边空载电流和副边空载电压。

（5）负载特性测试。副边绕组上接额定负载，测试额定输出电压并计算电压调整率。

（6）检测温升。加额定负载运行 4h，用测电阻法计算温升，应不超过 50℃。

4．变压器的浸漆处理

为了提高变压器的防潮性能，防止电压击穿，变压器应进行浸漆处理。在浸漆前应进行预烘干，以去除内部潮气。烘烤时可将变压器置于大功率的灯泡下或电烘箱中，温度控制在 115～125℃，预烘 4～6h，取出后冷却到 60～80℃，放入绝缘清漆中浸漆 1h，最好采用真空浸漆，以提高变压器的绝缘电阻。变压器浸漆，可在装配铁芯后整体浸漆，也可先将绕组单独浸漆一次，然后装配铁芯，再进行整体浸漆。

将浸好漆的变压器先放在铁丝网上或悬挂起来，漆滴 30min 以上，然后进行烘烤。用灯泡或电烘箱烘烤，开始时把温度控制在 60～80℃，烘烤 1h，然后使温度上升到 115～135℃，烘烤 8～10h，烘干后复查合格即可使用。

三、实训内容

1．实训用仪表、工具和材料

（1）仪表：交流电流表、MF-47 型万用表、500V 兆欧表、QJ103 直流双臂电桥。

（2）工具：常用电工工具一套、千分尺、电热烘干箱、手动绕线机。

（3）材料：漆包铜线、绝缘纸、黄蜡绸、绝缘清漆、引出线焊片或软导线。

2．实训内容及要求

按要求进行变压器的重绕制作训练，包括以下内容。

（1）拆开变压器并记录数据。拆开变压器取出已损坏的绕组线圈，在拆开绕组线圈时，将变压器上标注的原边与副边电压值、所拆线圈的匝数、测得的漆包铜线直径、铁芯规格等数据填入表 5.12 中。

（2）绕制线圈并装接引出线。选择与原线圈相同的漆包铜线在原骨架上绕制线圈，垫绝缘纸层绕，并按要求装接引出线。绕好的线圈应与原线圈结构尺寸相同，将绕制线圈的步骤和有关数据填入表 5.13 中，并画出绕组的引出端标示图。

（3）装配铁芯和初步检测。按要求装配铁芯，装配好的变压器应与原变压器完全相同。先进行外观检查，再用仪表测量变压器的绝缘电阻、绕组线圈的直流电阻，然后进行空载特性和负载特性（或短路特性）测试，将初步检测的数据填入表 5.14 中。

（4）浸漆处理和复测。按要求进行浸漆处理，烘干后进行复测，复测项目与初测相同。将浸漆处理的步骤和有关数据填入表 5.15 中，将复测数据填入表 5.14 中。

3．实训报告

（1）根据变压器拆卸重绕训练填写表 5.12 中的有关内容。

表 5.12　变压器数据记录实训报告

<table>
<tr><td rowspan="2">项目</td><td colspan="3">原边绕组</td><td colspan="3">副边绕组</td><td colspan="2">铁芯</td></tr>
<tr><td>额定电压（V）</td><td>漆包线直径（mm）</td><td>线圈匝数（匝）</td><td>额定电压（V）</td><td>漆包线直径（mm）</td><td>线圈匝数（匝）</td><td>规格</td><td>功率（VA）</td></tr>
<tr><td>数据</td><td></td><td></td><td></td><td></td><td></td><td></td><td></td><td></td></tr>
</table>

实训所用时间：　　　　　　　　　　实训人：　　　　　　　　日期：

（2）根据变压器线圈绕制训练填写表 5.13 中的有关内容。

表 5.13　变压器线圈绕制实训报告

<table>
<tr><td rowspan="2">项目</td><td colspan="3">原边绕组</td><td colspan="3">副边绕组</td><td colspan="2">绝缘纸</td></tr>
<tr><td>漆包线直径（mm）</td><td>线圈匝数（匝）</td><td>绕制层数（层）</td><td>漆包线直径（mm）</td><td>线圈匝数（匝）</td><td>绕制层数（层）</td><td>类型</td><td>厚度（mm）</td></tr>
<tr><td>数据</td><td></td><td></td><td></td><td></td><td></td><td></td><td></td><td></td></tr>
<tr><td>操作步骤</td><td colspan="4"></td><td>引出端标示图</td><td colspan="3"></td></tr>
</table>

实训所用时间：　　　　　　　　　　实训人：　　　　　　　　日期：

（3）根据变压器初步检测和复测训练填写表 5.14 中的有关内容。

表 5.14　变压器初测和复测实训报告

测量项目	绝缘电阻（MΩ）			直流电阻（Ω）	
测量对象	原边对副边	原边对铁芯	副边对铁芯	原边绕组	副边绕组
初测读数值					
复测读数值					
测量项目	空载特性			短路特性	
测量对象	额定电压（V）	空载电流（mA）	空载电压（V）	额定电流（mA）	短路电压（V）
初测读数值					
复测读数值					

实训所用时间：　　　　　　　　　　实训人：　　　　　　　　　　日期：

（4）根据变压器浸漆处理训练填写表 5.15 中的有关内容。

表 5.15　变压器浸漆处理实训报告

项目	绝缘漆类型	浸漆时间（h）	滴漆时间（h）	烘烤温度（℃）	烘烤时间（h）
数据					
操作步骤			操作要领		

实训所用时间：　　　　　　　　　　实训人：　　　　　　　　　　日期：

四、成绩评定

完成各项操作训练后进行技能考核，参考表 5.16 中的评分标准进行成绩评定。

表 5.16　单相变压器的重绕制作评分标准

序号	考 核 内 容	配分	评 分 细 则
1	变压器的拆卸	20 分	拆卸操作正确 10 分 数据记录完整、正确 10 分
2	变压器线圈绕制	20 分	绕制操作正确 10 分 引出线固定正确 10 分
3	变压器的装配	20 分	铁芯装配正确 10 分 整体装配正确 10 分

续表

序号	考 核 内 容	配分	评 分 细 则
4	变压器浸漆处理	20 分	浸漆操作正确 10 分 烘干操作正确 10 分
5	安全文明生产	20 分	遵守操作规程，无违章操作情况 5 分 正确使用工具，用过后完好无损 5 分 保持工位卫生，做好清洁及整理 5 分 听从教师安排，无各类事故发生 5 分
6	操作完成时间 60min		在规定时间内完成，每超时 5min 扣 5 分

思考题

1. 简述变压器的基本工作原理。
2. 变压器的铭牌数据主要有哪些？
3. 简述变压器负载特性的测试方法。
4. 简述变压器短路电压的测试方法。
5. 单相小型变压器通常有哪些故障？
6. 自制小型变压器时如何选取铁芯规格？
7. 如何选取变压器线圈的匝数和导线直径？
8. 简述小型电源变压器的制作工序。

项目 6

单相交流异步电动机

单相交流异步电动机为小功率电动机，由于它结构简单，成本低，噪声小，安装方便，凡是有单相电源的地方都能使用，因此在生产和生活领域中应用都很广泛。使用最多的是在家用电器中，用作电风扇、洗衣机、电冰箱、鼓风机、吸尘器、电唱机和家用电动器具的动力机。了解单相电动机的分类、构造和使用特点，掌握单相电动机的测试与维修技能很有必要。本项目主要进行单相交流异步电动机的选择与使用、性能测试、故障维修、控制线路连接、绕组拆换等操作技能训练。

任务 1　单相交流异步电动机的分类与选用训练

一、任务目标

1. 了解单相交流异步电动机的类型和基本结构。
2. 学会单相交流异步电动机的型号和类型识别。
3. 掌握单相交流异步电动机性能参数和选用技能。

二、相关知识

1. 单相交流异步电动机的类型

单相交流异步电动机的类型很多，按启动方法不同可分为两大类，共五种。一类是罩极式电动机，又分为两种：凸极式罩极电动机和隐极式罩极电动机；另一类是分相式电动机，又分为三种：电阻分相式电动机、电容分相式电动机和电感分相式电动机。

单相交流异步电动机的产品型号是由系列代号、设计代号、机座代号、特征代号和特殊环境代号组成的，排列顺序如下。

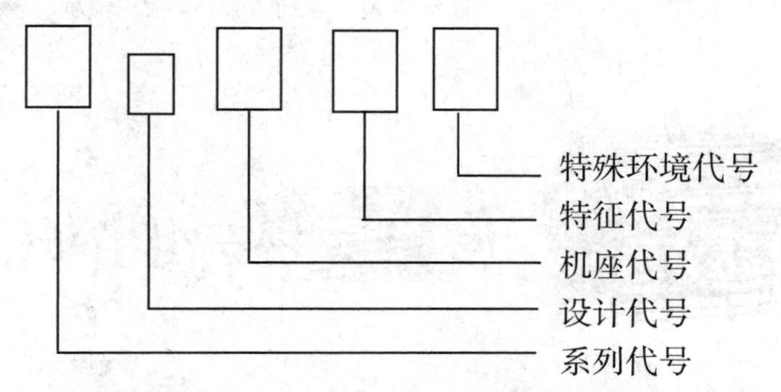

（1）系列代号。用字母表示单相交流异步电动机的基本系列，其新旧代号的表示方法如表 6.1 所示。

表 6.1 单相交流异步电动机的基本系列代号

基本系列产品名称	新　代　号	旧　代　号
单相电阻启动交流异步电动机	YU	JZ、B0
单相电容启动交流异步电动机	YC	JY、CO
单相电容运转交流异步电动机	YY	JX、DO
单相电容启动和运转交流异步电动机	YL	E
单相罩极式交流异步电动机	YJ	F

（2）设计代号。在系列代号的右下角，用数字表示设计代号，无设计代号的为第一次设计的产品。

（3）机座代号。用两位数字表示电动机转轴的中心高度，标准中心高度尺寸有：45mm、50mm、56mm、63mm、71mm、80mm、90mm、100mm。

（4）特征代号。用两位数字分别表示电动机定子的铁芯长度和极数。常见电动机的极数有：2 极、4 极、6 极等。

（5）特殊环境代号。表示该产品适应的环境，普通环境下使用的电动机无此代号。

例如，$CO_2$8022 表示单相电容启动交流异步电动机，下标 2 表示 CO 系列第二次设计的产品，80 表示转轴的中心高度为 80mm，22 表示是 2 号铁芯和 2 极电动机。

2．单相交流异步电动机的结构

单相交流异步电动机主要由定子、转子、端盖、轴承、外壳等组成，如图 6.1 所示。

（1）定子。定子由定子铁芯和线圈组成，定子铁芯是由硅钢片叠压而成，铁芯槽内嵌着两套独立的绕组，它们在空间上相差 90° 电角度。一套称为主绕组（工作绕组），另一套称为副绕组（启动绕组），定子结构如图 6.2 所示。

（2）转子。转子为鼠笼结构，外形如图 6.3 所示。它是在叠压成的铁芯上，铸入铝条，再在两端用铝铸成闭合绕组（端环）而成，端环与铝条形如鼠笼。

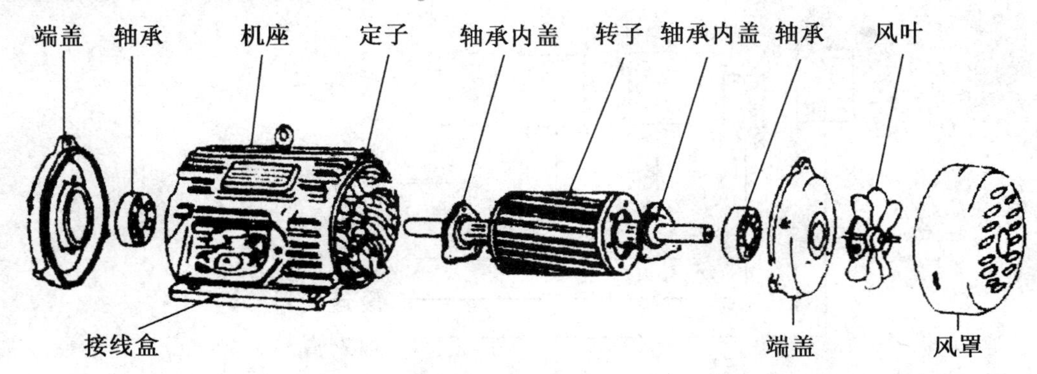

图 6.1　单相交流异步电动机的结构

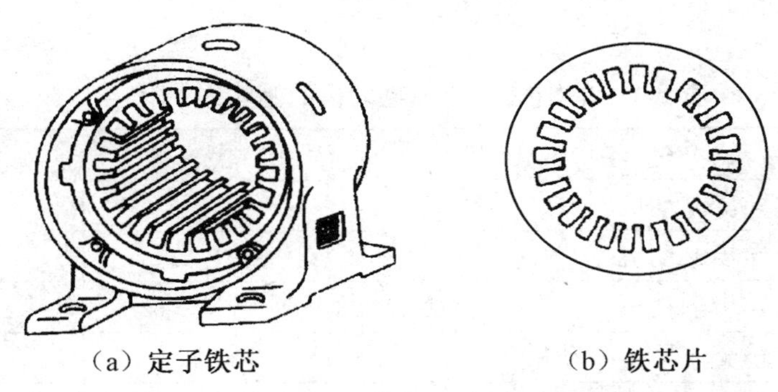

（a）定子铁芯　　（b）铁芯片

图 6.2　单相交流异步电动机的定子结构

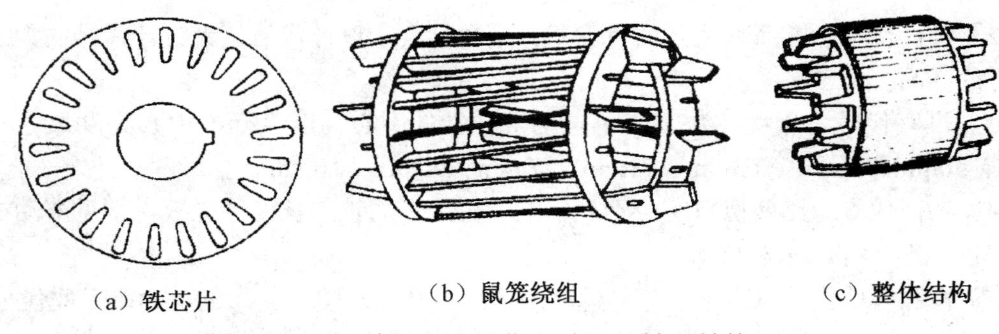

（a）铁芯片　　（b）鼠笼绕组　　（c）整体结构

图 6.3　单相交流异步电动机的转子结构

（3）端盖。端盖由铸铝或铸铁制成，起着容纳轴承、支撑和定位转子及保护定子绕组端部的作用。

（4）轴承。按电动机容量和种类的不同，所用轴承有滚动轴承和滑动轴承两类，滑动轴承又分为轴瓦和含油轴承两种。

（5）外壳。外壳的作用是罩住电动机的定子和转子，使其不受机械损伤，并防止灰尘。

3．单相交流异步电动机的结构特点

（1）电阻分相启动式电动机。电阻分相启动式电动机的副绕组导线线径细，匝数少，

电阻大，电感量小，使副绕组呈阻性电路。其主绕组导线线径粗，匝数多，电阻很小，电感量大，呈感性电路。这样两绕组接在同一单相电源上时，绕组中的电流就不同相，从而使单相交流电分为两相，形成旋转磁场而产生启动转矩。当转速达到额定值的70%～80%时，启动开关使副绕组脱开电路，由主绕组单独维持电动机转动。电阻分相启动式电动机的电路如图6.4所示。

电阻分相启动式电动机的特点是结构简单，成本低廉，运行可靠，但它的启动转矩小，启动电流大，过载能力差，功率因数和效率也都不高，它多用在小功率的机械上。

（2）电容分相启动式电动机。电容分相启动式电动机的副绕组上通过离心式启动开关串联了一个较大容量的电容器，使副绕组呈容性电路，主绕组仍保持感性。启动时，副绕组中的电流相位超前主绕组电流 90° 电角度，这样就使单相交流电分为两相，形成旋转磁场而产生启动转矩。当转速达到额定值的 70%～80%时，启动开关使副绕组脱开电路，由主绕组单独维持电动机转动。电容分相启动式电动机的电路如图6.5所示。

电容分相启动式电动机的特点是启动性能好，启动电流小，但它的空载电流较大，功率因数和效率都不高，并要与适当的电容匹配。它适用于要求启动转矩较大、启动电流较小的机械上。

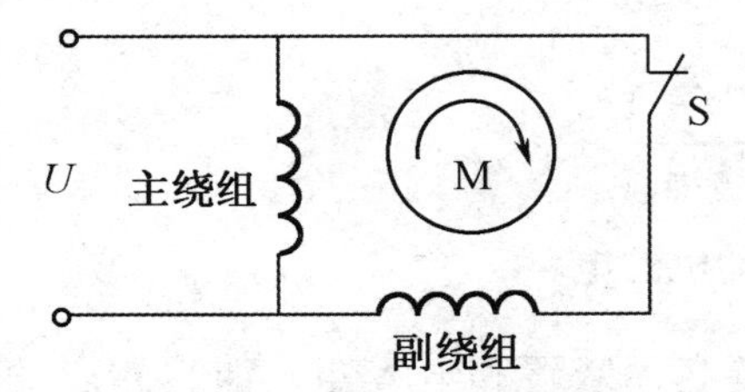

图6.4　电阻分相启动式电动机的电路

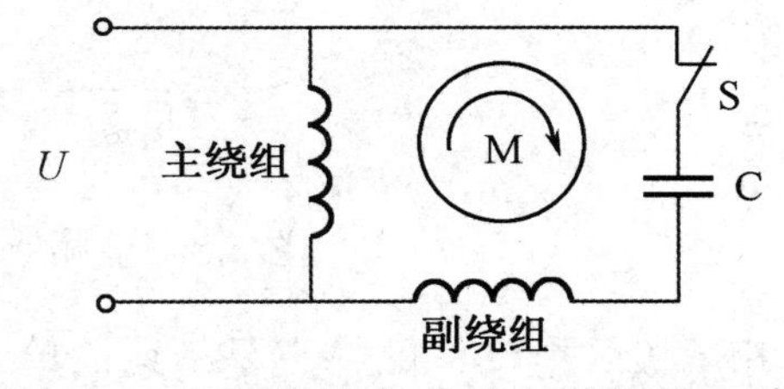

图6.5　电容分相启动式电动机的电路

（3）电容运转式电动机。电容运转式电动机的副绕组和一个小容量的电容器串联，无论是启动还是运转，始终接在电路中，这实质上构成了两相电动机，由主绕组、副绕组与电容器共同维持电动机转动。电容运转式电动机的电路如图6.6所示。

电容运转式电动机的特点是有较好的运行特性，其功率因数、效率和过载能力均比其他类型的单相电动机高，而且省去了启动装置。但由于电容器的容量是按运转性能要求选取的，比单独用于启动时的电容量要小，因此启动转矩较小。它适用于启动比较容易的机械上。

（4）电容启动和运转式电动机。电容启动和运转式电动机的副绕组上串联一个大容量的启动电容器 C_1 和一个小容量的运行电容器 C_2，启动时两个电容器并联工作，使副绕组呈容性电路，有利于提高启动转矩。在电动机启动后，离心启动开关使启动电容器脱开电路，运行电容器与副绕组、主绕组共同维持电动机转动。电容启动和运转式电动机的电路如图6.7所示。

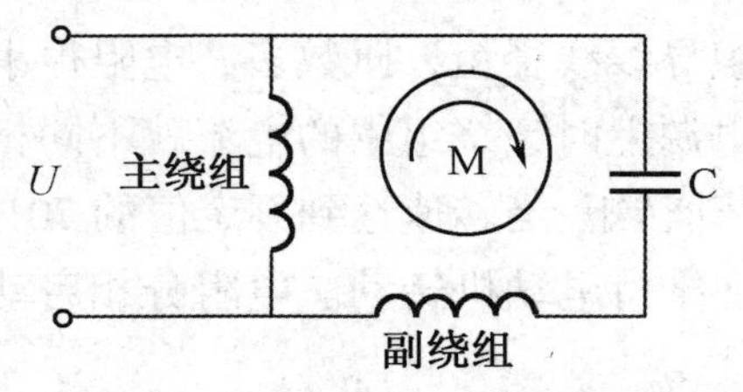

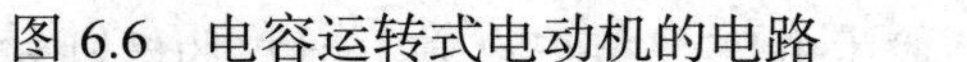

图 6.6　电容运转式电动机的电路

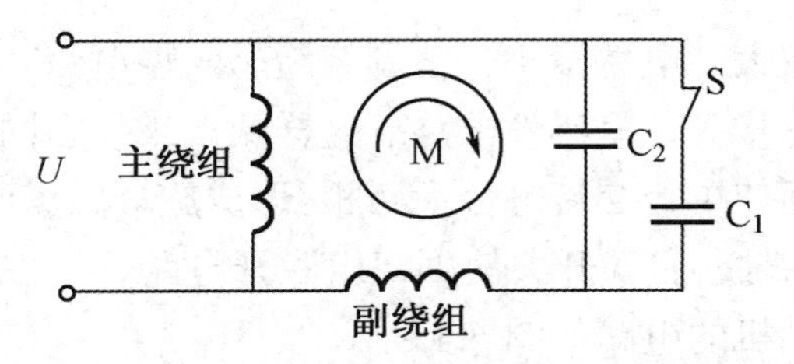

图 6.7　电容启动和运转式电动机的电路

电容启动和运转式电动机的特点是启动转矩大，运行特性好，功率因数高，但结构复杂，成本较高。它适用于大功率的机械上。

（5）单相罩极式电动机。单相凸极式罩极电动机定子铁芯的极面中间开有一个小槽，用短路铜环罩住部分极面积，起着启动绕组的作用。单相隐极式罩极电动机不用短路铜环，而用较粗的绝缘导线做成匝数很少的罩极绕组跨在定子槽中，作为启动绕组用。单相罩极式电动机电路如图 6.8 所示。

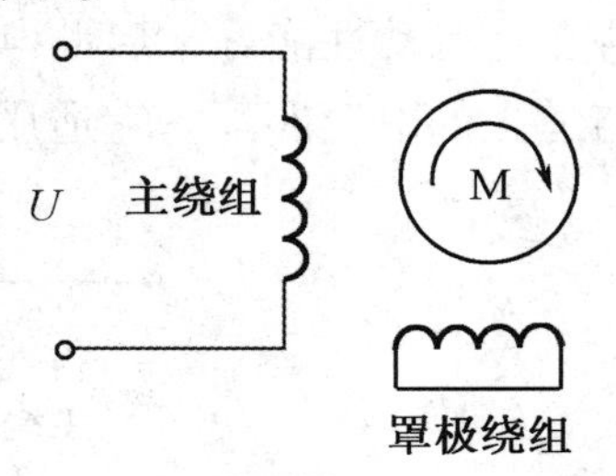

图 6.8　单相罩极式电动机的电路

单相罩极式电动机的特点是结构简单，不需要启动装置和电容器，但它的启动转矩小，功率也小，旋转方向不能改变。它多用于小型鼓风机、电风扇、电唱机中。

4．单相交流异步电动机的额定值

在电动机的外壳上都有一个铭牌，标有电动机的使用数据，即电动机的额定值，包括以下一些内容。

（1）额定电压。额定电压是指电动机正常运行时的工作电压，即外施电源电压，一般均采用标准系列值，主要有 12V、24V、36V、42V、220V。

（2）额定频率。额定频率是指电动机的工作电源频率，电动机是按此频率设计的。我国规定的额定频率一般为 50Hz，而国外有的为 60Hz。

（3）额定转速。额定转速是指电动机在额定电压、额定频率、额定负载下转轴的转动速度，单位为转/分钟（r/min）。

（4）额定功率。额定功率是指电动机在额定电压、额定频率和额定转速的情况下，转轴上可输出的机械功率。标准系列值有 0.4W、0.6W、1.0W、1.6W、2.5W、4W、6W、10W、16W、25W、40W、60W、90W、120W、180W、250W、370W、550W、750W 等。

（5）额定电流。额定电流是指电动机在额定电压、额定功率和额定转速的情况下，

定子绕组的电流值。在此电流下，电动机可以长期工作。

（6）额定温升。额定温升是指电动机满载运行 4h 后，绕组和铁芯温度高于环境温度的值。我国规定标准环境温度为 40℃，对于 E 级绝缘材料，电动机的温升不应超过 75℃。

5. 单相交流电动机在家用电器中的应用

（1）电风扇电动机的结构特点。电风扇中使用的单相电动机大多为电容运转式电动机，台式风扇电动机的结构如图 6.9 所示。它属于微型电动机，体积小，重量轻，结构简单，拆装容易。

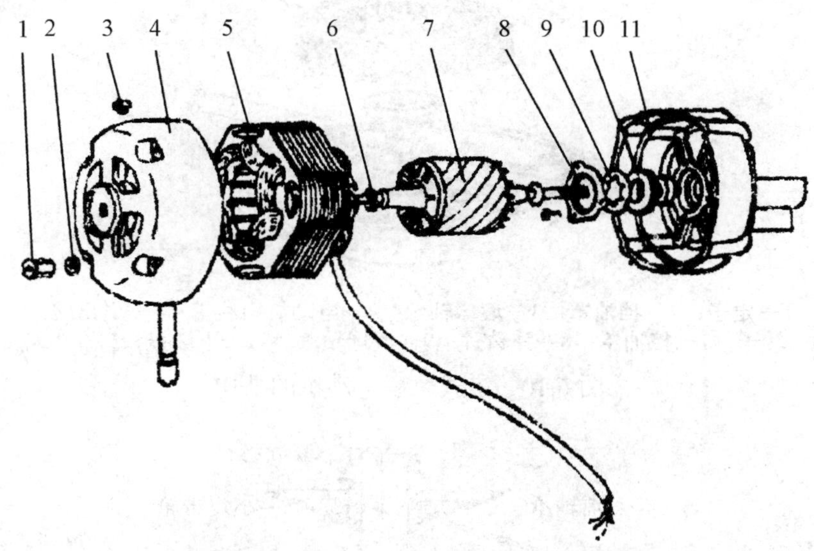

1、2、3—垫圈、螺帽；4—前端盖；5—定子；6—耐磨垫圈；7—转子；
8—轴承盖；9—轴承弹簧；10—油毡圈；11—后轴盖

图 6.9　台式风扇电动机的结构

吊式风扇电动机的结构如图 6.10 所示。它采用封闭式的外转子结构，定子安放在内，固定在不旋转的吊杆上，而转子安放在外，与扇叶相连。电风扇一般都具有调速功能，通过调速实现人们对风量的不同要求。单相异步电动机是通过改变加在电动机上的电压来实现调速的，电风扇采用的调速方法主要有电抗器调速、绕组抽头调速和电子调速。

（2）洗衣机电动机的结构特点。洗衣机中使用的电动机普遍采用电容运转式电动机，洗衣机洗涤电动机的结构如图 6.11 所示。由于洗衣机要求正、反转交替运行，且工作状态一样，因此电动机的主、副绕组结构参数完全相同，只是空间上相差 90° 电角度。工作时通过换向开关变换主、副绕组的接线来改变转动方向。脱水电动机只做单向高速运转，主、副绕组的结构参数可以不同，但要求电动机启动转矩大、过载能力强。

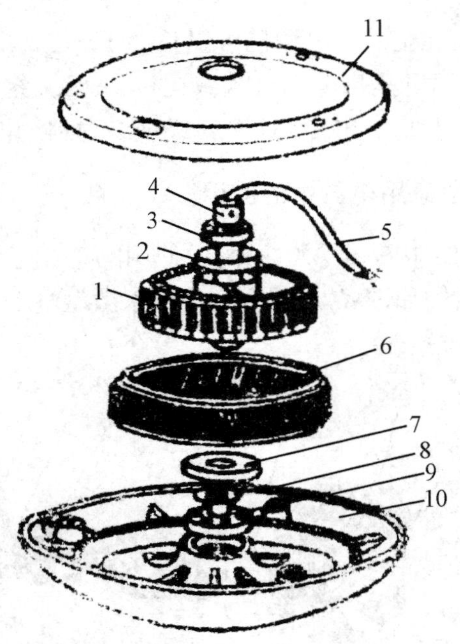

1—定子；2—挡油罩；3—滚球轴承；4—电动机引线端；5—引出线；
6—转子；7—挡油罩；8—弹簧片；9—滚球轴承；10—下端盖；11—上端盖

图 6.10　吊式风扇电动机的结构

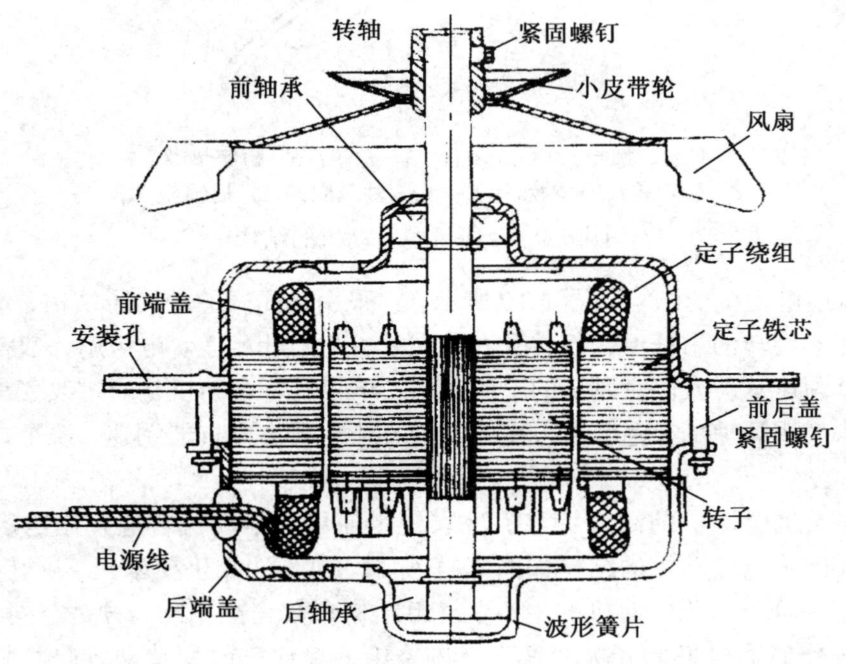

图 6.11　洗衣机洗涤电动机的结构

（3）家用制冷压缩机电动机的结构特点。家用电冰箱、冰柜和空调器的制冷压缩机中使用的电动机通常有四种：电阻启动式电动机，多用于小功率压缩机；电容启动式电

动机、电容运转式电动机，多用于普通压缩机；电容启动和运转式电动机，多用于大功率压缩机。

由于制冷压缩机为封闭结构，电动机与压缩机一起安装在封闭的壳体内，直接接触制冷剂和润滑油，且运行温度较高，负荷较大，因此要求电动机耐腐蚀、耐高温、耐冲击和振动，启动力矩大，过载能力强，效率尽可能高。家用制冷压缩机电动机结构如图 6.12 所示。

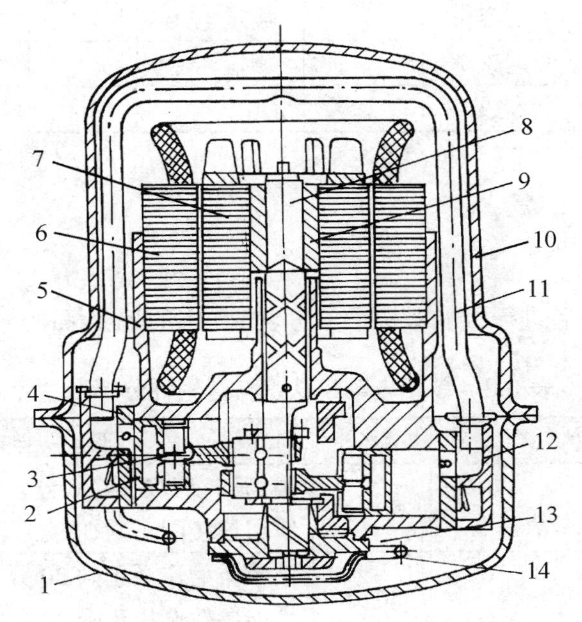

1—下机壳；2—活塞；3—连杆组件；4—气阀；5—机体；6—定子；7—转子；
8—曲轴；9—转子轴套；10—上机壳；11—吸气管；12—汽缸盖；13—端盖；14—排气管

图 6.12 家用制冷压缩机电动机的结构

三、实训内容

1. 实训用仪表、器材和工具

（1）仪表：MF-47 型万用表、直流电源。
（2）器材：单相交流异步电动机。
（3）工具：常用电工工具一套。

2. 实训内容及要求

（1）查看并说明所给单相电动机的结构类型、额定参数（铭牌数据），查看绕组连接方式，并画出主、副绕组连接图。将电动机的结构类型、额定参数填入表 6.2 中。

（2）按照所提出的使用要求，选择单相电动机的结构类型和基本性能参数（选 6 项），

将其填入与表 6.2 相同的表中。

3．实训报告

查看和选择单相电动机训练并填写表 6.2 中的有关内容。

表 6.2　单相电动机认识与选用实训报告

电动机型号		额定容量		额定电压		额定电流	
电动机类型		额定频率		额定转速		绝缘等级	
磁极对数		电容数值					

实训所用时间：　　　　　　　　　　实训人：　　　　　　　　　　日期：

四、成绩评定

完成各项操作训练后进行技能考核，参考表 6.3 中的评分标准进行成绩评定。

表 6.3　单相电动机认识与选用评分标准

序号	考 核 内 容	配分	评 分 细 则
1	认识电动机	50 分	类型和参数正确 30 分，每项 3 分 绕组连接图正确 20 分
2	选择电动机	50 分	基本类型选择正确 20 分 性能参数选择正确 30 分，每项 5 分
3	操作完成时间 30min		在规定时间内完成，每超时 5min 扣 5 分

任务 2　单相交流异步电动机的性能测试训练

一、任务目标

1. 了解单相交流异步电动机的主要测试项目。
2. 学会单相交流异步电动机的性能测试方法。
3. 掌握单相交流异步电动机的基本测试技能。

二、相关知识

单相交流异步电动机的主要测试项目有：绝缘电阻、绕组直流电阻、空载电流和工作电流、堵转电压、温升和转速等。其测试方法如下。

1．绝缘电阻测量

电动机的绝缘电阻包括主、副绕组对外壳的绝缘电阻和主副绕组之间的绝缘电阻，绝缘电阻测量是为了检查定子绕组的绝缘性能，可使用 500V 兆欧表进行测量，单相电动机的绝缘电阻值应不低于 20MΩ。

2．绕组直流电阻测量

测量电动机定子主、副绕组的直流电阻可用来检查定子绕组的断路和短路故障，可使用直流双臂电桥测量。

3．空载电流和工作电流测量

空载电流是指电动机在额定电压下，不带负载运转时的电流值，电动机的空载电流与额定电流的比值应符合规定的范围。工作电流是指电动机在额定电压下，带一定负载运转时的电流值，工作电流应不大于额定电流。

测量电动机的空载电流和工作电流可使用交流电流表或万用表的交流电流挡，测试时将电流表串入电源回路进行测量。以电容运转式电动机为例，测量接线如图 6.13 所示。

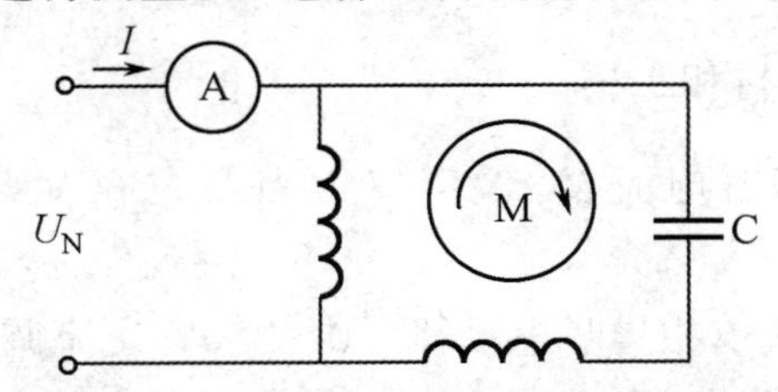

图 6.13 电动机空载电流和工作电流测量接线

4．堵转电压及测试方法

堵转电压是指电动机在转子被卡住不转的情况下，当通过定子绕组的电流为额定值时，加在定子绕组上的电压值，其大小可反映出电动机的漏抗、损耗、效率和功率因数等指标。因此堵转电压必须在规定的范围内，电动机才能正常运转。

堵转电压测试电路如图 6.14 所示。图中 T 为调压器，测量时用来调整加在电动机定子绕组上的电压。

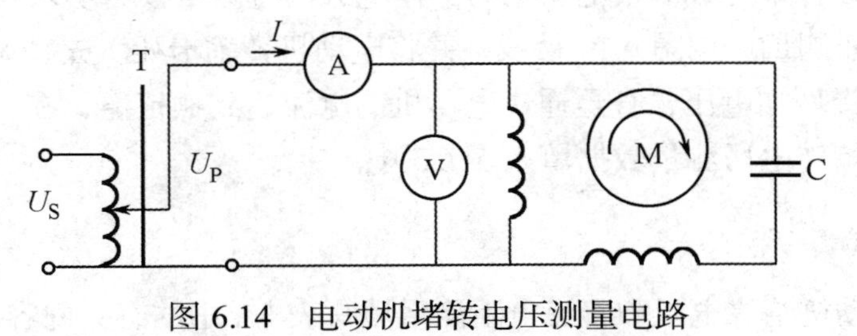

图 6.14 电动机堵转电压测量电路

测试时将电动机转轴卡死，先将调压器输出电压调至零，加电后缓慢增加电压，直至通过电动机的电流达到额定值，在交流电压表上读出此时的电压。

5. 温升测量

温升测量使用普通温度计测量误差较大，可采用测量定子绕组直流电阻变化的方法。先用直流电桥测出定子绕组的冷态电阻 R_O，然后使电动机满负荷运转数小时，待温度稳定后，切断电源，再测出其热态电阻 R_T，用下列公式可求出温升 ΔT。

$$\Delta T = \frac{R_T - R_O}{0.0042R_O}$$

6. 转速测量

测量电动机的转速可使用机械式转速表或数字式转速表，测量时将转速表的测量头顶在电动机的转轴上，用力不能太大，但也不能太小，以免产生相对滑动。

三、实训内容

1. 实训所用仪表、器材和工具

（1）仪表：交流电压表、电流表、MF-47 万用表、500V 兆欧表、QJ103 直流双臂电桥。

（2）器材：电容运转式单相异步电动机、0～250V 交流调压器。

（3）工具：常用电工工具一套。

2. 实训内容及要求

（1）绝缘电阻测量。按上述方法和要求，使用 500V 兆欧表，测量电动机主、副绕组对外壳的绝缘电阻，将测量数据填入表 6.4 中。

（2）绕组直流电阻测量。按上述方法和要求，使用 QJ103 直流双臂电桥，测量电动机主、副绕组的直流电阻，将测量数据填入表 6.4 中。

（3）工作电流测量。按图 6.13 接线，给电动机加额定电压，先不带负载测量电动机的空载电流，然后再带负载测量电动机的工作电流，将测量数据填入表 6.5 中。

（4）堵转电压测量。按图 6.14 接线，并将电动机转轴卡死。先将调压器输出电压调至零，加电后缓慢增加电压，直至通过电动机的电流达到额定值，在交流电压表上读出此时的电压。将堵转电压测量数据填入表 6.5 中。

3. 实训报告

（1）根据电动机绝缘电阻和直流电阻测量填写表 6.4 中的有关内容。

表 6.4　电动机绝缘电阻和直流电阻测量实训报告

测量项目	绝缘电阻（MΩ）			直流电阻（Ω）	
测量对象	主绕组对副绕组	主绕组对铁芯	副绕组对铁芯	主绕组	副绕组
测量读数值					

实训所用时间：　　　　　　　　实训人：　　　　　　　　日期：

（2）根据电动机工作电流和堵转电压测量填写表 6.5 中的有关内容。

表 6.5　电动机工作电流和堵转电压测量实训报告

测试项目	工作电流测量			堵转电压测量	
测量参数	额定电压（V）	空载电流（A）	工作电流（A）	额定电流（A）	堵转电压（V）
测量读数值					

实训所用时间：　　　　　　　　实训人：　　　　　　　　日期：

四、成绩评定

完成各项操作训练后进行技能考核，参考表 6.6 中的评分标准进行成绩评定。

表 6.6　单相电动机的性能测试评分标准

序号	考 核 内 容	配分	评 分 细 则
1	绝缘电阻测量	20 分	测量电路连接正确　5 分 操作方法正确　10 分 测量读数正确　5 分
2	绕组直流电阻测量	20 分	测量电路连接正确　5 分 操作方法正确　10 分 测量读数正确　5 分
3	空载和工作电流测量	20 分	测量电路连接正确　5 分 操作方法正确　10 分 测量读数正确　5 分
4	堵转电压测量	20 分	测量电路连接正确　5 分 操作方法正确　10 分 测量读数正确　5 分
5	安全文明生产	20 分	遵守操作规程，无违章操作情况　5 分 正确使用工具，用过后完好无损　5 分 保持工位卫生，做好清洁及整理　5 分 听从教师安排，无各类事故发生　5 分
6	操作完成时间 60min		按规定时间完成，每超时 5min 扣 5 分

任务3　单相交流异步电动机的故障维修训练

一、任务目标

1. 了解单相交流异步电动机的常见故障及产生原因。
2. 熟悉单相交流异步电动机的常见故障处理方法。
3. 掌握单相交流异步电动机电气故障的检修技能。

二、相关知识

1. 单相交流异步电动机的常见故障与处理

单相电容分相式交流异步电动机的故障有电气故障和机械故障两类。电气故障主要有：定子绕组断路、定子绕组接地、定子绕组绝缘不良、定子绕组匝间短路、分相电容器损坏、转子笼型绕组断条等故障。机械故障主要有：轴承损坏、润滑不良、转轴与轴承配合不好、安装位置不正确、风叶损坏或变形等。

单相电容分相式交流异步电动机的故障检修，通常是先根据电动机运行时的故障现象分析故障产生的原因，通过检查和测试，确定故障的确切部位，再进行相应的处理。单相电容分相式交流异步电动机的常见故障现象、产生原因及处理方法如表6.7所示。

表6.7　单相电容分相式异步电动机的常见故障与处理方法

故障现象	产生原因	处理方法
电动机通电后不转且无响声	电源未接通	检查电源线路，排除电路故障
	熔断器烧断	查明原因后更换熔断器
	主绕组断路或接线断路	修复或更换绕组，焊好接线
	保护继电器损坏	修复或更换保护继电器
	控制电路故障	检查控制线路，排除电路故障
电动机通电后不转且有嗡嗡响声	主绕组烧坏后短路	修复或更换绕组
	定子绕组接线错误	检查绕组接线，改正接线错误
	电容器击穿短路或严重漏电	更换同规格的电容器
	转轴弯曲变形，使转子咬死	校直转轴
	轴承内孔磨损，使转子扫膛	更换轴承

续表

故障现象	产生原因	处理方法
电动机通电后不转且有嗡嗡响声	电动机负荷过重或机械卡住	减小负荷至额定值，排除机械故障
通电后不转但可按手捻方向转动	副绕组断路或接线断路	修复或更换副绕组，焊好接线
	定子绕组接线错误	改正接线错误
	电容器断路或失效	更换同规格的电容器
	电容器接线断路	查出断点，焊好接线
	启动继电器损坏	修复或更换启动继电器
电动机通电后启动慢、转速低	电源电压过低	查明原因，调整电源电压
	定子绕组匝间短路	修复或更换绕组
	电容器规格不符或容量变小	更换符合规格的电容器
	转子笼条或端环断裂	焊接修复或更换转子
	电动机负荷过重	减小负荷至额定值
电动机外壳带电	定子绕组绝缘损伤或烧坏后碰壳	进行绝缘处理或更换绕组
	引出线或连接线绝缘破损后碰壳	恢复绝缘或更换导线
	定子绕组严重受潮，绝缘性能降低	烘干后浸漆处理
	定子绕组绝缘严重老化	加强绝缘或更换绕组
	外壳未可靠接地	装好保护接地线
电动机运行时温升过高	定子绕组匝间短路	修复或更换绕组
	定子绕组个别线圈接反	检查绕组接线，改正接线错误
	风道有杂物堵塞或扇叶损坏	清除杂物，修复或更换扇叶
	轴承内润滑油干枯	清洗轴承，加足润滑油
	轴承与轴配合过紧	用绞刀绞松轴承内孔
	转轴弯曲变形	校直转轴
电动机运转中振动或有异常响声	定子与转子不同心相互摩擦	调整端盖使其同心
	定子与转子之间有杂物碰触	清除杂物
	轴承磨损，间隙过大引起径向跳动	更换轴承
	转子轴向间隙过大运转中轴向窜动	增加轴上垫圈
	扇叶变形或不平衡	校正扇叶和动平衡
	固定螺钉松动	拧紧螺钉

续表

故障现象	产生原因	处理方法
电动机运转时闪火花或冒烟	定子绕组烧坏引起匝间短路	修复或更换绕组
	定子绕组受潮，绝缘性能降低	烘干后浸漆处理
	定子绕组绝缘损坏后与外壳相碰	加强绝缘或更换绕组
	引出线或连接线绝缘破损后相碰	更换引出线或连接线
	主、副绕组之间绝缘破损后相碰	修复或更换绕组

2．单相交流异步电动机的故障检修

在电动机维修中，大多是对定子绕组电气故障的维修，在此简要介绍单相电容分相式异步电动机常见电气故障的形成原因与检修方法。定子绕组常见故障有：绕组断路、绕组接地、绕组匝间短路、绕组绝缘不良等、。

（1）定子绕组断路故障的检修。定子绕组断路的主要原因是由于绕组线圈受机械损伤或过热烧断，表现为主绕组断路时电动机不转，副绕组断路时电动机不能启动。

检查绕组断路可使用万用表欧姆挡或直流电桥测量绕组的直流电阻，有时断路故障可能是因连接线或引出线接触不良产生的，因此应先进行外部接线检查。

若判定为绕组内部断路，可拆开电动机抽出转子，将定子绕组端部捆扎线拆开，接头的绝缘套管去掉，再用万用表逐个检查绕组中的每个线圈，找出有断路故障的线圈。

若绕组线圈断路点在绕组的端部，可找出断点具体位置，将其焊接好，然后采取加强绝缘的方法处理，若绕组断路点在定子铁芯槽内，则需要拆除有断路故障的线圈，直接更换新的绕组线圈或采用穿绕修补法修复。更换或修复后将接线焊好，并恢复绝缘，再检查整个绕组是否全部完好。

（2）定子绕组接地故障的检修。定子绕组接地，就是定子绕组与定子铁芯短路，造成绕组接地的主要原因是由于绝缘层破坏。主要表现为电动机外壳带电或烧断熔丝。绕组接地点多发生在导线引出定子槽口处，或者是绕组端部与定子铁芯短路。

检查绕组接地可以用36V的校验灯检验，也可以用万用表欧姆挡测量。若判断为定子绕组接地，可拆开电动机抽出转子，把定子绕组端部捆扎线拆开，接头的绝缘套管去掉，再用万用表逐个检查绕组中的每个线圈，找出有接地故障的线圈。

若绕组线圈接地点在绕组的端部，则可采取加强绝缘的方法处理，若线圈接地点在定子铁芯槽内，则应拆除有接地故障的线圈，然后在定子铁芯槽内垫一层聚酯薄青壳纸，更换新的绕组线圈或采用穿绕修补法修复。更换或修复后将接线焊好，并恢复绝缘，再检查整个绕组是否全部完好。

（3）定子绕组匝间短路故障的检修。定子绕组匝间短路的主要原因是由于绝缘层损坏。主要表现为电动机启动困难、转速慢、温升高。匝间短路还容易引起整个绕组烧坏。

若判定有绕组匝间短路，可拆开电动机抽出转子，先对定子绕组进行直观检查，主

要观察线圈有无焦脆之处，当某个线圈有焦脆现象时，该线圈可能有匝间短路。若绕组匝间短路处不易发现，可把绕组端部捆扎线拆开，接头的绝缘套管拆掉，给定子绕组通入 36V 的交流电压，用万用表的交流电压挡测量绕组中的每个线圈，如果每个线圈的电压都相等，说明绕组没有匝间短路，如有某个线圈的电压低了，说明该线圈有匝间短路。检查定子绕组匝间短路也可以使用短路探测器测试。

当短路线圈无法修复时，则应拆除有短路故障的线圈，然后在定子铁芯槽内垫一层聚酯薄青壳纸，更换新的绕组线圈或采用穿绕修补法修复。更换或修复后将接线焊好，并恢复绝缘，再检查整个绕组是否全部完好。

（4）定子绕组绝缘不良故障的检修。定子绕组绝缘不良主要是由于绕组严重受潮或长期超载运行绝缘老化引起，主要表现为运行时电动机外壳带电或绕组打火冒烟。

定子绕组绝缘不良可使用兆欧表测量电动机的绝缘电阻，检查前应先将主、副绕组的公共端拆开，分别测量主、副绕组间及主、副绕组对外壳的绝缘电阻。当绝缘电阻小于 0.5MΩ 时说明定子绕组绝缘不良，已不能使用。

若定子绕组绝缘不良是由于绕组严重受潮引起的，此时可用 100～200W 的灯泡放在定子绕组中间，置于一个箱子内烘烤，或使用电烘箱烘烤，也可给绕组通以 36V 以下的交流电压，使其发热以去除潮气，直至使电动机的绝缘性能达到要求，随后进行浸漆处理。若是定子绕组的绝缘严重老化，则要拆换整个绕组。

三、实训内容

1. 实训用仪表、器材和工具

（1）仪表：MF-47 型万用表、500V 兆欧表、短路测试器。

（2）器材：设有故障的单相异步电动机、220V/36V 变压器及校验灯。

（3）工具：常用电工工具、电动机拆装工具各一套，电烙铁。

2. 实训内容及要求

单相交流异步电动机电气故障的检修，故障类型包括定子绕组断路、定子绕组接地、定子绕组匝间短路、定子绕组绝缘不良、分相电容器损坏。

（1）先将主、副绕组间的接线断开，用仪表检测定子绕组，确定是何种故障。确定故障类型后，拆开电动机做进一步的检查测量，找出故障的具体部位。

（2）若绕组损坏部位在槽外，则可采用相应的绝缘处理方法进行修复。若绕组损坏部位在槽内，则拆除有故障的绕组线圈，更换新线圈或采用穿绕修补法修复。

（3）焊好线圈接线并恢复绝缘，复查无故障后，按要求装配好电动机。经实训指导老师检查确认后可通电试运行。将故障检修的有关内容填入表 6.8 中。

3．实训报告

根据单相异步电动机的电气故障检修训练填写表 6.8 中的有关内容。

表 6.8　单相异步电动机故障检修实训报告

序号	故障种类	故障检查方法	故障处理方法	维修后的情况
1	绕组断路故障			
2	绕组接地故障			
3	绕组绝缘不良			
4	绕组匝间短路			

实训所用时间：　　　　　　　　　　实训人：　　　　　　　　　　日期：

四、成绩评定

完成各项操作训练后进行技能考核，参考表 6.9 中的评分标准进行成绩评定。

表 6.9　单相异步电动机的故障检修评分标准

序号	考 核 内 容	配分	评 分 细 则
1	绕组断路故障	20 分	故障检查正确 10 分 维修操作正确 10 分
2	绕组接地故障	20 分	故障检查正确 10 分 维修操作正确 10 分
3	绕组绝缘不良	20 分	故障检查正确 10 分 维修操作正确 10 分
4	绕组匝间短路	20 分	故障检查正确 10 分 维修操作正确 10 分

续表

序号	考 核 内 容	配分	评 分 细 则
5	安全文明生产	20 分	遵守操作规程，无违章操作情况 5 分 正确使用工具，用过后完好无损 5 分 保持工位卫生，做好清洁及整理 5 分 听从教师安排，无各类事故发生 5 分
6	操作完成时间 120min		按规定时间完成，每超时 10min 扣 5 分

任务 4　单相交流异步电动机控制电路连接训练

一、任务目标

1. 了解单相交流异步电动机的基本控制方法。
2. 熟悉单相交流异步电动机控制电路的组成。
3. 掌握单相交流异步电动机控制电路的连接技能。

二、相关知识

1. 电风扇电动机的调速电路

电风扇的种类很多，其调速电路也不完全相同，台风扇电抗器调速典型电路如图 6.15 所示，吊扇电抗器调速典型电路如图 6.16 所示。

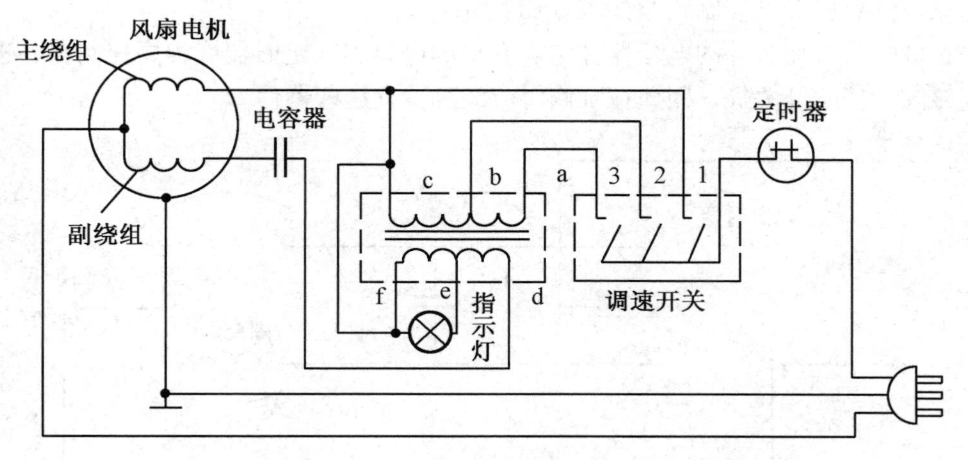

图 6.15　台风扇电抗器调速电路图

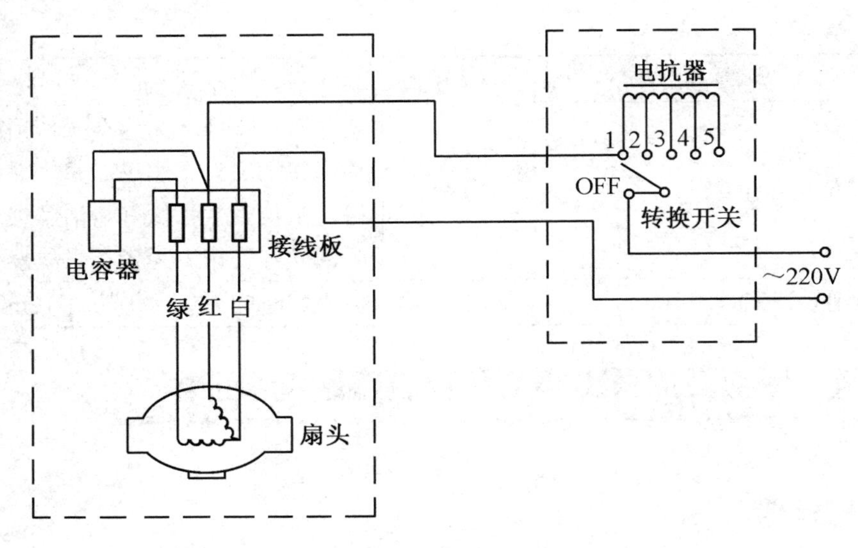

图 6.16　吊扇电抗器调速电路图

电风扇中除电动机外的电气元件主要有：分相电容器、定时器、调速器、位置开关等。

定时器是电风扇的时间控制器件，一般定时器按结构可分为机械式、电动式和电子式，电风扇大多采用机械式定时器。

电风扇调速器由电抗器和转换开关组成，电抗器是在铁芯上绕有线圈的电感，线圈有多个抽头与转换开关相连，变换开关挡位，可改变电抗器的电感量，从而改变加在电动机上的电压，以此来实现电动机的调速。

2．洗衣机电动机的控制电路

洗衣机的种类很多，其控制线路也不完全相同，单桶洗衣机简单控制线路如图 6.17 所示，双桶洗衣机典型控制线路如图 6.18 所示。

洗衣机中除电动机外的电控器件主要有分相电容器、定时器或程序控制器、进水和排水电磁阀、控制开关等，因此在维修时应注意检查这些器件。

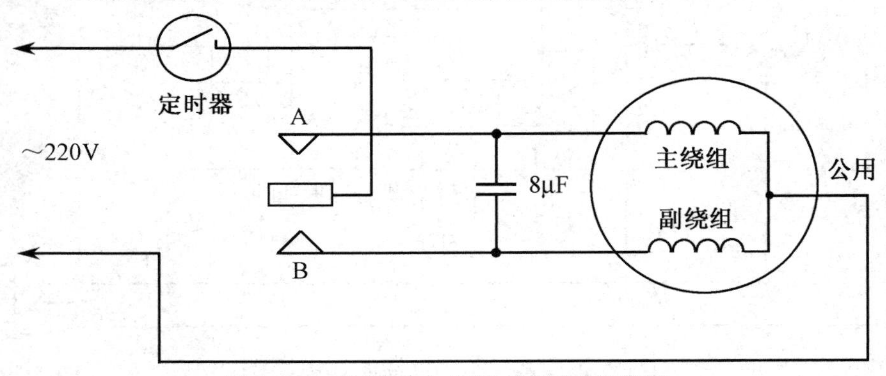

图 6.17　单桶洗衣机简单控制线路图

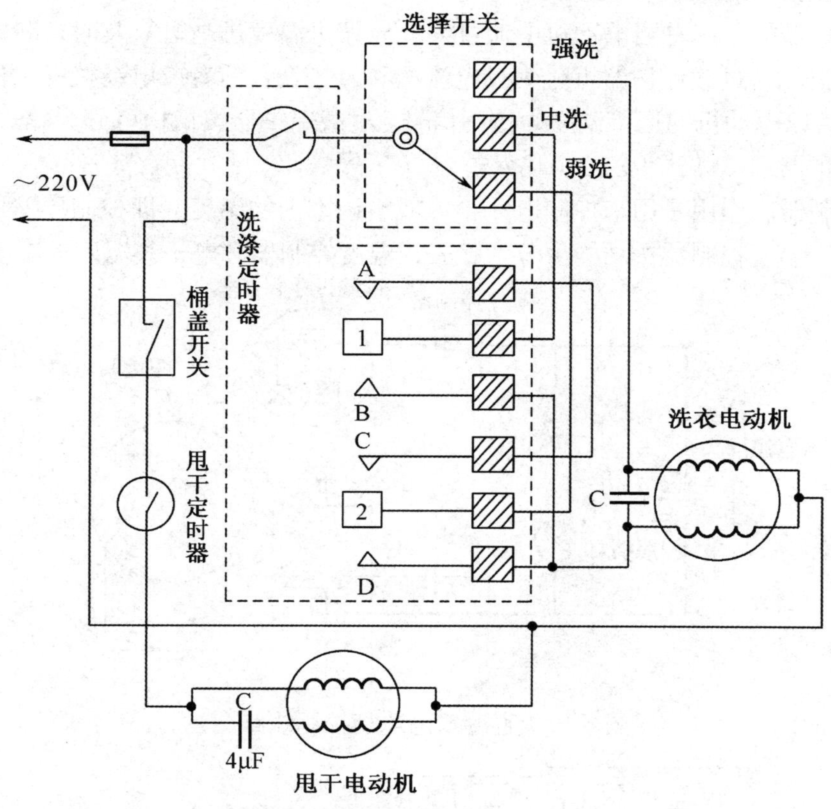

图 6.18 双桶洗衣机典型控制线路

定时器是普通洗衣机的时间控制器件，作用有两种：一种是控制洗衣机的整个工作时间，另一种是控制洗衣机电动机的正、反转及间歇时间。定时器按结构可分为机械式、电动式和电子式，按作用又分为洗涤定时器和脱水定时器。

程序控制器是全自动洗衣机中的自动化控制器件，在程序控制器中有多种洗涤程序可供用户选择，当通过开关选定某种程序后，程序控制器便按这种程序自动实现对电动机、进水和排水电磁阀的控制。程序控制器按结构可分为机电式和微电脑式。

3. 电冰箱和空调器电动机的控制电路

电冰箱、空调器的种类很多，其控制线路也不完全相同。直冷式电冰箱的典型控制线路如图 6.19 所示，单冷空调器的典型控制线路如图 6.20 所示。

为保证电动机的启动和正常运行，电冰箱和空调器中都装有与电动机配套的电控器件，主要有启动和运行电容器、启动控制器、过载保护器、温度控制器等，因此在维修时应注意检查这些器件。

启动控制器是一种控制继电器。其作用是控制电动机副绕组回路与启动电容的接通和断开。目前使用的启动控制器主要有三种：重力式启动控制器、弹力式启动控制器和热敏式（PTC）启动控制器。

过载保护器的作用是当电动机电流过大或压缩机温度过高时，及时切断电源，保护电动机不受损坏。过载保护器可分为过电流型和过热型，前者以电动机的工作电流为控制信号，后者以电动机的运行温度为控制信号。过载保护器按结构可分为碟式热保护器、内埋式热保护器和热敏式（PTC）热保护器。

温度控制器的作用是用来控制电冰箱内或空调室内的温度，即控制压缩机的工作时间或制冷量。温度控制器按结构可分为膨胀式温度控制器和电子式温度控制器。

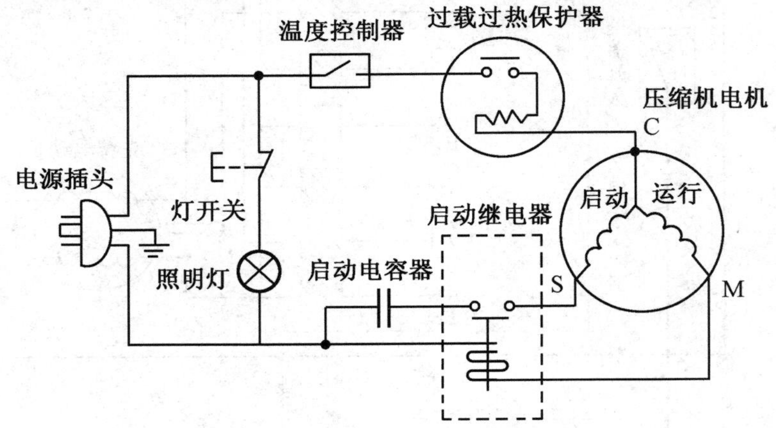

图 6.19　直冷式电冰箱控制线路图

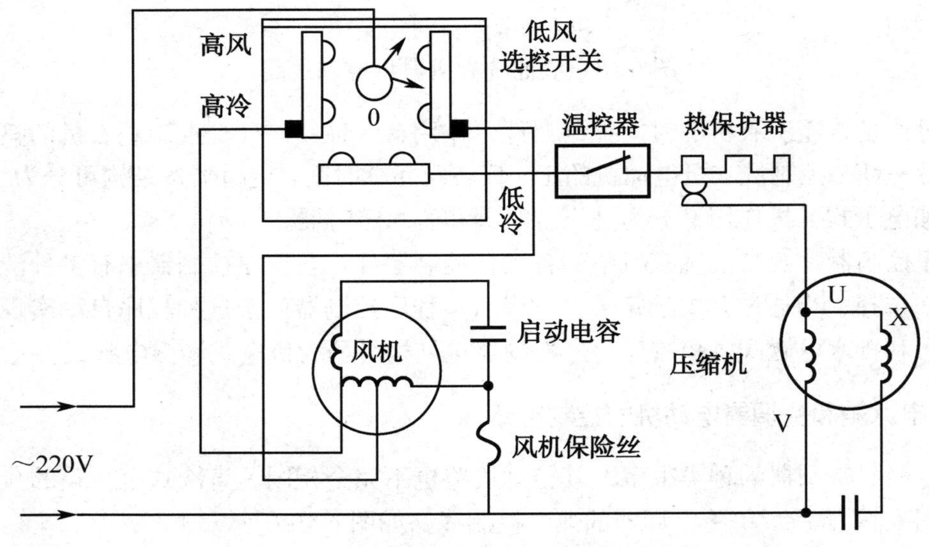

图 6.20　单冷空调器控制线路图

三、实训内容

1．实训用仪表、工具和器材

（1）仪表：MF-47 型万用表、500V 兆欧表。

（2）工具：常用电工工具一套，50W 电烙铁一把。

（3）器材：台风扇全套材料，单桶洗衣机电机及全部配套电器。

2．实训内容及要求

（1）台风扇电动机调速电路连接。

① 查看说明书。了解台风扇的基本构造、电动机的型号和主要参数、调速方式、电容器规格等，将有关数据填入表 6.10 中。

② 检查部件质量。主要检查电动机的绕组是否完好，有无断路等现象，绝缘电阻是否符合要求，调速器线圈和调速开关是否完好，电容器规格和质量是否符合要求。

③ 调速电路接线。按图 6.15 连接线路，凡是需要进行焊接的接点都必须焊接，并进行绝缘处理，以保证连接可靠、工作安全。

④ 接线后的检查。线路连接好后，在通电前必须进行检查。主要检查线路连接是否正确，电源引出线和插头是否良好，插头上的相线与地线是否接对。

⑤ 测量绝缘电阻。用兆欧表测量电动机各绕组与金属外壳的绝缘电阻，绝缘电阻必须大于 20MΩ 方可通电运行。

⑥ 通电试运行。先将调速开关置于最低挡，接通台风扇电路的电源，观察电动机运行情况，待稳定运行 2min 后，操纵调速开关检查其他挡位工作是否正常，并排除所有电路故障。

⑦ 实训报告。根据台风扇电电抗器调速电路的连接训练填写表 6.10 中的有关内容。

表 6.10　台风扇电电抗器调速电路连接实训报告

<table>
<tr><th colspan="6">台风扇电电抗器</th><th colspan="3">分相电容器</th></tr>
<tr><th>型号</th><th>额定电压</th><th>额定功率</th><th>额定电流</th><th>额定转速</th><th>绝缘等级</th><th>型号</th><th>电容量</th><th>电压</th></tr>
<tr><td></td><td></td><td></td><td></td><td></td><td></td><td></td><td></td><td></td></tr>
<tr><td>台风扇接线图</td><td colspan="3"></td><td>故障及排除方法</td><td colspan="4"></td></tr>
</table>

实训所用时间：　　　　　　　　　　实训人：　　　　　　　　日期：

（2）洗衣机电动机控制电路连接。

① 查看说明书。了解洗衣机的基本组成，电动机的型号和主要参数、洗涤定时器的工作特性、电容器规格等，将有关数据填入表 6.11 中。

② 检查部件质量。主要检查电动机的绕组是否完好，有无断路等现象，绝缘电阻是否符合要求，机械定时器是否完好，分相电容器规格是否符合要求。

③ 控制电路接线。按图 6.17 连接线路，凡是需要进行焊接的接点都必须焊接，并进行绝缘处理，以保证连接可靠，工作安全。

④ 接线后的检查。线路连接好后，在通电前必须进行检查。主要检查线路连接是否正确，洗衣机的电源引出线和插头是否良好，插头上的相线与地线是否接错。

⑤ 测量绝缘电阻。用兆欧表测量电动机各绕组与金属外壳的绝缘电阻，绝缘电阻必须大于 20MΩ方可通电运行。

⑥ 通电试运行。接通洗衣机电路的电源，旋动定时器至一定的时间，观察电动机运行情况，待稳定运行 2min 后，操纵切换开关检查其他挡位控制是否正常，排除所有故障。

⑦ 实训报告。根据洗衣机电动机控制电路的连接训练填写表 6.11 中的有关内容。

表 6.11 洗衣机电动机控制电路连接实训报告

<table>
<tr><th colspan="6">洗衣机电动机</th><th colspan="3">分相电容器</th></tr>
<tr><th>型号</th><th>额定电压</th><th>额定功率</th><th>额定电流</th><th>额定转速</th><th>绝缘等级</th><th>型号</th><th>电容量</th><th>电压</th></tr>
<tr><td></td><td></td><td></td><td></td><td></td><td></td><td></td><td></td><td></td></tr>
<tr><td>洗衣机接线图</td><td colspan="3"></td><td>故障及排除方法</td><td colspan="4"></td></tr>
</table>

实训所用时间： 实训人： 日期：

四、成绩评定

完成各项操作训练后进行技能考核，参考表 6.12 中的评分标准进行成绩评定。

表 6.12　单相电动机控制电路连接评分标准

序号	考 核 内 容	配分	评 分 标 准
1	台风扇调速电路连接	40分	电器安装正确　10分 电路接线正确　10分 检查测量正确　10分 通电工作正常　10分
2	洗衣机控制电路连接	40分	电器安装正确　10分 电路接线正确　10分 检查测量正确　10分 通电工作正常　10分
3	安全文明生产	20分	遵守操作规程，无违章操作情况　5分 正确使用工具，用过后完好无损　5分 保持工位卫生，做好清洁及整理　5分 听从教师安排，无各类事故发生　5分
4	操作完成时间 120min		按规定时间完成，每超时 10min 扣 5 分

任务5　单相交流异步电动机的绕组拆换训练

一、任务目标

1. 了解单相交流异步电动机的绕组技术参数。
2. 熟悉单相交流异步电动机的绕组拆换工艺。
3. 掌握单相交流异步电动机的绕组拆换技能。

二、相关知识

在电动机使用中，当绕组损坏时，就需要拆换电动机绕组，按原结构和数据重新进行绕制，此项工作是电动机维修所必须具备的一项重要技能。

1. 定子绕组的技术参数

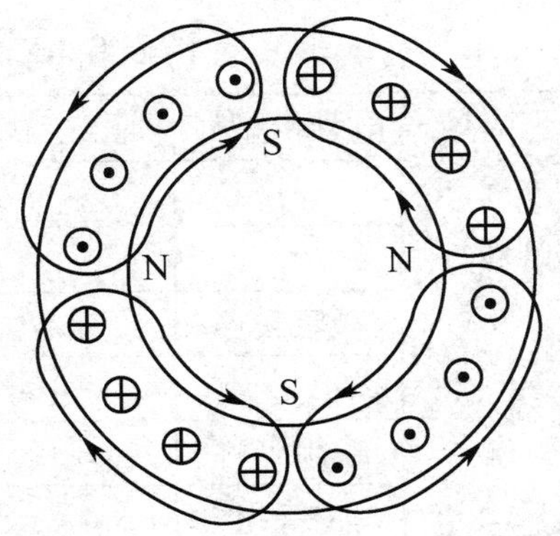

图 6.21　4 极 16 槽定子绕组的电流方向及磁极分布

（1）极距。图 6.21 所示的是一个 16 槽定子铁芯绕组的电流方向及磁极分布图，由图可见，这种定子绕组产生 4 个磁极，以一个 S 极和一个 N 极为一对磁极，则磁极对数 p=2。

所谓极距，是指两个异性磁极之间的距离，通常以槽数计算，若定子铁芯总槽数为 z，则极距 $\tau=\dfrac{z}{2p}$，如 16 槽 4 极电动机，极距为 $\tau=\dfrac{z}{2p}=\dfrac{16}{2\times2}=4$（槽）。

（2）节距。节距是指定子线圈两个有效边在定子铁芯圆周上所跨的距离，也是以槽数计算，用 Y 表示。如线圈的一边在第一槽，另一边在第四槽，则节距 Y=3，或用 Y=1～4 来表示。节距与极距相等的绕组称为全节距绕组，节距小于极距的绕组称为短节距绕组。

（3）每极每相槽数。在每个磁极中，每相电流所占的槽数称为每极每相槽数，用 q 表示。若相数为 m，则 $q=z/(2pm)$，如 16 槽 4 极电动机，启动绕组中的电流经电容移相后，可看作是两相电流，即 m=2，则这种电动机的每极每相槽数为：

$$q=\frac{z}{2pm}=\frac{16}{2\times2\times2}=2\text{（槽）}$$

（4）电角度。围绕电动机定子铁芯圆周旋转一周为 360°，这是机械角度。从电磁观点看，为方便分析电磁现象，把一对磁极所占的铁芯圆周长度（即两个极距）定为 360° 电角度。这样每一个极距就相应为 180° 电角度。若电动机有 p 对磁极时，铁芯圆周的电角度 $\alpha=p\times360°$，则每槽的电角度 $\alpha'=p\times360°/z$。

例如：16 槽 4 极电动机 $\alpha=p\times360°=2\times2\times180°=720°$，每槽电角度 $\alpha'=p\times360°/z=2\times2\times180°/16=45°$。

2．定子绕组的拆换

定子绕组的拆换是电动机维修中复杂而重要的内容，单相电动机定子绕组的拆换可按以下步骤进行。

（1）拆除旧绕组并记录数据。电动机定子绕阻可分为单层绕组和双层绕组两类。在电动机定子绕组拆换中，一般是按照旧绕组的数据和接线方法直接换入新绕组，这样可省去复杂的计算。因此在拆除旧绕组时，应按表 6.13 所示记录下电动机的有关数据，并画出定子绕组接线图。

表 6.13　单相电动机绕组拆卸记录表

铭牌数据	电动机型号	额定功率	额定频率	额定电压	额定电流	额定温升
	额定转速	电容	制造厂	出厂编号	制造日期	绝缘等级
绕组数据	绕组名称	线径	支路数	节距	匝数	下线形式
	主绕组					
	副绕组					

续表

铁芯数据	外径	内径	长度	总槽数	槽深	槽宽

电动机定子绕组的拆卸方法有热拆法和冷拆法，具体做法如下。

① 通电加热法。在电动机绕组没有断路的情况下，可使电容器和离心开关短路，将电动机直接接到电源上。由于通过的电流较大，绝缘漆很快就会软化，然后迅速断开电源，取出槽楔，用斜口钳把绕组的一端剪断，用克丝钳从另一端把绕组拔出。

② 冷拆法。先用刀片把槽楔从中间破开后取出，再用斜口钳将绕组一端剪断，从另一端用克丝钳把绕组导线逐根或逐束拉出，然后将铁芯槽内的杂物清理干净。

（2）制作绕线模。在绕制定子绕组前，先要制作绕线模，它是绕制电动机绕组的模具，制作尺寸要求严格。若绕线模尺寸做得太小，将造成绕组端部长度不足，嵌线发生困难或根本嵌不进槽内；若绕线模尺寸做得太大，绕组的直流电阻、端部漏感都将增大，影响电气性能，严重时会使绕组碰触端盖，造成对外壳短路故障。

电动机绕组重绕所需的绕线模，通常用拆下的完整旧绕组线圈为依据，其模芯尺寸可直接由测量旧线圈得到。但多数情况下，旧线圈在拆除时，长宽和端部均已变形，只是周长未变，绕线模的尺寸可用下面的公式进行复核计算。

① 模芯宽度（B）：

$$B=\frac{D+h}{2p}\ (\text{mm})$$

式中　D——定子铁芯内径；

h——定子槽深；

p——磁极对数。

② 模芯直线部长度（L）：

$$L=l+2d\ (\text{mm})$$

式中　l——铁芯有效长度；

d——线圈伸出铁芯的长度（一般取 10 mm）。

③ 模芯端部长度（C）：

$$C=KB/2\ (\text{mm})$$

式中　K——电动机极数系数。K 值随电动机极数不同而异。电动机为 2 极时，K=1.25；4 极时，K=1.30；6 极时，K=1.35。

④ 模芯厚度（δ）：模芯厚度为定子槽平均宽度，通常在 8mm 左右。

绕线模需要用干燥的硬木板制作，以免翘曲变形。模芯做好以后，将其固定在上下夹板上，在中心处钻一个 10mm 的孔，作为穿绕线机的轴。再把模芯从上下夹板中取出，在轴心处沿横向斜锯成两半，然后分别粘在或钉在上下夹板对应位置上，最后在夹板上锯出引线槽和扎线槽。绕线模结构如图 6.22 所示。

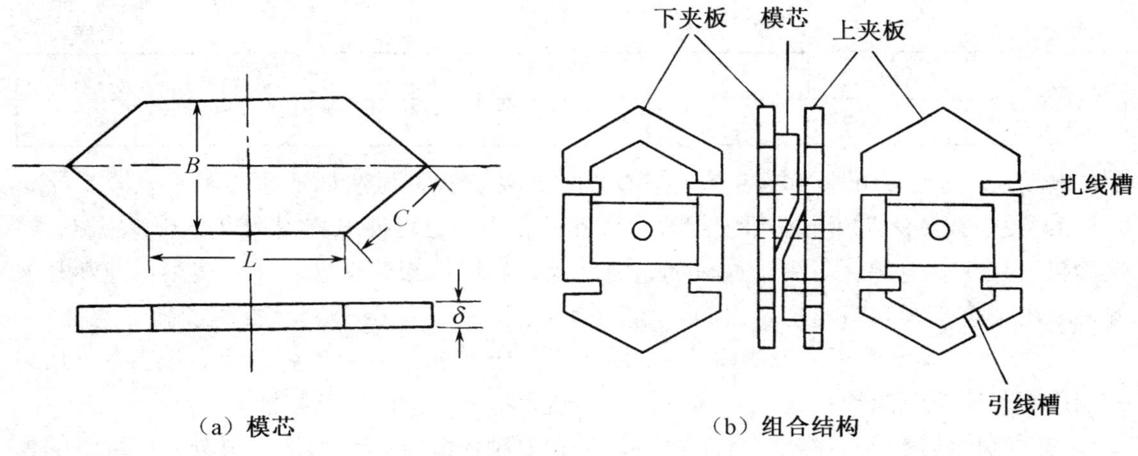

（a）模芯　　　　（b）组合结构

图 6.22　绕线模结构

（3）绕制线圈。绕线模做好后，在绕线前还要检查漆包线的线径是否相符，绝缘层有无损伤之处。为了提高绕线质量，最好使用放线架。先把线头卡入绕线模的引线槽内，将绕线机轴穿入绕线模的中心孔中并固定好，即可开始绕制。绕第一匝时，注意将扎线用漆包线压入扎线槽，以便绕完后进行绑扎。

绕线时漆包线要排列整齐，不能交叉，不能打结，以免造成嵌线困难和匝间短路。线头和线尾要留出适当的长度，以备端部接线，一般留到对面有效边的 1/2 为宜。

（4）绕组嵌线。嵌线前必须清理定子铁芯槽，并在槽内安放绝缘材料。按 E 级绝缘，一般使用聚酯薄膜青壳纸，绝缘材料要伸出槽外 7mm 左右，如图 6.23 所示。

嵌线时先将两个有效边扭一下，使上层边外侧导线在上面，下层边内侧导线在下面，按原绕组位置依次嵌入槽内，嵌线步骤如图 6.24 所示。

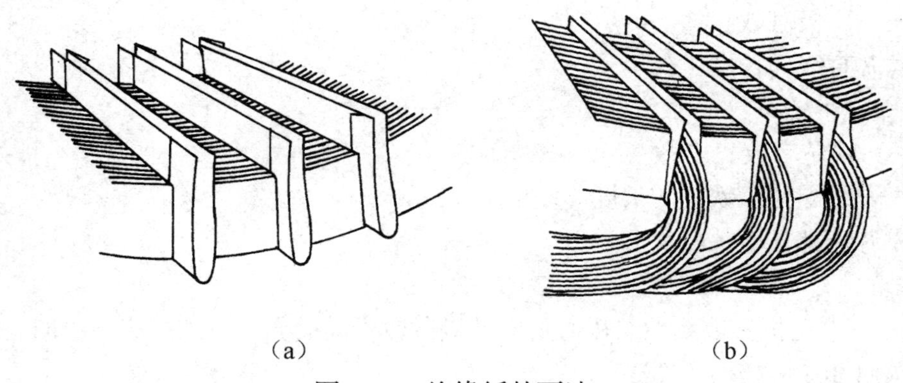

（a）　　　　（b）

图 6.23　绝缘纸的下法

若是嵌双层绕组，第一层线圈下完以后，要垫上层间绝缘纸，再下第二层线圈。每一槽嵌完后，应盖上绝缘纸，然后压上槽楔。槽楔一般用竹子削成，长度应略小于槽底绝缘材料，其宽度和厚度应根据铁芯槽的形状和尺寸确定。

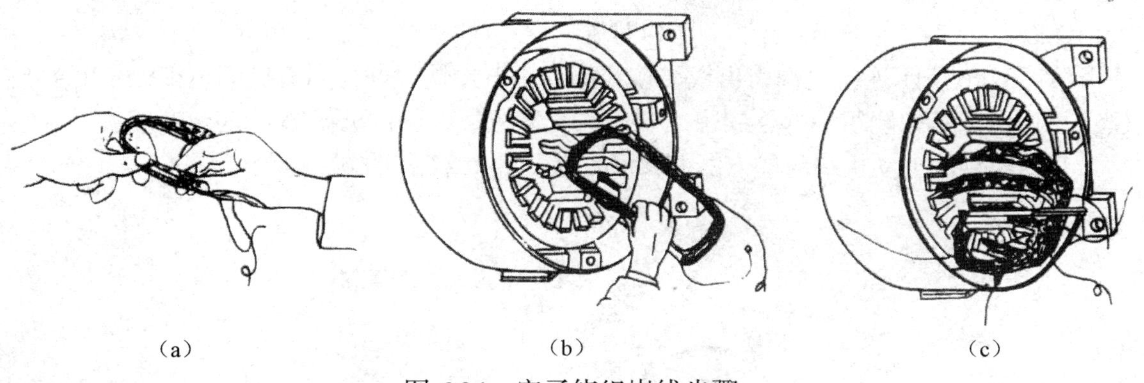

（a）　（b）　（c）

图 6.24　定子绕组嵌线步骤

为避免线圈端部发生短路，绕组全部嵌完后，要加端部绝缘，用聚酯薄膜青壳纸按线圈端部形状剪好，放入线圈端部，然后用榔头和垫板敲打，使线圈端部形成喇叭状，以便拆装转子。绕组端部整形如图 6.25 所示。

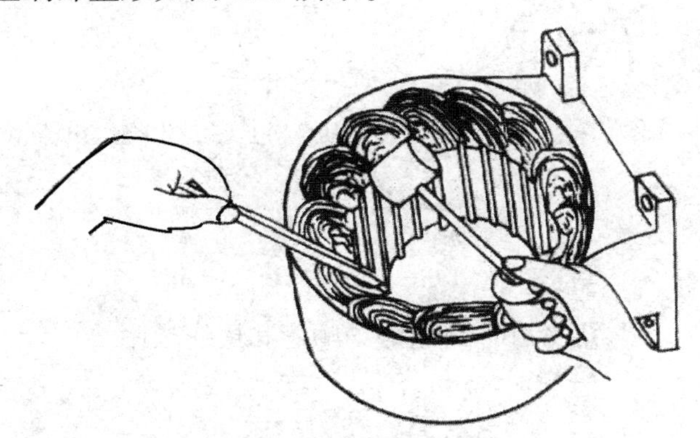

图 6.25　绕组端部整形

下面以常见的 4 极 16 槽电动机为例，具体说明绕组嵌线顺序。4 极 16 槽电动机的极距 τ=16/4=4，节距为 3，线圈跨距为 1～4。从定子端面看，嵌线顺序如图 6.26 所示。

绕组线圈嵌完后，在端部接线前，先用直流双臂电桥分别测量绕组每个线圈的直流电阻值，应大小一致，否则说明有故障。再用兆欧表检测各线圈之间的绝缘电阻，应在 30MΩ 以上，否则应查明原因，并予以排除。

（5）端部接线。端部接线时，应以每个线圈的下层边引出线为头，上层边引出线为尾。对于单层链式绕组，接线的规律是“头接头，尾接尾”。

由于副绕组中的电流经电容移相后，与主绕组电流相差 90° 电角度，而每槽间隔为 45° 电角度，因此只要按顺时针方向将副绕组电流的引出线移后两槽即可。当然，按逆时针方向移前两槽，效果也一样。端部接线如图 6.26 所示。

各线圈间连线接好后，将主、副绕组的线尾并接，作为电源零线。在两绕组并接前，应先用万用表检查两绕组的通断情况，再用兆欧表检查它们之间的绝缘电阻是否达到

30MΩ 以上，否则应查明原因，并予以排除。

按图 6.26 所示连接电源引出线，接线头要用电烙铁焊好，用黄蜡绸包牢，套上黄蜡管，再用白纱带把绕组端部连同引出线一并扎牢，最后进行机械部分的组装。

其他类型的电动机绕组的嵌线和接线方式如图 6.27 和图 6.28 所示。

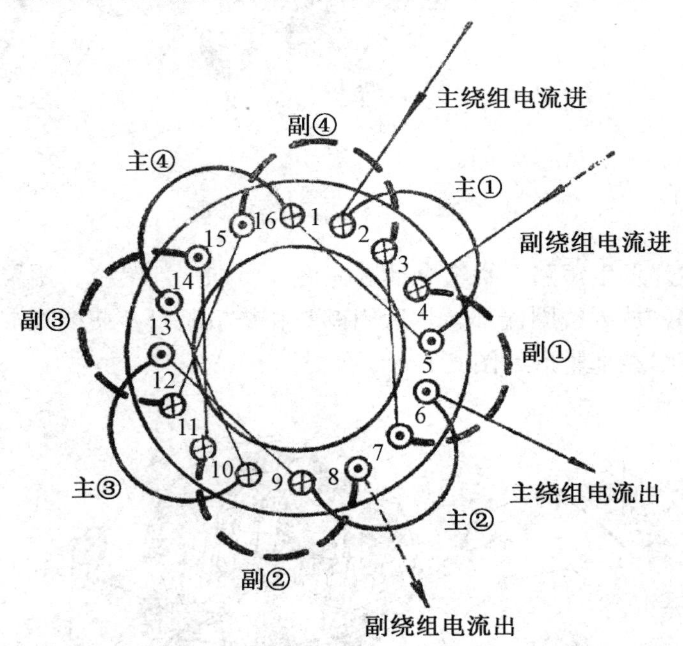

图 6.26　绕组嵌线顺序和接线顺序

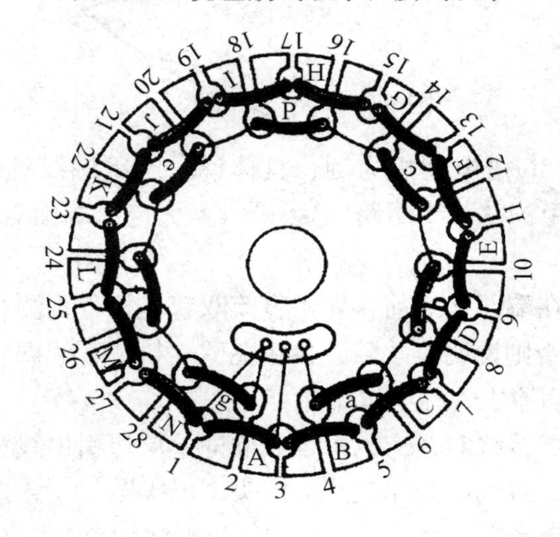

图 6.27　吊扇电动机定子结构及绕组接线

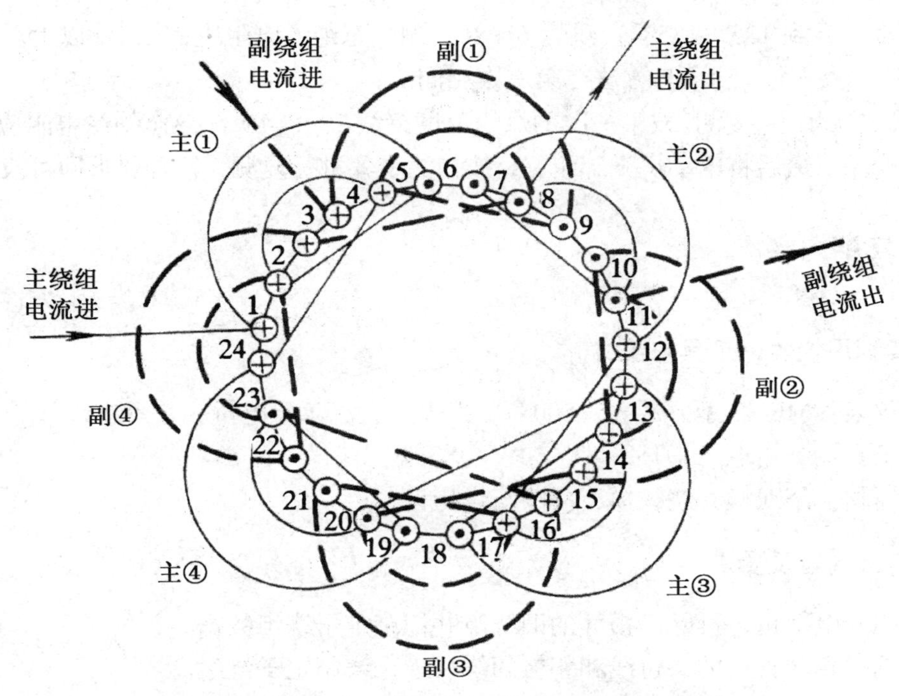

图 6.28　洗衣机电动机定子嵌线和端部接线

（6）绕组检测。

① 直观检查。检查电动机的装配质量，看各部分的紧固螺钉是否拧紧，拆卸时所做的标记是否符合，转子转动是否灵活，轴承是否加好润滑油，引出线连接是否正确。

② 测量直流电阻。用直流双臂电桥测量主绕组和副绕组的直流电阻，并参照匝数和线径进行比较，看电阻是否正常。

③ 测量绝缘电阻。用兆欧表检测绕组与铁芯之间的绝缘电阻，应达到 30MΩ 以上。若绝缘不良应拆开电动机仔细检查，寻找故障部位，并予以排除。

④ 空载试验。用电流表测试空载电流，应符合规定要求。观察随运转时间延长空载电流是否变化，运转中是否有噪声和振动，运转方向是否正确。若电动机反转，则主绕组和副绕组中有一个引出线接反，应将其对调。

⑤ 检测温升。运转数小时后，检查绕组和轴承的温升，应不超过 60℃。

（7）浸漆与烘烤。初测合格后，将定子铁芯及绕组从机壳内取出，进行浸漆处理。对于小型电动机，浸漆工艺过程如下。

① 预烘。浸漆前应先进行预烘，以去除绕组内的潮气。将定子绕组置于功率较大的灯泡下或烘箱中，保持 125～135℃的温度，预烘 4～6h，测绝缘电阻应为 30～50MΩ。

② 第一次浸漆。将预烘合格的定子绕组冷却到 60～80℃，放入绝缘清漆中，浸漆约 15min。也可用刷子刷漆，将清漆均匀涂在绕组上，直至浸透为止。

③ 滴漆。把浸好漆的定子绕组悬挂起来，滴漆 30min 以上。

④ 第一次烘干。用灯泡或烘箱烘烤。开始时把温度控制在 60～70℃，烘烤半小时，

然后使温度上升到125～135℃，烘烤6～8h，测热态绝缘电阻应在2MΩ以上。

⑤ 第二次浸漆、滴漆。方法与第一次相同。

⑥ 第二次烘干，复测。按第一次的烘烤温度持续10～14h，测热态绝缘电阻应在2MΩ以上方为合格。最后将电动机全部装好，按初测步骤进行复测，符合要求即可投入使用。

三、实训内容

1．实训用仪表、工具与器材

（1）仪表：MF-47型万用表、500V兆欧表、直流双臂电桥。

（2）工具：常用电工工具一套、50W电烙铁。

（3）器材：绕线机，绕线模，浸漆与烘烤设备。

2．实训内容及要求

（1）拆开电动机，拆除已损坏的旧绕组并记录定子绕组数据。

（2）选择相同直径的漆包线和相应的绕线模，绕制定子绕组。

（3）按工艺要求进行绕组嵌线和接线，焊好端部接线并进行绝缘处理。

（4）进行定子绕组的初步检查和测试，各项指标应符合要求。

（5）按工艺要求进行绕组浸漆和烘烤处理并进行复测，各项指标应符合要求。

（6）按要求装配好电动机，经实训指导老师检查确认后方可通电试运行。

3．实训报告

（1）根据电动机定子绕组数据记录填写表6.14中的有关内容。

表6.14 电动机定子绕组数据记录实训报告

绕组名称	线　　径	支 路 数	节　　距	匝　　数	下线形式
主绕组数据					
副绕组数据					

实训所用时间：　　　　　　　实训人：　　　　　　　日期：

（2）根据电动机定子绕组绕制训练填写表6.15中的有关内容。

表6.15 电动机定子绕组绕制实训报告

项目	绕组线圈				绕线模尺寸		
	漆包线直径（mm）	线圈匝数（匝）	漆包线用量（m）	扎线数（个）	长度（mm）	宽度（mm）	厚度（mm）
数据							

续表

项目	绕组线圈				绕线模尺寸		
	漆包线直径（mm）	线圈匝数（匝）	漆包线用量（m）	扎线数（个）	长度（mm）	宽度（mm）	厚度（mm）
操作步骤				绕组尺寸图			

实训所用时间：　　　　　　　　实训人：　　　　　　　日期：

（3）根据电动机定子绕组嵌线和接线训练填写表 6.16 中的有关内容。

表 6.16　电动机定子绕组嵌线和接线实训报告

项目	定子外径（mm）	定子内径（mm）	定子长度（mm）	槽深度（mm）	槽宽度（mm）	总槽数（个）	绕组数（个）
数据							
操作步骤			绕组接线图				

实训所用时间：　　　　　　　　实训人：　　　　　　　日期：

（4）根据电动机定子绕组初步检测和复测训练填写表 6.17 中的有关内容。

表 6.17　电动机定子绕组初测和复测实训报告

测量项目	绝缘电阻（MΩ）			直流电阻（Ω）	
测量对象	主绕组对副绕组	主绕组对铁芯	副绕组对铁芯	主绕组	副绕组
初测读数值					
复测读数值					

实训所用时间：　　　　　　　　实训人：　　　　　　　日期：

（5）根据电动机定子绕组浸漆处理填写表 6.18 中的有关内容。

表 6.18　电动机定子绕组浸漆处理实训报告

项目	绝缘漆类型	浸漆时间（h）	滴漆时间（h）	烘烤温度（℃）	烘烤时间（h）
数据					
操作步骤			操作要领		

实训所用时间：　　　　　　　　实训人：　　　　　　　日期：

四、成绩评定

完成各项操作训练后进行技能考核，参考表 6.19 中的评分标准进行成绩评定。

表 6.19　单相电动机绕组拆换评分标准

序号	考 核 内 容	配分	评 分 标 准
1	拆除旧绕组	20 分	拆卸操作正确 10 分 数据记录完整、正确 10 分
2	绕制线圈	20 分	绕组尺寸正确 10 分 绕制操作正确 10 分
3	嵌线和接线	20 分	嵌线操作正确 10 分 绕组接线正确 10 分
4	浸漆与烘烤	20 分	浸漆操作正确 10 分 烘干操作正确 10 分
5	安全文明生产	20 分	遵守操作规程，无违章操作情况 5 分 正确使用工具，用过后完好无损 5 分 保持工位卫生，做好清洁及整理 5 分 听从教师安排，无各类事故发生 5 分
6	操作完成时间 120min		在规定时间内完成，每超时 10min 扣 5 分

思考题

1. 单相交流异步电动机有哪几种类型？
2. 单相电容运转式交流异步电动机的特点是什么？
3. 单相交流异步电动机的额定值有哪些？
4. 单相交流异步电动机的检测项目有哪些？
5. 单相交流异步电动机的电气故障有哪些？
6. 单相交流异步电动机的机械故障有哪些？
7. 单相交流异步电动机转速慢的原因有哪些？
8. 简述单相交流异步电动机绕组拆换的步骤。

项目7

三相异步电动机

三相鼠笼异步电动机又称感应电动机，与其他类型的电动机相比较，具有结构简单、运行可靠、价格便宜、坚固耐用、维修方便等优点，因此，在工农业生产中应用广泛。在实际应用中，必须要了解三相异步电动机的分类和选型，同时为了保证电动机安全可靠地运行，电动机必须定期进行维护与检修，还需要掌握电动机异常状态的判断、故障原因鉴别和故障维修的技能。本项目主要进行三相异步电动机的选型与使用、拆卸与装配、故障处理、性能检测、故障维修等操作技能训练。

任务1　三相异步电动机的结构与选型训练

一、任务目标

1. 了解三相异步电动机的结构类型。
2. 熟悉三相异步电动机的技术参数。
3. 掌握三相异步电动机的选型技术。

二、相关知识

1. 三相异步电动机的结构组成

三相笼型转子异步电动机主要有两个基本组成部分，即定子（固定部分）和转子（转动部分）。三相鼠笼式异步电动机结构如图7.1所示。

定子和转子彼此由气隙隔开，为了增强磁场中的磁通量，气隙尽可能小，一般为0.3～1.5mm。电动机容量（kVA）越大，气隙就越大。

（1）转子。转子是电动机的旋转部分，它的作用是输出机械转矩。转子由转子铁芯、转子绕组和转轴三部分组成。三相异步电动机的转子根据绕组构造不同，分为鼠笼型和绕线型两种。

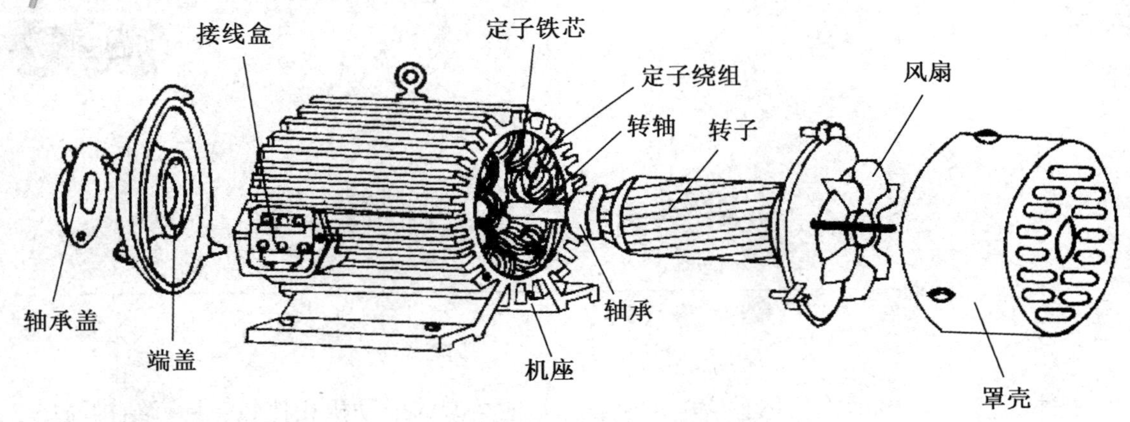

图 7.1　三相鼠笼式异步电动机的结构图

① 鼠笼型转子：在转子铁芯的每一个槽内用液态铝浇铸填满，冷却后就成为转子导条，并且在浇铸时将导条、端环和风扇叶片一次铸成，故称为铸铝转子。若除去转子铁芯，只剩下导条和端环，其形状像老鼠笼子，故称为鼠笼型转子，100 kW 以下的异步电动机一般采用铸铝转子。小型鼠笼型异步电动机的转子绕组如图 7.2 所示。

② 绕线型转子：转子绕组与定子绕组一样，也是对称的三相绕组。绕线型转子一般接成星形，三相绕组的首端（或末端）连接在一起，另外的三根绕组引出线分别接到转轴上的三个与转轴绝缘的集电环上，通过电刷装置与外电路相连，这样可以把附加电阻接到转子绕组回路中，以改善电动机的启动和运行性能。绕线型转子异步电动机的电路连接如图 7.3 所示。

转子铁芯是电动机磁路的一部分，由厚度为 0.5 mm 相互绝缘的硅钢片叠压成圆柱外形。在其外圆表面冲有均匀分布的互相平行槽，槽内用来嵌放转子绕组。

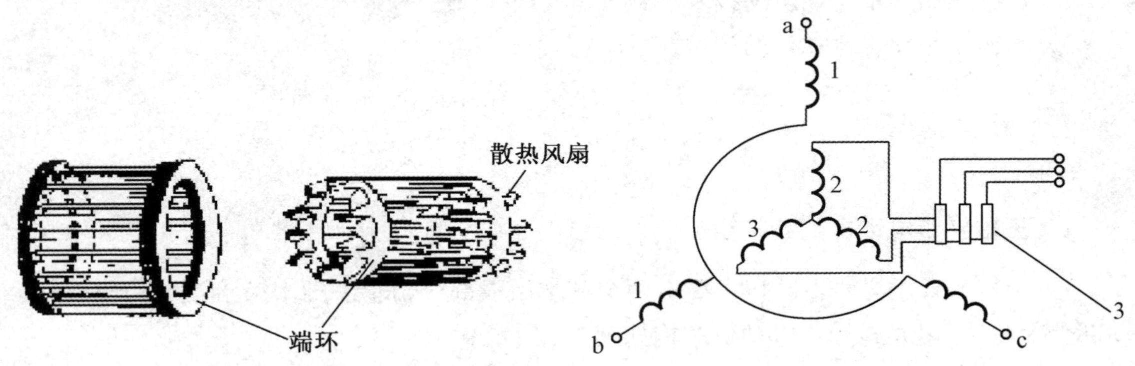

（a）铜条笼式转子　（b）铸铝笼式转子

图 7.2　小型鼠笼型异步电动机的转子绕组

1—定子绕组；2—转子绕组；3—集电环

图 7.3　绕线型转子异步电动机的电路连接

（2）定子。定子是用来产生旋转磁场的部分。三相异步电动机的定子主要由机座、定子铁芯、定子绕组三部分组成。

机座由铸铁或铸钢制成，在机座内装有定子铁芯，铁芯由互相绝缘的硅钢片叠成。

铁芯的内圆周表面冲有均匀分布的平行槽，在槽中放置了对称的三相绕组。

① 定子铁芯：定子铁芯是电动机磁路的一部分，由相互绝缘的厚度为 0.5mm 的硅钢片叠压而成。定子铁芯硅钢片的内圆上冲有均匀分布的槽，槽内嵌放定子绕组，定子铁芯结构和铁芯片形状如图 7.4 所示。

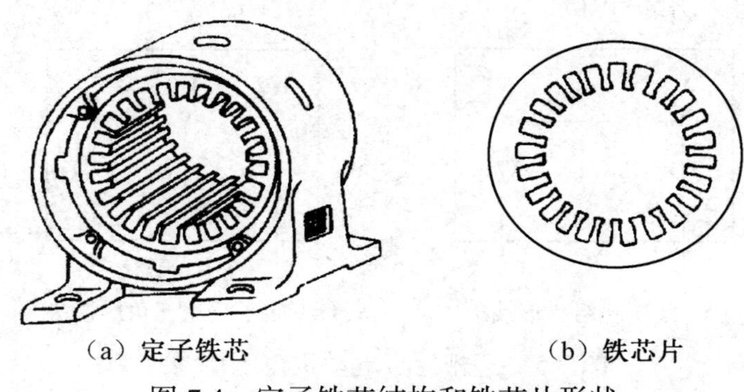

（a）定子铁芯　　（b）铁芯片

图 7.4　定子铁芯结构和铁芯片形状

② 定子绕组：定子绕组是电动机的电路部分，由三相对称绕组组成。定子绕组一般采用聚酯漆包圆铜线或双玻璃丝包扁铜线绕制，按照一定的空间角度依次嵌入定子铁芯槽内，绕组与铁芯之间垫放绝缘材料，使其具有良好的绝缘性能。

三相异步电动机的定子绕组共有六个引线端，固定在接线盒内的接线柱上，按现行国家标准规定，U1、V1、W1 表示各相绕组的始端（首端），U2、V2、W2 表示末端。旧标准用 D1、D2、D3、D4、D5、D6 表示绕组的始末端。三相异步电动机定子绕组在机座接线盒内的接线次序如图 7.5 所示。

定子绕组有星形和三角形两种接法。为了便于接线，将三相绕组的六个引线端引到接线盒中。若把 U2、V2、W2 接在一起，U1、V1、W1 分别接到电源的 L_1、L_2、L_3 各相电源上，电动机就为星形接法，如图 7.5（a）所示。如把 U1 和 W2、V1 和 U2、W1 和 V2 接在一起，再从三个连接端处分别接到电源 L_1、L_2、L_3 各相电源上，就是三角形接法，如图 7.5（b）所示。实际接线时究竟采用哪一种接法，要根据电动机绕组的额定电压和电源的电压来确定。

③ 机座：机座是电动机用于支撑定子铁芯和固定端盖的。中小型异步电动机一般采用铸铁机座，大型电动机机座都采用钢板卷筒焊成。根据电动机冷却方式的不同，采用不同的机座形式。例如，国产 Y 系列（IP44）防溅式电动机，在机座表面铸有热筋片来增大散热面积；同是 Y 系列（IP23）防护式电动机，机座表面没有散热筋片，而在机座两侧开有通风孔；Y2 系列（IP54）封闭式电动机，机座表面的散热筋片采用水平、垂直平行分布形式，具有提高电动机表面质量、增加机座散热能力、改善铸件生产条件及提高生产效率等优点；Y2 系列（IP54）采用了 H63-112 铝合金机座，具有重量轻、强度高、冷却面积大及散热性能好等优点，适应了电动机出口贸易的需要。

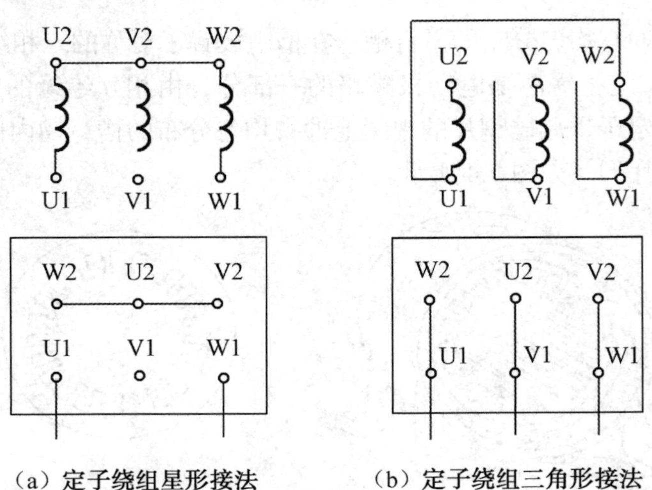

（a）定子绕组星形接法　　（b）定子绕组三角形接法

图 7.5　三相异步电动机绕组接线

2．三相异步电动机的型号

每台异步电动机的机座上都装有一块铭牌，标明电动机的型号、额定值和有关技术数据、绕组接线方式、防护等级等。

异步电动机的型号：产品型号是为了简化技术条件对产品名称、规格、形式等的叙述而引入的一种代号，我国现用汉语拼音大写字母、国际通用符号和阿拉伯数字组成产品型号。三相异步电动机产品型号举例如下。

在 Y355M2-4 中 Y 表示异步电动机，355M2-4 表示中心机座高 355 mm、中机座、2 号铁芯长度、4 极。

铭牌上除标有上述各项额定值外，还标有接法、允许温升（或绝缘等级）、工作制等。

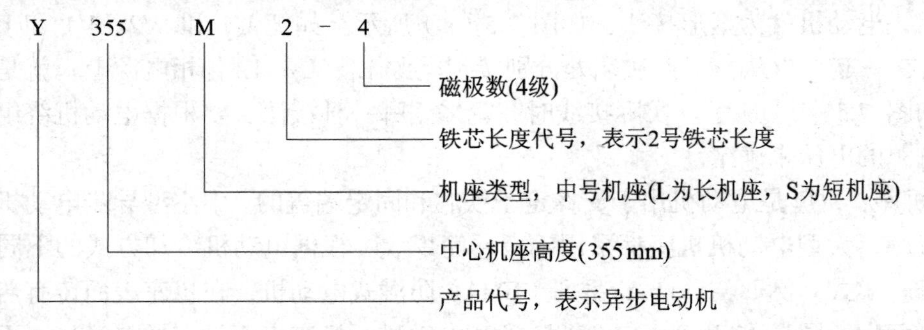

（1）接法。指电动机在额定电压下，定子三相绕组应采用的连接方法。目前电动机铭牌上输出的接法有两种。

① 一种是额定电压为 380V/220V，接法为星形或三角形。这表明定子每相绕组的额定电压是 220V，如果电源线电压是 220V，定子绕组则应接成三角形；如果电源线电压是 380V，则应接成星形，切不可误将星形接错为三角形，否则每相绕组电压太大超过其额定值，电动机将会被烧毁。

② 另一种是额定电压为 380V，接法为三角形。这表明定子每相绕组的额定电压是 380V，适用于电源线电压为 380V 的场合。

（2）允许温升。运行时电动机温度高出环境温度的数值，允许温升的大小与电动机采用的绝缘材料的耐热性能有关。电动机允许温升与绝缘等级的关系如表 7.1 所示。

表 7.1　电动机允许温升与绝缘等级的关系

绝缘等级	A	E	B	F	H	C
绝缘材料的允许温度（℃）	105	120	130	155	180	180
电动机的允许温升（℃）	60	75	80	100	125	125

（3）工作制。铭牌所标的工作制是指电动机允许持续使用的时间，通常分为三大类。

① 连续工作制。按额定运行可长时间持续使用。

② 短时工作制。只允许在规定的时间内按额定运行使用，标准的持续时间限值分为 10min、30min、60min 和 90min 四种。

③ 断续周期工作制。电动机间歇运行，但可按一定周期重复运行，每周期包括一个额定负载时间和一个停止时间，额定负载时间与一个循环周期之比称为负载持续率，用百分数表示，标准的负载持续率为 15%、25%、40%、60%，每个周期为 10 min。国家标准借鉴 IEC 标准用 S1 表示连续工作制，S2 表示短时工作制，S3～S8 表示周期性工作制的不同工作情况。

短时工作制和断续周期工作制运行时，由于有一段时间电动机不发热，所以同容量的这类电动机的体积可以做得小一些。连续工作制的电动机用作短时定额或断续定额运行时，所带负载（转矩或功率）可以超过额定数值，也就是可以过载使用。反之电动机必须降负荷使用，否则电动机过热，甚至被烧毁。

3．三相异步电动机的额定值

额定值是制造厂根据国家标准对电动机每一电量或机械量所规定的数值。

（1）额定功率 P_N。额定功率是指轴上输出的机械功率，单位为 W 或 kW。

（2）额定电压 U_N。额定电压是指电动机在额定运行时电源的线电压，单位为 V 或 kV。

（3）额定电流 I_N。额定电流是指电动机在额定运行时的线电流，单位为 A。

（4）额定频率 f_N。额定频率是指电动机在额定运行时电源的频率，单位为 Hz。

（5）额定转速 n_N。额定转速是指电动机在额定运行时的转速，单位为 r/min。

4．三相异步电动机的分类与选型

（1）分类。异步电动机在工农业各种机械负载中，都被广泛采用，它的品种规格很多，按照不同的特征分类如下。

按照电动机转子结构形式分为鼠笼式异步电动机、绕线式异步电动机。

按机壳防护形式分为：

① 防护式电动机。能防止水滴、尘土、铁屑或其他物体从上方或斜上方落入电动机内部，适用于较清洁的场合，不同的防护等级见相关国家标准。

② 封闭式电动机。能防止水滴、尘土、铁屑或其他物体从任意方向侵入电动机内部（但不密封），适用于灰沙较多的场所，如拖动碾米机、球磨机及纺织机械等。

③ 开启式电动机。电动机除必要的支撑结构外，转动部分及绕组没有专门的防护，与外界空气直接接触，散热性能较好。

按体积大小分为：

① 大型电动机。定子铁芯外径大于1000mm或机座中心高大于630mm。

② 中型电动机。定子铁芯外径为500～1000mm或机座中心高为355~630mm。

③ 小型电动机。定子铁芯外径为120～500mm或机座中心高为80~315mm。

按通风冷却方式分为：空冷式、自扇冷式、他扇冷式、管道通风式等。可参见国家标准《旋转电机冷却方式》（GB/T1993—1993）。

按绝缘等级分为：A级、E级、B级、F级、H级、C级。

（2）选型。Y系列异步电动机具有效率高、节能、堵转转矩大、噪声低、振动小和运行安全可靠等优点，安装尺寸和功率等级符合IEC标准，是我国统一设计的异步电动机，Y2系列三相异步电动机是Y系列电动机的更新产品，进一步采用了新技术、新工艺和新材料，机座中心高为63～355 mm，功率等级为0.12～315kW，绝缘等级为F级，防护等级为IP54，具有低振动、低噪声、结构新颖、造型美观及节能、节材等优点，达到了20世纪90年代国际先进水平。

常用三相异步电动机产品型号、结构特点及应用场合如表7.2所示。

表7.2 常用三相异步电动机产品型号、结构特点及应用场合

序号	名称	型号		机座中心高（*H*）与功率范围	结构特点	应用场合
		新	老			
1	小型三相异步电动机（封闭式）	Y2（IP55）	Y（IP44） JO2 JO	80～355mm 0.75～315kW	外壳为封闭式，可防止灰尘、水滴浸入。Y2为F级绝缘，Y为B级绝缘，JO2为E级绝缘	用于无特殊要求的各种机械设备，如金属切削机床、水泵、鼓风机、运输机等
2	小型三相异步电动机（防护式）	Y（IP23）	J2.J	160～315mm 11～250kW	外壳为防护式，能防止直径大于12mm的固体杂物或水滴与垂直线成60°角进入电动机	适用于运行时间长、负荷率较高的各种机械设备

续表

序号	名称	型号		机座中心高（*H*）与功率范围	结构特点	应用场合
		新	老			
3	高效三相异步电动机	YX（IP44）		100～280mm 1.5～90kW	用冷轧硅钢片及新工艺降低电动机损耗，效率较Y基本系列平均高3%	适用于重载启动的场合，如起重设备、卷扬机、压缩机、泵类等
4	绕线型三相异步电动机	YR（IP44） （IP23）	JRO2 JR2	132～280mm 4～75kW	转子为绕线型，可通过转子外接电阻获得大的启动转矩及在一定范围内分级调节电动机转速	适用于重载启动的场合，如起重设备
5	变频多速三相异步电动机	YD（IP44）	JDO2	80～280mm 0.55～90kW	在Y基本系列上派生，利用多套定子绕组接法来达到电动机的变速	适用于万能、组合、专用切削机床及需多级调速的传动机构
6	高转差率三相异步电动机	YH（IP44）	JHO2	80～280mm 0.55～90kW	在Y系列上派生，用转子深槽及高电阻率转子导体结构，堵转转矩大，转差率高，堵转电流小，机械特性好，能承受冲击负载	适用于不均匀冲击负载，如剪切机、冲压机、锻冶机等
7	电磁调速三相异步电动机	YCT	JZT	112～335mm 0.55～90kW	由Y系列电动机与电磁离合器组合而成。为恒转矩无级调速电动机	适用于恒转速无级调速场合，尤其适用于风机、水泵等负载
8	隔爆型三相异步电动机	YB	BJO2	80～315mm 0.55～220kW	在Y基本系列上派生，按隔爆标准规定生产	适用于煤矿及有可燃性气体的工厂

续表

序号	名称	型号		机座中心高（*H*）与功率范围	结 构 特 点	应 用 场 合
		新	老			
9	户外型三相异步电动机	Y—W	JO2—W	80～315mm 0.55～160kW	在Y基本系列上派生，采取加强结构密封和材料、工艺防腐措施。Y—W用于户外机械，Y—F用于有化学腐蚀介质的机械，Y—WF用于户外有化学腐蚀的各种机械	适用于石油、化工、化肥、制药、印染等企业用水泵、油泵、鼓风机、排风扇等机械设备
10	船用三相异步电动机	Y—H	JO2—H	80～315mm 0.55～220kW	在Y基本系列上派生，按船上使用特点制造	适用于海洋、江河船舶上的各种机械，如泵、通风机、分离器、液压机械等
11	制冷用耐氟利昂三相异步电动机	YSR（三相） YLRB（单相）		0.6～180kW	电动机绝缘材料及绝缘结构能保证在制冷机和冷冻机的混合物中安全可靠使用	供全封闭和半封闭制冷压缩机特殊配套用
12	交流变频调速三相异步电动机	YVP YTP		0.55～4.5kW 0.75～90kW	笼型转子带轴流风机，低速时能输出恒转矩，调速效果好，节能效果明显	适用于恒转矩调速和驱动风机、水泵等递减转矩场合
13	井用潜水三相异步电动机	YQS2	JQS	150～300mm 3～185kW	充水式密封结构，与潜水泵组合，立式运行，电动机外径尺寸小，细长	专用于驱动井下水泵，可潜入井下水中工作，汲取地下水

三、实训内容

1．实训用仪表、器材与工具

（1）仪表：MF-47型万用表。

（2）器材：小型三相异步电动机。
（3）工具：常用电工工具一套。

2．实训内容及要求

（1）观察所给三相异步电动机外形，查看铭牌数据，打开接线盒查看绕组连接方式。
（2）按照所提出的使用要求，选择三相异步电动机类型和性能参数（7项）。

3．实训报告

（1）将查看的电动机铭牌数据和额定参数填入表7.3中。
（2）将选择的电动机类型和性能参数填入表7.3中。

表7.3 三相异步电动机认识与选用实训报告

电动机型号		额定功率		额定电流	
额定电压		额定转速		额定频率	
功率因数		定子接法		绝缘等级	
防护等级		工作制		定子磁极数	
铁芯长度		机座中心高		机座类型	

实训所用时间： 实训人： 日期：

四、成绩评定

完成各项操作训练后进行技能考核，参考表7.4中的评分标准进行成绩评定。

表7.4 三相异步电动机认识与选用评分标准

序号	考核内容	配分	评分细则
1	查看电动机铭牌数据（15项）	45分	电动机额定数据填写正确，每项3分
2	选择电动机类型和参数（7项）	35分	电动机类型和参数选择正确，每项5分
3	安全文明操作	20分	遵守操作规程，无违章操作情况 5分 正确使用工具，用过后完好无损 5分 保持工位卫生，做好清洁及整理 5分 听从教师安排，无各类事故发生 5分
4	操作完成时间60min		在规定时间内完成，每超时10min扣5分

任务2　三相异步电动机的拆卸与装配训练

一、任务目标

1. 了解三相异步电动机的内部结构。
2. 熟悉三相异步电动机拆卸与装配方法。
3. 掌握三相异步电动机拆卸与装配技能。

二、相关知识

异步电动机检修工作中主要是拆卸、清洗、组装和检验工作，因此掌握电动机的拆装工艺是十分重要的。下面以中小型异步电动机为例来说明其拆装过程。

1. 异步电动机的拆卸

准备工作：准备各种工具，拆卸工具如图 7.6 所示。做好拆卸前的记录和检查。

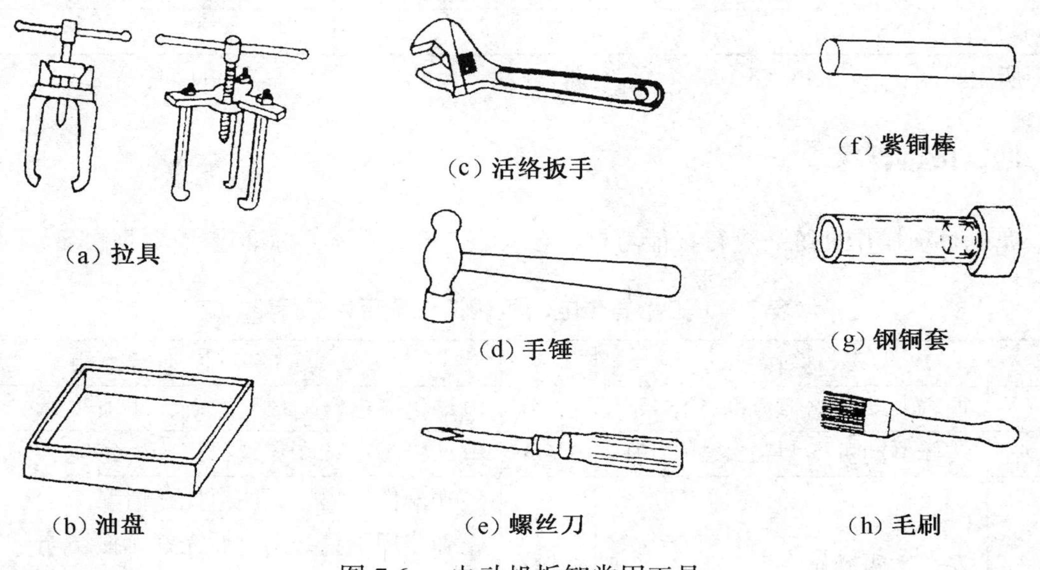

图 7.6　电动机拆卸常用工具

（1）拆卸步骤。

① 切断电源，拆开电动机与电源的连接线，并对电源线线头做好绝缘处理，还要在线头、端盖等处做好标记，便于修复后的装配。

② 拆卸带轮或联轴器，松开底脚螺栓和接地螺栓。

③ 拆卸风罩和风叶。

④ 拆卸轴承盖和端盖。

⑤ 抽出或吊出转子。

（2）带轮或联轴器的拆卸。首先在带轮或联轴器的轴伸一端上做好尺寸标记，再将带轮或联轴器上的定位螺钉或销子松脱、取下，装上拉具，拉具的丝杠顶端要对准电动机轴端的中心，使其受力均匀，转动丝杠，把带轮或联轴器慢慢拉出。如果拉不出，不要硬卸，可在定位螺丝内注入煤油，待几小时后再拉。如果还拉不出，可用喷灯等急火在带轮或联轴器四周加热，使其膨胀，可趁热迅速拉出。但加热的温度不能太高，以防止转轴变形。拆卸过程中不能用手锤直接敲出带轮或联轴器，敲打会使带轮或联轴器碎裂、转轴变形或端盖受损等。电动机皮带轮的拆卸如图 7.7 所示。

图 7.7 电动机皮带轮的拆卸

（3）风罩和风叶的拆卸。首先，把外风罩螺栓松脱，取下风罩；然后把转轴尾部风叶上的定位螺栓或销子松脱、取下，用金属棒或手锤在风叶四周均匀地轻敲，风叶就可松脱下来。小型异步电动机的风叶一般不用卸下，可随转子一起抽出。但如果后端盖内的轴承需加油或更换时，就必须拆卸，这时可把转子连同风叶放在压床中一起压出。对于采用塑料风叶的电动机，可用热水使塑料风叶膨胀软化后卸下。

（4）轴承盖和端盖的拆卸。首先，把轴承的外盖螺栓松脱、取下，卸下轴承外盖。为便于装配时复位，在端盖与机座接缝处的任一位置做好标记，然后松开端盖的紧固螺栓，随后用锤子均匀地敲打端盖四周（衬上垫木），把端盖取下。对于小型电动机，可先把轴伸端的轴承外盖卸下，再松开后端盖的固定螺栓，最后用木锤敲打轴伸端，这样可把转子连同后端盖一起取下。拆卸轴承的方法有下列几种。

① 用铜棒敲打拆卸。轴承的内圈垫上铜棒，用手锤敲打铜棒，把轴承敲出，轴承的拆卸如图 7.8 所示。敲打时要沿轴承内圈四周均匀地用力，不可偏敲一边或用力过猛。

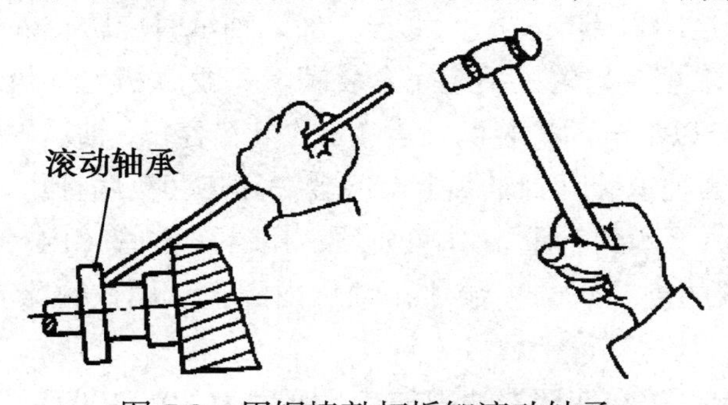

图 7.8 用铜棒敲打拆卸滚动轴承

② 轴承在端盖内的拆卸。在拆卸时若遇轴承留在端盖的轴承室内时，则把端盖止口面向上，平稳地搁在两块铁板上，垫上一段直径小于轴承外径的金属棒，用手锤沿轴承外圈敲打金属棒，将轴承敲出，如图 7.9 所示。

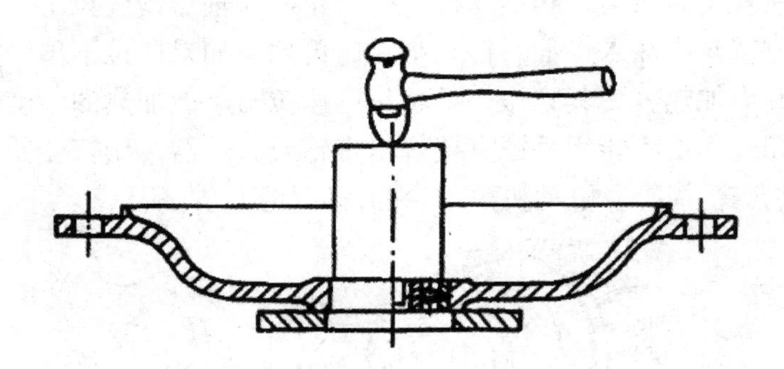

图 7.9 拆卸电动机端盖内的轴承

清洗轴承时，应先刮去轴承和轴承盖上的废油，用煤油洗净残存油污，然后用清洁布擦拭干净。注意不能用棉纱擦拭轴承。轴承洗净擦拭后，用手旋转轴承外圈，观察其转动是否灵活，若遇上卡住或过松现象，需再仔细观察滚道间、保持器及滚珠（或滚柱）表面有无锈迹、锈斑等，根据检查情况决定轴承是否需要更换。

（5）抽出转子。小型电动机的转子，如上所述，可以连同端盖一起取出。抽出转子时，应小心谨慎、动作要缓慢。要求水平抽出，不可歪斜，以免碰伤定子绕组。

2. 异步电动机的装配

异步电动机的装配顺序按拆卸时的逆顺序进行。装配前各机械配合处要先清理除锈。装配时，应将各部件按拆卸时所做标记复位。

（1）滚动轴承的安装。将轴承和轴承盖先用煤油清洗，清洗后应检查轴承、内外轴承环有无裂纹等。再用手转动轴承外圈，观察其转动是否灵活、均匀。如遇到卡住或过松现象，要用塞尺检查轴承磨损情况，再决定是否更换。

如果需要更换轴承，应将其放在 70～80℃的变压器油中加热 5min 左右，润滑油溶化后，再用汽油洗净，用洁净的布擦干。全部防锈轴承清洗、干燥后，按规定加入新的润滑脂。要求润滑脂洁净、无杂质、无水分，加入轴承时应防止外界的灰尘、水和铁屑等异物落入，同时要求填装均匀，不应完全装满。一般 2 极电动机装满轴承 1/3～1/2 的空腔容积，4 极和 4 极以上电动机装满轴承 2/3 的空腔容积，轴承内外盖的润滑脂一般为盖内容积的 1/3～1/2。轴承装套到轴颈上有冷套法和热套法两种。

① 冷套法：把轴承套到轴上，对准轴颈，用一段铁管（内径略大于轴颈的直径，外径略小于轴承内圈的外径）的一端顶在轴承内圈上，用铁锤敲打另一端，缓慢地敲入。

② 热套法：轴承可放在变压器油中加热，温度为 80～100℃，加热 20～40min。温

度不能太高，时间不宜过长，以免轴承退火。加热时，轴承应放在网孔架上，不与箱底或箱壁接触，油面淹没轴承，油应能对流，使轴承加热均匀。热套时，要趁热迅速把轴承推到轴肩，如果套不进应检查原因，如果无外因，可用套筒顶住内圈用手锤轻轻地敲入。轴承套好后，用压缩空气吹去轴承内的变压器油。

（2）后端盖的安装。将轴伸端朝下垂直放置，在其端面上垫上木板，将后端盖套在后轴承上，用木锤敲打，把后端盖敲进去后，装轴承外盖。紧固内外轴承盖的螺栓时要逐步分别拧紧，不能先拧紧一个，再去拧紧另一个。

（3）转子的安装。把转子对准定子内圆中心。小心地往里放，后端盖要对准与机座的标记，旋上后盖螺栓，但不要拧紧。

（4）前端盖的安装。将前端盖对准与机座的标记，用木锤均匀敲击端盖四周，不可单边着力，并拧上端盖的紧固螺栓。

（5）风叶和风罩的安装。风叶和风罩安装完毕后，用手转动转轴，转子应转动灵活均匀，无停滞或偏重现象。

（6）带轮或联轴器的安装。安装时，要注意对准键槽或止紧螺钉孔。对于中小型电动机，应在带轮或联轴器的端面上垫上木块，用手锤打入。若打入困难时，应在轴的另一端垫上木块顶在墙上，再打入带轮或联轴器。

三、实训内容

1．实训用仪表、器材与工具

（1）仪表：MF-47型万用表、500V兆欧表。

（2）器材：小型三相鼠笼异步电动机Y80M-4一台。

（3）工具：常用电工工、电动机拆装工具各一套。

2．实训内容及要求

（1）电动机的拆卸步骤。

① 切断电源，拆开电动机与电源的连接线，并对电源线线头做好绝缘处理，还要在线头、端盖等处做好标记，便于修复后的装配。

② 松开并拆卸带轮或联轴器，松开底脚螺栓和接地螺栓。

③ 拆卸风罩和风叶。

④ 拆卸轴承盖和端盖。

⑤ 抽出或吊出转子。

⑥ 清理电动机各部分的积尘，清洗轴承和轴承盖，并加润滑脂。

（2）电动机的装配。电动机的装配按拆卸的逆顺序操作。

注意事项：拆卸与装配过程中不能损坏电动机零部件和工具，不能丢失零部件。

3．实训报告

根据三相异步电动机的拆装技能训练填写表 7.5 中的有关内容。

表 7.5　三相异步电动机的拆装实训报告

操作项目	操作步骤	操作要领	损坏零件情况	注意事项
拆卸电动机				
装配电动机				

实训所用时间：　　　　　　　　实训人：　　　　　　　　日期：

四、成绩评定

完成各项操作训练后进行技能考核，参考表 7.6 中的评分标准进行成绩评定。

表 7.6　三相异步电动机的拆装评分标准

序号	考 核 内 容	配分	评 分 细 则
1	三相异步电动机拆卸	40 分	拆卸步骤正确　20 分 拆卸方法正确　20 分
2	三相异步电动机装配	40 分	装配步骤正确　20 分 装配方法规范　20 分
3	安全文明生产	20 分	遵守操作规程，无违章操作情况　5 分 正确使用工具，用过后完好无损　5 分 保持工位卫生，做好清洁及整理　5 分 听从教师安排，无各类事故发生　5 分
4	操作完成时间 60min		在规定时间内完成，每超时 10min 扣 5 分

任务 3　三相异步电动机装配后的检验训练

一、任务目标

1. 了解三相异步电动机装配后的检验项目。
2. 学会三相异步电动机装配后的检验方法。
3. 掌握三相异步电动机装配后的检测技能。

二、相关知识

1. 电动机装配后的检验

三相异步电动机经局部修理或定子绕组拆换后，即可进行装配。为了保证修理质量，装配完毕后，必须对电动机进行一些必要的检测和试验，以检验电动机质量是否符合要求。

（1）外观检查。电动机在试验开始前，要先进行一般性的检查。检查电动机的装配质量，各部分的紧固螺栓是否拧紧，引出线的标记是否正确，转子转动是否灵活，轴伸端径向有无偏摆的情况。在确认电动机的一般情况良好后，才能进行试验。

（2）绝缘电阻测定。测量时将定子绕组的六个线头拆开，测定电动机定子绕组相与相、相对地的绝缘电阻，其值不得小于 5MΩ。对于绕线式电动机还应测量转子绕组间和绕组对地的绝缘电阻，其值不得小于 5MΩ。

（3）绕组直流电阻测量。测量电动机定子绕组的直流电阻可用来检查定子绕组有无断路和局部短路情况，各绕组的直流电阻可使用直流双臂电桥测量。

电动机定子三相绕组的直流电阻不平衡值应不超过 5%，如相差较大可能有局部短路，需要用短路测试器进行仔细检查。

（4）空载试验。经上述检查合格后，根据电动机铭牌与电源电压进行正确接线，并在机壳上接好接地线，接通电源进行空载试验，空载试验是在定子绕组上施加额定电压，使电动机不带负载运行。空载试验测定电动机的空载电流和空载损耗功率。利用电动机的空转检查电动机的装配质量和运行情况。

在试验中，应注意空载电流的变化，测定三相空载电流是否平衡。空载电流与额定电流百分比是否超过范围，要求空载试验 1h 以上。同时，还应检查电动机是否有杂声、振动，检查铁芯是否过热、轴承的温升及运转是否正常。启动过程中，要慢慢升高电压，以免过大的启动电流冲击仪表。修理时也可用钳形电流表测定空载电流。

三相空载电流不平衡值应不超过 5%，如相差较大或有嗡嗡声，则可能是接线错误或有短路现象；空载电流与额定电流百分比如表 7.7 所示，若空载电流过大，表明定子与转子间气隙超过允许值或定子绕组匝数太少；若空载电流过低，表明定子绕组匝数太多或三角形误接成星形、两路误接成一路等。

（5）电动机的转速测量。用转速表测量电动机的转速，测量转速的目的是为了确认电动机的绕组接线是否正确。转速应符合铭牌数据要求。

（6）电动机的温升试验。温升试验须在电动机满载运行时进行，从电动机开始运转到电动机温度稳定需几个小时，当电动机温度稳定后，用温度计测出电动机的表面温度。测得的温度加上 10℃约为电动机的内部绕组温度，内部绕组温度减去环境温度就是电动机的温升。温升应符合铭牌数据要求。

表 7.7　电动机空载电流与额定电流百分比

功率（kW） 极数	0.125	0.125～0.55	0.55～2.2	2.2～10	10～55	55～125
2	70～95	50～70	40～55	30～45	23～35	18～30
4	80～96	65～85	45～60	35～55	25～40	20～30
6	85～97	70～90	50～65	35～65	30～45	22～33
8	90～98	70～75	50～70	37～70	35～50	25～35

2．定子绕组首尾端判断

电动机三相绕组共有 6 个出线端，分别接在电动机接线盒的 6 个接线柱上。接线柱标有数字或符号，标明电动机定子绕组的首尾。但有些电动机使用中接线板损坏，首尾分不清楚，特别是电动机在绕组更换、拆装维修后，也要重新进行接线。为了正确接线，必须先判断电动机定子绕组的首尾。下面介绍 6 个出线端首尾端判别方法。

（1）用 36V 交流电源和灯泡判别首尾端。

① 用兆欧表或万用表的电阻挡，分别找出三相绕组各相的两个线头。

② 先给三相绕组的线头做假设编号 U1、U2、V1、V2、W1、W2，并把 V1、U2 连接起来，构成两相绕组串联。

③ 在 U1、V2 线头上接一个灯泡。

④ W1、W2 两个线头上接通 36V 交流电源，如果灯泡发亮，说明线头 U1、U 和 V1、V2 编号正确。如果灯泡不亮，则把 U1、U2 或 V1、V2 中任意两个线头的编号对调即可。

⑤ 再按上述方法对 W1、W2 两个线头进行判别。判别时的接线如图 7.10 所示。

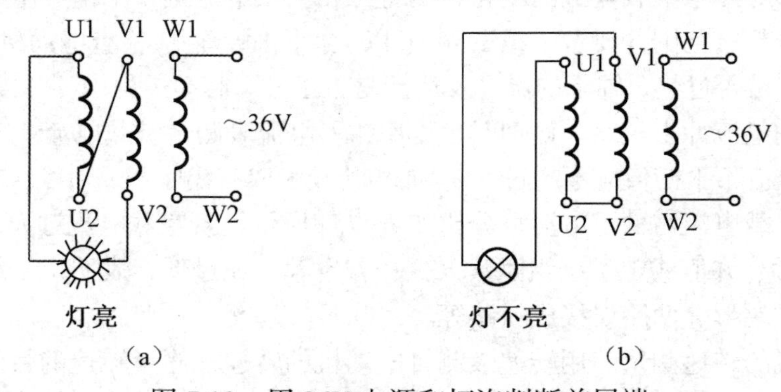

图 7.10　用 36V 电源和灯泡判断首尾端

（2）用万用表或毫安表判别首尾端有两种方法。

第一种方法：

① 用万用表电阻挡分别找出三相绕组各相的两个线头。

② 给各相绕组假设编号为 U1、U2、V1、V2 和 W1、W2。

③ 按图 7.11 接线，用手转动电动机转子，如万用表（毫安挡）指针不动（i=0），则

证明假设的编号是正确的；若指针有偏转（$i≠0$），说明其中有一相首尾端假设编号不对。应逐相对调重试，直至正确为止。

第二种方法：

① 先分清三相绕组各相的两个线头，并进行假设编号。按图 7.12 的方法接线。

② 观察万用表（微安挡）指针摆动的方向。合上开关瞬间，若指针摆向大于零的一边，则接电池正极的线头与万用表负极所接的线头同为首端或尾端；如指针反向摆动，则接电池正极的线头与万用表正极所接的线头同为首端或尾端。

③ 再将电池和开关接另一相两个线头进行测试，就可正确判别各相的首尾端。图 7.12 中的开关可用按钮开关。

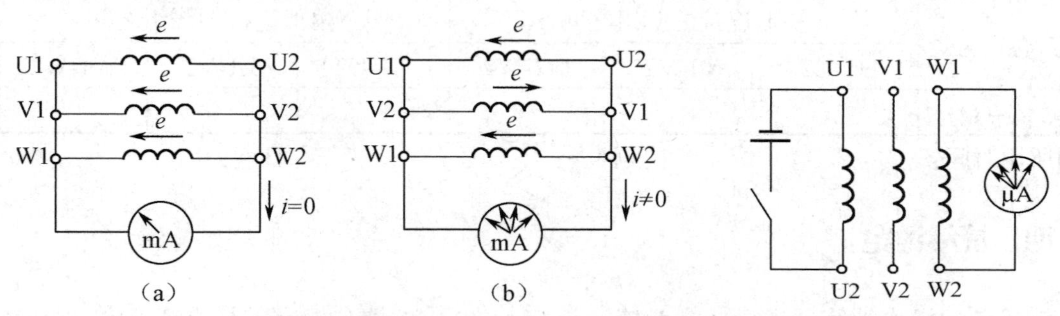

图 7.11　判别绕组首末端的方法一　　图 7.12　判别绕组首末端的方法二

三、实训内容

1. 实训用仪表、器材与工具

（1）仪表：MF-47 型万用表、500V 兆欧表、QJ103 直流双臂电桥。

（2）器材：小型三相鼠笼异步电动机 Y80M-4 一台。

（3）工具：常用电工工具、电动机拆装工具各一套。

2. 实训内容及要求

电动机装配后的测量：判定三相绕组首末端并标注在端头上，装配后进行绝缘电阻测量和绕组的直流电阻测量，以保证电动机的绝缘性能和绕组内部状况正常。

（1）使用两种方法判断三相绕组首末端，并按标准文字标注在端头上。

（2）绝缘电阻测量。先拆开三相绕组之间的连接片，用兆欧表测量三相异步电动机各相绕组之间及各相绕组对外壳的绝缘电阻。

（3）直流电阻测量。使用直流双臂电桥测量三相异步电动机各相绕组的直流电阻值，将测量结果填入实训报告中。

3．实训报告

根据三相异步电动机装配后的测量技能训练填写表 7.8 中的有关内容。

表 7.8　三相异步电动机测量实训报告

<table>
<tr><td rowspan="2">判断三相绕组首末端</td><td colspan="2">第一相</td><td colspan="2">第二相</td><td colspan="2">第三相</td></tr>
<tr><td></td><td></td><td></td><td></td><td></td><td></td></tr>
<tr><td>绝缘电阻测量</td><td>U 对 V</td><td>U 对 W</td><td>V 对 W</td><td>U 对外壳</td><td>V 对外壳</td><td>W 对外壳</td></tr>
<tr><td>读数值（MΩ）</td><td></td><td></td><td></td><td></td><td></td><td></td></tr>
<tr><td rowspan="2">直流电阻测量</td><td colspan="3">星形连接的绕组之间</td><td colspan="3">三角形连接的绕组之间</td></tr>
<tr><td>U1-U2</td><td>V1-V2</td><td>W1-W2</td><td>U1-U2</td><td>V1-V2</td><td>W1-W2</td></tr>
<tr><td>读数值（Ω）</td><td></td><td></td><td></td><td></td><td></td><td></td></tr>
</table>

实训所用时间：　　　　　　　　　　实训人：　　　　　　　　　　日期：

四、成绩评定

完成各项操作训练后进行技能考核，参考表 7.9 中的评分标准进行成绩评定。

表 7.9　三相异步电动机拆装后的测量评分标准

序号	考 核 内 容	配分	评 分 细 则
1	绕组首末端判断	20 分	判断正确　10 分 标注正确　10 分
2	绝缘电阻测量	30 分	测量部位正确　10 分 测量操作正确　10 分 测量结果正确　10 分
3	直流电阻测量	30 分	测量部位正确　10 分 测量操作正确　10 分 测量结果正确　10 分
4	安全文明生产	20 分	遵守操作规程，无违章操作情况　5 分 正确使用工具，用过后完好无损　5 分 保持工位卫生，做好清洁及整理　5 分 听从教师安排，无各类事故发生　5 分
5	操作完成时间 60min		在规定时间内完成，每超时 5min 扣 5 分

任务4　三相异步电动机常见故障处理训练

一、任务目标

1. 了解三相异步电动机的故障种类及分析方法。
2. 学会三相异步电动机的常见故障及处理方法。
3. 掌握三相异步电动机的常见故障处理技能。

二、相关知识

1. 故障的分析与检查

异步电动机的故障一般分为电气故障和机械故障两类。电气方面除了电源、线路及启动控制设备的故障外，其余的均属电动机本身的故障；机械方面包括被电动机拖动的机械设备和传动机构的故障，基础和安装方面的问题，以及电动机本身的机械结构故障。

异步电动机的故障虽然繁多，但故障的产生总是和一定的因素相联系的。如电动机绕组绝缘损坏与绕组过热有关，而绕组的过热总是和电动机绕组中电流过大有关。只要根据电动机的基本原理、结构和性能及有关的情况，就可对故障做出正确的判断。因此在修理前，要通过看、闻、问、听、摸，充分掌握电动机的情况，就能有针对性地对电动机做必要的检查，其步骤如下。

（1）调查电动机的运行情况。观察电动机，并向电动机使用人员了解电动机在运行时的情况，如有无异常响声和剧烈振动，开关及电动机绕组内有无冒烟及焦臭味等；了解电动机的使用情况和电动机的维修情况。

（2）电动机的外部检查。先对电动机进行外部检查，包括机械和电气两个方面。

① 机座、端盖有无裂纹，转轴有无裂痕或弯曲变形；转轴转动是否灵活，有无不正常的声响；风道是否被堵塞，风扇、散热片是否完好。

② 检查绝缘是否完好，接线是否符合铭牌规定，绕组的首末端是否正确。

③ 测量绝缘电阻和直流电阻，判断绝缘是否损坏，绕组有无断路、短路及接地现象。

④ 若上述检查未发现问题，应直接通电试验。用三相调压变压器开始施加约30%的额定电压，再逐渐上升到额定电压。若发现声音不正常或有焦味或不转动，应立即断开电源进行检查，以免故障进一步扩大。当启动未发现问题时，要测量三相电流是否平衡，电流大的一相可能有绕组短路，电流小的一相可能是多路并联的绕组中有支路断路。若三相电流基本平衡，可使电动机连续运行1～2h，随时用手检查铁芯部分及轴承端盖。若发现有烫手的过热现象，应断电后立即拆开电动机，用手摸绕组端部及

铁芯部分。如线圈过热，则是绕组短路；若铁芯过热，说明绕组匝数不足或铁芯硅钢片间的绝缘损坏。

（3）电动机的内部检查。电动机经过上述检查后，若确认电动机内部有问题时，就应拆开电动机，做进一步检查。

① 检查绕组部分。查看绕组端部有无积尘和油垢，绝缘有无损伤，接线及引出线有无损坏；查看绕组有无烧伤，若有烧伤，烧伤处的颜色会变成暗黑色或烧焦，且有焦臭味。若烧坏一个绕组中的几匝线圈，说明是匝间短路造成的；若烧坏几个线圈，多半是相间或连接线的绝缘损坏所引起的。若烧坏一相（多为三角形接法），是由一相电源断线所引起的；若烧坏两相，是由一相绕组断路而产生的；若三相全部烧坏，大多是由于长期过载或启动时卡住引起的，也可能是绕组接线错误引起的，查看导线是否烧断和绕组的焊接处有无脱焊、假焊现象。

② 检查铁芯部分。查看转子、定子铁芯表面有无擦伤痕迹。如转子表面只有一处擦伤痕迹，而定子表面全部擦伤，这大多是转轴弯曲或转子不平衡所造成的；若转子表面全有擦伤痕迹，定子表面只有一处擦伤痕迹，这是定子、转子不同心所造成的，如机座和端盖止口变形或轴承严重磨损使转子下落；若定子、转子表面均有局部擦伤痕迹，是由于上述两种原因所共同引起的。

③ 检查风叶和端环。查看风叶有无损坏或变形，转子端环有无裂纹或断裂，然后再用短路侦察器检查导条有无断裂。

④ 检查轴承部分。查看轴承的内外套与轴颈和轴承室配合是否合适，同时也要检查轴承的磨损情况。

2．常见故障现象与处理方法

三相鼠笼异步电动机常见故障现象、产生原因与处理方法如表7.10所示。

表7.10　三相鼠笼异步电动机常见故障与处理方法

故障现象	故障产生原因	处 理 方 法
电动机通电后不转且无声响	电源不通	检查电源线路，修理电路故障
	绕组开路或接线断路	修复或更换绕组
	热继电器烧毁	更换热继电器
电动机运行时温升过高	定子绕组匝间短路	修复或更换绕组
	绕组接线错误	改正接线错误
	扇叶损坏或冷却风道有杂物堵塞	清除杂物，使风道畅通
	转子扫膛	调整间隙并保持同心

续表

故障现象	故障产生原因	处理方法
通电后电动机启动很慢、电动机电磁转矩小、转速慢	定子与转子不同心	调整端盖螺钉使其同心
	定子绕组局部短路	修复或更换绕组
	某些转子笼条断笼	焊接修复或更换转子
	电源电压过低	查明原因，调整电源电压
	绕组接线错误，三角形错接为星形	改正接线错误
	电动机负荷过重	减轻负荷至额定值
电动机运转有异常响声	定子与转子之间有杂物碰触	清理杂物
	轴承内径磨损，引起径向跳动	更换轴承
	转子轴向位移量过大，运转中轴向窜动	增加轴上垫圈
电动机外壳带电	定子绕组绝缘损坏使绕组与外壳短路	更换绕组
	电源引出线碰壳	更换引出线或连接线
	绝缘电阻降低，泄漏电流增大	加强绝缘，装好保护接地线
	绕组绝缘材料浸水，绝缘电阻降低	进行绝缘处理
电动机运转时闪火花或冒烟	绕组受潮，绝缘性能下降	烘干后重新浸漆处理
	连接线绝缘破损后与外壳相碰	更换引出线或连接线
	缺相运行	检查原因恢复正常
电动机启动时熔断器熔断	熔断器额定电流过小	改换合格的熔断器
	绕组或接线对地短路	修复绕组，加强绝缘
	电源电压过低	查明原因，调整电源电压
	缺相启动	检查原因恢复正常
电动机三相不平衡	电源电压不平衡	检查电源电压，排除故障
	定子绕组接线错误	检查绕组，恢复正确连接
	定子绕组匝间短路	修复或更换绕组
	维修后三相绕组匝数不同	重绕绕组

三、实训内容

1. 实训用仪表、器材与工具

（1）仪表：MF-47 型万用表、500V 兆欧表、短路测试器。

（2）器材：设有故障的三相鼠笼异步电动机、220V/36V 变压器及校验灯。

（3）工具：常用电工工具一套、电动机拆装工具一套、50W 电烙铁一把。

2. 实训内容及要求

定子绕组所设故障可以是绕组断路、绕组通地、绕组短路、绕组连接线接错，每台故障是其中的一种。

（1）先将电动机三相绕组的接线拆开，用仪表检测定子绕组，确定是何种故障。确定故障类型后，拆开电动机做进一步的检查测量，找出故障的具体部位。

（2）焊好线圈接线并恢复绝缘，复查无故障后，按要求装配好电动机。经实训指导老师检查确认合格后可通电试运行。

3. 实训报告

根据三相异步电动机定子绕组故障检修训练填写表 7.11 中的有关内容。

表 7.11　三相异步电动机故障检修实训报告

序号	故障种类	故障检查方法	故障处理方法	维修后的情况
1	绕组断路			
2	绕组通地			
3	绕组短路			
4	绕组接错			

实训所用时间：　　　　　　　　　　实训人：　　　　　　　　　　日期：

四、成绩评定

完成各项操作训练后进行技能考核，参考表 7.12 中的评分标准进行成绩评定。

表 7.12　三相异步电动机的常见故障检修考核评分标准

序号	考 核 内 容	配分	评 分 细 则
1	故障种类判断	20 分	故障判断完全正确 20 分 每错一次扣 5 分
2	故障部位判断	20 分	测量部位完全正确 20 分 每错一次扣 5 分
3	故障检查方法	20 分	测量结果完全正确 20 分 每错一次扣 5 分
4	排除故障方法	20 分	排除故障方法正确 10 分 排除故障后运行正常 10 分

续表

序号	考核内容	配分	评分细则
5	安全文明生产	20分	遵守操作规程，无违章操作情况 5分 正确使用工具，用过后完好无损 5分 保持工位卫生，做好清洁及整理 5分 听从教师安排，无各类事故发生 5分
6	操作完成时间 60min		在规定时间内完成，每超时 10min 扣 5 分

思考题

1. 煤矿井下环境要选用什么形式的异步电动机？
2. 三相鼠笼异步电动机主要由哪几部分组成？
3. 简述三相鼠笼异步电动机的拆卸步骤。
4. 简述三相鼠笼异步电动机的装配步骤。
5. 三相鼠笼异步电动机修理后的检查内容是什么？
6. 简述三相鼠笼异步电动机启动后运转无力的原因和处理方法。
7. 简述三相鼠笼异步电动机温升过高的原因和处理方法。
8. 简述定子绕组断路故障的检查和修理方法。
9. 简述定子绕组通地故障的检查和修理方法。
10. 如何判断三相异步电动机绕组的首末端？

项目 8

常用低压控制电器

低压电器是指工作在交流电压 1200V 或直流电压 1500V 及其以下的电器。它们的作用是对低压供电或用电系统进行开关、控制、保护和调节。按其控制和保护对象不同，低压电器分为配电电器和控制电器两大类。低压配电电器主要用于低压配电系统和动力回路，低压控制电器主要用于电力传输和电气控制系统。本项目主要进行低压熔断器、低压断路器、交流接触器、热继电器、时间继电器、主令电器等常用低压控制电器的识别、选用、更换、测量、调整与检修等操作技能训练。

任务 1　低压熔断器的选用与检测训练

一、任务目标

1. 了解常用低压熔断器的结构和类型。
2. 学会低压熔断器熔芯的选择与更换。
3. 掌握低压熔断器的选用与检测技能。

二、相关知识

低压熔断器是一种简单而有效的保护电器，熔断器的熔体串联于被保护的线路中，主要起短路保护兼有过载保护作用。当被保护线路发生短路或过载时，熔断器以其自身产生的热量使熔体熔断，从而自动切断故障电路，实现短路保护及过载保护。熔断器具有结构简单、体积小、重量轻、维护方便、价格低廉、分断能力较高等优点，因此在电路中得到广泛应用。

1．常用熔断器的种类

熔断器的种类很多，按结构分为开启式、半封闭式和封闭式；按有无填料分为有填料式、无填料式；按用途分为配电线路用熔断器、器件保护用熔断器及自复式熔断器等。常用的低压熔断器种类有以下几种。

（1）插入式熔断器。插入式熔断器的结构如图 8.1 所示。常用的产品有 RC1A 系列，俗称“瓷插保险”，主要用于低压分支电路的短路保护，有很好的保护特性，因其分断能力较小，多用于照明电路和小型动力电路中。其特点是外形尺寸小，价格低廉，更换方便。其额定电压为 380V（50Hz），额定电流为 5～200A。

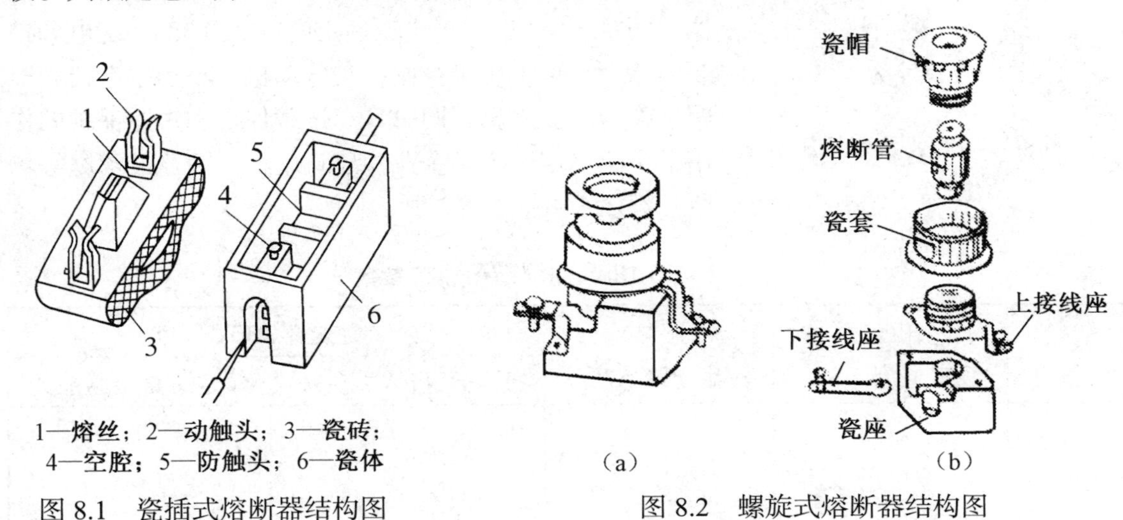

1—熔丝；2—动触头；3—瓷砖；4—空腔；5—防触头；6—瓷体

图 8.1 瓷插式熔断器结构图

（a） （b）

图 8.2 螺旋式熔断器结构图

（2）螺旋式熔断器。螺旋式熔断器的结构如图 8.2 所示。熔芯内装有熔丝，并填充石英砂，用于熄灭电弧，增强分断能力。熔体上的上端盖有一熔断指示器，一旦熔体熔断，指示器马上弹出，可透过瓷帽上的玻璃观察孔察看。适用于交流电压 500V 以下，电流 200A 以下的线路中。RL1 系列熔断器的额定数据如表 8.1 所示。

表 8.1 RL1 系列熔断器主要技术数据

产品型号	额定电流（A）	熔体额定电流（A）	极限分断能力	
			kA	cosφ
RL1-15	15	2，4，5，6，10，15	50	0.35
RL1-60	60	20，25，30，35，40，50，60		
RL1-100	100	60，80，100		0.25
RL1-200	200	120，150，200		0.15

（3）RT 系列有填料密封管式熔断器。RT 系列型有填料密封管式熔断器的熔体中装有石英砂，用来冷却和熄灭电弧，熔体为网状结构，短路发生时熔断可使电弧分散，由石英砂将电弧冷却熄灭，可将电弧在短路电流达到最大值之前迅速熄灭，以限制短路电流，此为限流式熔断器，常用于大容量电力网或配电设备中。

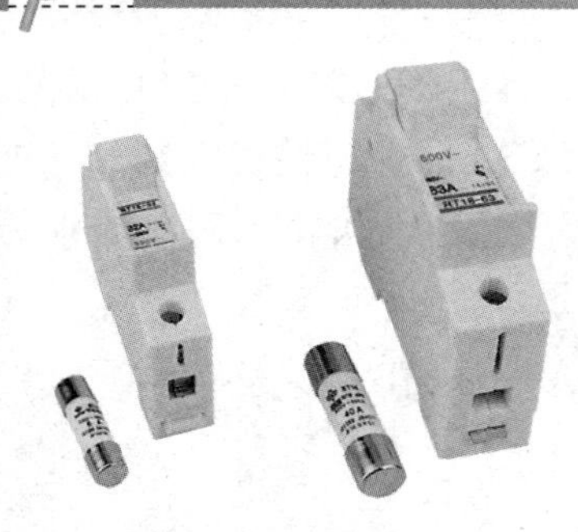

图 8.3　RT18 系列低压熔断器外形

常用产品有 RT14、RT18 和 RS2 等系列，RS2 系列为快速熔断器，主要用于保护半导体（可控硅）元件。RT18 系列低压熔断器的外形如图 8.3 所示。

RT18 系列熔断器式隔离开关主要作为终端组合电器中的总开关，适用于交流额定电压 220/380V 配电和控制回路中，也可用于控制各类电动机、小功率电器和照明。作为电流隔离，同时具有过载保护和短路保护的作用，广泛应用于工矿企业、建筑施工、商业及家庭等场所。额定参数如表 8.2 所示。

表 8.2　RT18 系列熔断器额定参数

型号	熔断器额定电流（A）	熔体额定电流（A）	交流 380V	
			极限分断能力（kA）	额定短路接通能力
RT18 一极、二极、三极	32	6	20	20 I_N
		10		
		16		
		20		
		25		
		32		

2．熔断器的选用原则

（1）熔断器类型的选择。根据被保护线路的需求、使用场合及安装条件选择适当的熔断器类型。如保护可控硅要选择快速熔断器，机床控制线路要选择螺旋熔断器或有填料的 RT 系列熔断器。

（2）熔断器额定电压的选择。熔断器额定电压要大于或等于线路的工作电压。

（3）熔断器额定电流的选择。熔断器的额定电流与熔体的额定电流不同，某一额定电流等级的熔断器可以装入几个不同额定电流的熔体。所以选择熔断器作线路和用电设备的保护时，首先要明确选用熔体的规格，然后再根据熔体去选定熔断器额定电流。要求熔断器的额定电流必须大于或等于熔体的额定电流。

熔断器保护电阻炉、照明线路时，熔体额定电流略大于或等于线路工作电流。

熔断器保护电动机为避免熔体在三相异步电动机启动过程中熔断，通常在不经常启动或启动时间不长的场合（如一般机床），熔体的额定电流为：

$$I_{RN} \geqslant (1.5 \sim 2.5) I_N$$

式中：I_N 为异步电动机的额定电流；I_{RN} 为熔体的额定电流。在电动机轻载或启动时间短的情况下系数可取 1.5；启动频繁或启动时间较长的场合（如吊车电动机）系数可取 2.5。

只有要求不高的电动机才采用熔断器作过载和短路保护，一般过载保护最宜采用热继电器，熔断器则只用作短路保护。

（4）在配电系统中，各级熔断器必须相互配合以实现可选择性保护，一般要求前一级熔体比后一级熔体的额定电流大一定的倍数，同型号的熔断器上下级熔体之间相差至少一个电流等级，这样才能避免因发生短路时越级动作而扩大停电范围。当线路中发生短路或过载等故障时，应该由故障最近点的熔断器熔断，切断故障电流，保证连接在低压供电线路中的其他用电设备的正常运行，而与该熔断器相串联的上一级熔断器不应立刻熔断。

3．熔断器的安装和维护

在安装和维护熔断器时应注意以下要求。

（1）安装熔体时必须保证接触良好，并应经常检查。如果接触不良会使接触部位过热并传至熔体，熔体温升过高就会造成误动作。有时因接触不良产生火花还会干扰弱电信号装置。

（2）熔断器及熔体的安装均必须接触可靠，若一相断路，会使电动机单相运行过热而烧毁。

（3）拆换熔断器时，要检查新熔体的规格和形状是否与被更换的熔体一致。

（4）安装熔体时，不能有机械损伤，否则相当于截面积变小，电阻增加，改变了熔断器的保护特性。

（5）检查熔体发现氧化腐蚀或损伤时，应及时更换新熔体。一般应保存必要的备用件。

（6）熔断器周围温度应与被保护对象的周围温度基本一致，若相差太大，也会使保护动作值发生变化。

4．熔断器的常见故障与处理

（1）电路不通：接触不良或熔体熔断。

处理方法：重新安装或更换熔体。

（2）接通瞬间熔体熔断：熔体电流选择太小或负载端短路。

处理方法：更换合适的熔体或排除短路故障。

三、实训内容

1．实训用仪表、工具与器材

（1）仪表：MF-47 型万用表。

（2）工具：常用电工工具一套。

（3）器材：RL1 型熔断器、RT18 型熔断器。

2．实训内容及要求

（1）识别所给的低压熔断器，说出型号规格和额定参数。
（2）用万用表测量熔断器及熔体的好坏，并正确更换熔体。
（3）注意在识别和测量过程中不允许损坏熔断器或丢失零部件。

四、成绩评定

完成各项操作训练后进行技能考核，参考表 8.3 中的评分标准进行成绩评定。

表 8.3　低压熔断器认识与测量评分标准

序号	考 核 内 容	配分	评 分 细 则
1	型号规格	20 分	型号规格正确 20 分，错 1 处扣 5 分
2	额定参数	20 分	额定参数正确 20 分，错 1 处扣 5 分
3	通断测量	20 分	测量操作正确　10 分 测量结果正确　10 分
4	熔体更换	20 分	熔体选择正确　10 分 更换操作正确　10 分
5	安全文明生产	20 分	遵守操作规程，无违章操作情况　5 分 正确使用工具，用过后完好无损　5 分 保持工位卫生，做好清洁及整理　5 分 听从教师安排，无各类事故发生　5 分
6	操作完成时间 30min		在规定时间内完成，每超时 5min 扣 5 分

任务 2　低压断路器的选用与检修训练

一、任务目标

1. 了解低压断路器的结构与工作原理。
2. 学会低压断路器的选择与使用方法。
3. 掌握低压断路器的测量与检修技能。

二、相关知识

低压断路器又称自动开关、空气开关，用于低压配电电路中不频繁的通断控制和保

护。在电路发生短路、过载或欠电压等故障时能自动分断故障电路，是一种控制兼保护电器开关。断路器的种类繁多，按其用途和结构特点可分为 DW 型框架式断路器、DZ 型塑料外壳式断路器、DWX 型限流式断路器等。框架式断路器主要用作配电线路的保护开关，而塑料外壳式断路器除可用作配电线路的保护开关外，还可用作电动机、照明电路及电热电器的控制开关。

1. 断路器的结构组成

断路器主要由 3 个基本部分组成，即触点与灭弧系统、各种脱扣器和外壳，包括过电流脱扣器、失压（欠电压）脱扣器、热脱扣器、分励脱扣器和自由脱扣器。断路器工作原理示意图及图形符号如图 8.4 所示。

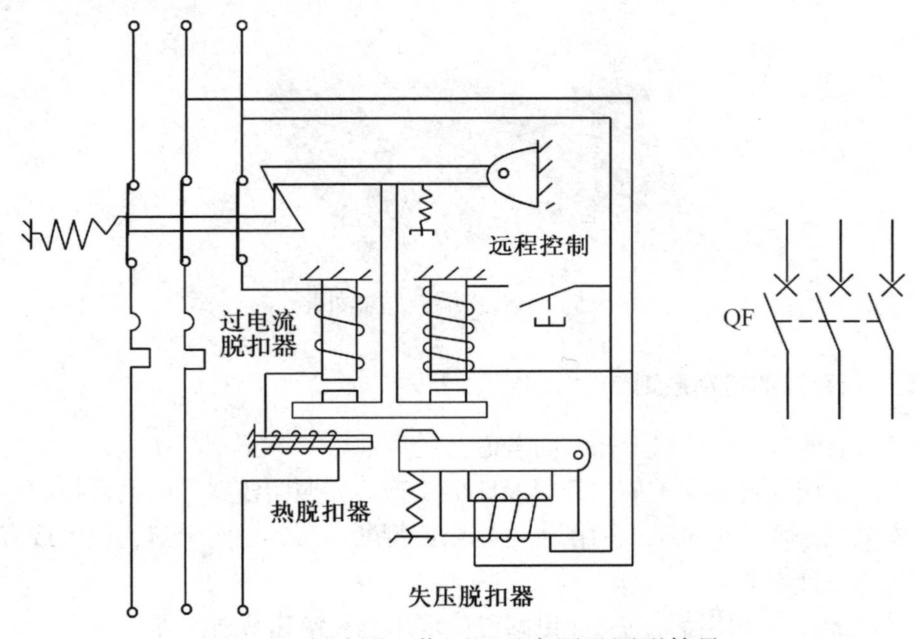

图 8.4　断路器工作原理示意图及图形符号

断路器开关是靠手动或电动合闸的操作机构，触点闭合后，自由脱扣机构将触点锁扣在合闸位置上。当电路发生上述故障时，通过各自的脱扣器使自由脱扣机构动作，自动跳闸以实现保护作用。分励脱扣器则作为远距离控制分断电路之用。过电流脱扣器用于线路的短路和过电流保护，当线路的电流大于整定的电流值时，过电流脱扣器所产生的电磁力使挂钩脱扣，动触点在弹簧的拉力下迅速断开，实现断路器的跳闸功能。

热脱扣器用于线路的过载保护，工作原理和热继电器相同，过载时热元件发热使双金属片受热弯曲到位，推动脱扣器动作使断路器分闸。

失压（欠电压）脱扣器用于失压保护，如图 8.4 所示，失压脱扣器的线圈直接接在电源上，衔铁处于吸合状态，断路器可以正常合闸；当断电或电压很低时，失压脱扣器的吸力小于弹簧的反力，弹簧使动铁芯向上使挂钩脱扣，实现短路器的跳闸功能。

分励脱扣器用于远程控制，当在远方按下按钮时，分励脱扣器通电产生电磁力，使其脱扣跳闸。

不同断路器的保护功能是不同的，使用时应根据需要选用，保护功能主要有：短路、过载、欠压、失压、漏电等。

DZ47－63系列高分断小型断路器用于保护线路的短路和过载，适用于照明配电系统或电动机的配电系统。外形美观小巧、重量轻，性能优良可靠，分断能力高，脱扣迅速，国际标准导轨安装，壳体和部件采用高阻燃及耐冲击塑料，使用寿命长，主要用于交流50Hz/60Hz，单极230V，二、三、四极400V线路的过载、短路保护和漏电保护，同时也可以在正常情况下不频繁地通断电气装置和照明线路。图8.5所示的是小型终端断路器外形。

图8.5　小型终端断路器外形

2．低压断路器的选择原则

低压断路器的选择应从以下几方面考虑。

（1）根据使用场合和保护要求选择断路器类型。如照明线路、电动机控制一般选用塑壳式；配电线路短路电流很大时配电选用限流型断路器；额定电流比较大或有选择性保护要求时选用框架式。

（2）保护含有半导体器件的直流电路时应选用直流快速断路器等。

（3）断路器额定电压、额定电流应不小于线路、设备的正常工作电压、工作电流。

（4）断路器极限通断能力不小于线路可能出现的最大短路电流。

（5）欠电压脱扣器额定电压等于线路额定电压。

（6）过电流脱扣器的额定电流不小于线路的最大负载电流。

三、实训内容

1．实训用仪表、工具与器材

（1）仪表：MF-47型万用表、500V兆欧表。

（2）工具：常用电工工具一套。

（3）器材：低压断路器一个。

2. 实训内容及要求

（1）认识所给的低压断路器，观察型号规格、额定参数、极数挡位。
（2）直观检查并用万用表测量低压断路器的好坏。
（3）注意在认识与测量过程中不允许损坏断路器或丢失零部件。

四、成绩评定

完成各项操作训练后进行实训考核，参考表 8.4 中的评分标准进行成绩评定。

表 8.4　低压断路器的认识与测量评分标准

序号	考 核 内 容	配分	评 分 细 则
1	型号规格	20 分	型号规格正确 20 分，错 1 处扣 5 分
2	额定参数	20 分	额定参数正确 20 分，错 1 处扣 5 分
3	极数挡位	20 分	极数挡位正确 20 分，错 1 处扣 5 分
4	检查测量	20 分	测量结果正确 20 分，错 1 处扣 5 分
5	安全文明生产	20 分	遵守操作规程，无违章操作情况　5 分 正确使用工具，用过后完好无损　5 分 保持工位卫生，做好清洁及整理　5 分 听从教师安排，无各类事故发生　5 分
6	操作完成时间 30min		在规定时间内完成，每超时 5min 扣 5 分

任务 3　交流接触器的选择与拆装训练

一、任务目标

1. 了解交流接触器的性能和技术参数。
2. 熟悉交流接触器的结构与图形符号。
3. 学会交流接触器的选择与使用方法。
4. 掌握交流接触器的拆装与校验技能。

二、相关知识

接触器是一种中远距离频繁地接通与断开交直流主电路及大容量控制电路的一种自动开关电器。主要用于控制电动机、电热设备、电焊机、电容器组等，能频繁地接通或断开交直流主电路，实现远距离自动控制。它具有低电压释放保护功能，在电力拖动自动控制线路中被广泛应用。

接触器有交流接触器和直流接触器两大类型。这里主要介绍交流接触器。

1．交流接触器的组成部分

（1）电磁机构：电磁机构由线圈、动铁芯（称为衔铁）、静铁芯、反力弹簧组成。

（2）触点系统：交流接触器的触点系统包括主触点和辅助触点。主触点用于通断大电流主电路，一般有 3 对或 4 对常开触点；辅助触点用于控制线路，起电气联锁或控制作用，通常有两对常开（2NO）两对常闭（2NC）触点。

（3）灭弧装置：容量在 10A 以上的接触器都有灭弧装置。对于小容量的接触器，常采用双断口桥式触点以利于熄灭电弧；对于大容量的接触器，低压接触器常采用纵缝灭弧罩及栅片灭弧结构，高压接触器多采用真空灭弧。

（4）其他部件：包括反力弹簧、缓冲弹簧、触点反力弹簧、传动机构及外壳和支架等。

接触器上标有端子标号，线圈为 A1、A2，主触点 1、3、5 接电源侧，2、4、6 接负荷侧。辅助触点用两位数表示，前一位为辅助触点顺序号，后一位的 3、4 表示常开触点，1、2 表示常闭触点。直动式接触器结构与电工符号如图 8.6 所示。

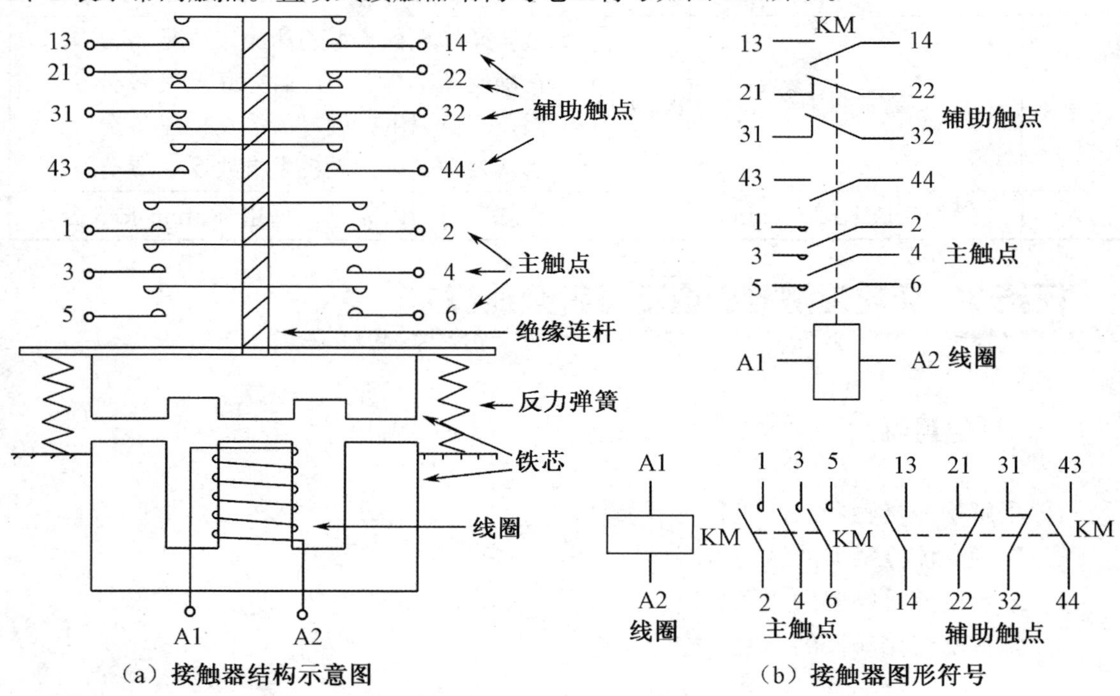

（a）接触器结构示意图　　（b）接触器图形符号

图 8.6　直动式接触器结构与图形符号

交流接触器的动作原理很简单，当线圈接通额定交流电压（频率一定）时，铁芯被磁化产生交变磁通，磁通产生电磁吸力，能克服弹簧反力，吸引动铁芯向静铁芯运动，动铁芯带动绝缘连杆和动触点运动使常闭触点断开，常开触点闭合。当线圈断电或电压

低于释放电压时，电磁吸力小于弹簧反力，常开触点断开，常闭触点闭合。

交流接触器外形如图 8.7 和图 8.8 所示。

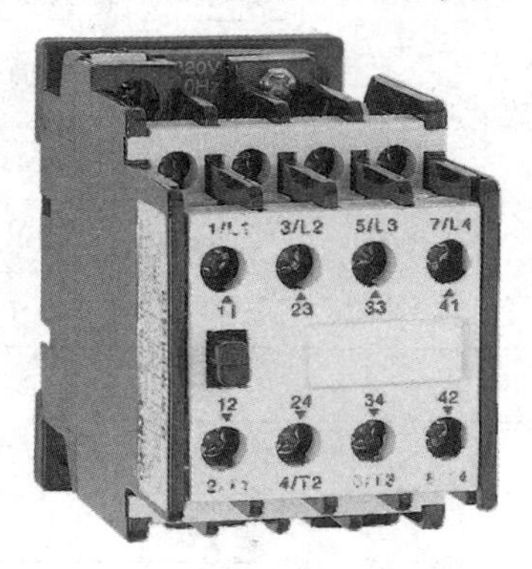

图 8.7　CJ20 交流接触器的外形

图 8.8　CJ10 交流接触器的外形

2．交流接触器的主要技术参数和类型

（1）额定电压。接触器的额定电压有两种。一种是指主触点的额定电压（线电压）：交流有 220V、380V 和 660V，在特殊场合应用的额定电压高达 1140V；另一种是指吸引线圈的额定电压：交流有 36V、127V、220V 和 380V。

（2）额定电流。接触器的额定电流是指主触点的额定工作电流。它是在一定的条件（额定电压、使用类别和操作频率等）下规定的，目前常用的电流等级为 9 ~ 800A。

（3）机械寿命和电气寿命。接触器是频繁操作电气，应有较高的机械寿命和电气寿命，该指标是产品质量的重要指标之一。

（4）额定操作频率。接触器的额定操作频率是指每小时允许的操作次数，一般为 300 次/h、600 次/h 和 1200 次/h。

（5）动作值。动作值是指接触器的吸合电压和释放电压。规定接触器的吸合电压大于线圈额定电压的 85%时应可靠吸合，释放电压不高于线圈额定电压的 70%。

（6）极数。一般指的是主触点极数，有单极、三极、四极和五极。

交流接触器的种类很多，常用的有 CJ0、CJ10 及 CJ20 等系列，有国外引进的 B 系列、3TB 系列，另外，还有比较先进的 CJK1 系列真空接触器及 CJW1－200A/N 型晶闸管接触器。常用的交流接触器种类及技术参数如表 8.5 所示。

表 8.5　CJ 系列交流接触器主要技术指标

型　　号	触点额定电压（V）	主触点额定电流（A）	辅助触点额定电流（A）	控制电动机功率（kW）	吸引线圈电压（V）	吸引线圈消耗（VA）	
						启动功率	吸合功率
CJ10－10	380	10	5	4	36	65	11
CJ10－20		20		10	110	140	22

续表

型号	触点额定电压（V）	主触点额定电流（A）	辅助触点额定电流（A）	控制电动机功率（kW）	吸引线圈电压（V）	吸引线圈消耗（VA）	
						启动功率	吸合功率
CJ10－40	380	40	5	20	127 220 380	230	32
CJ10－63		60		30		495	70
CJ10－100		100		50		—	—
CJ20－10	380	10	5	4	36 110 127 220 380	65	8.3
CJ20－25		25		11		93.1	13.9
CJ20－40		40		22		175	19
CJ20－63		63		30		480	57
CJ20－100		100		50		570	61
CJ20－160		160		85		855	82

3．交流接触器的选择

（1）根据负载性质选择接触器的结构形式及使用类别。

（2）额定电压应大于或等于主电路工作电压。

（3）额定电流应大于或等于被控电路的工作电流。对于异步电动机负载，还应根据其运行方式（有无反接制动）适当增大或减小通断电流。

（4）吸引线圈的额定电压和频率要与所在控制电路的使用电压和频率相一致。

（5）接触器触点数和种类应满足主电路和控制电路的要求。

4．接触器安装前的检查

（1）检查接触器的铭牌及线圈的技术数据，如额定电压、电流、操作频率和通电持续率等，是否符合实际使用要求。

（2）将铁芯极面上的防锈油擦净，以免油垢黏滞造成接触器线圈断电后铁芯不释放。用手分合接触器的活动部分，要求动作灵活，无卡住现象。

（3）检查与调整触电的工作参数，如开距、超程、触点压力等，并要求各级触点接触良好，分合同步。

（4）安装接线时，应注意勿使螺钉、垫圈、接线头等零件失落，以免落入接触器内部造成卡住或短路现象，并将螺钉拧紧，以免振动松脱。

（5）安装时，接触器底面与地面的倾斜度应不大于5°。

（6）检查线路正确无误后，应在主触点不带电的情况下，先使吸引线圈通电分合数次，检查其动作是否可靠，然后才能投入使用。

（7）使用时，应定期检查接触器的各部件，要求可动部分无卡住，紧固件无松脱，

如有损坏，应及时检修。

（8）触点表面应经常保持清洁，不允许涂油。当触点表面因电弧作用形成金属小珠时，应及时铲除，但银合金触点表面产生的氧化膜接触电阻很小，不必锉修，否则将缩短触点的寿命。当触点严重磨损后，应及时调整超程，当厚度只剩下原来的 1/3 时，应调换触点。

（9）原来有灭弧室的接触器，一定要带灭弧室使用，以免发生相间短路事故。

5．常见故障及处理方法

交流接触器经过长期使用或使用不当，均会造成损坏，必须及时进行修理，以保证电力拖动控制系统可靠地工作。为此，要求掌握交流接触器的常见故障分析与处理方法。接触器常见的故障现象、原因与处理方法如表 8.6 所示。

表 8.6　接触器常见故障与处理方法

故障现象	造 成 原 因	处 理 方 法
吸不上或吸力不足	①电源电压过低 ②操作回路电源容量不足或断线，配线错误及控制触点接触不良 ③线圈参数及使用技术条件不符 ④接触器受损，如线圈断线或烧毁，机械可动部分被卡住，转轴生锈或歪斜等 ⑤触点弹簧压力与超程过大	①调整电源电压至额定值 ②增加电源容量，更换线路，修理控制触点 ③更换线圈 ④更换线圈，排除卡住故障，修理受损零件 ⑤按要求调整触点参数
不释放或释放缓慢	①触点弹簧压力过小 ②触点熔焊 ③机械可动部分被卡住，转轴生锈或歪斜 ④铁芯极面有油污或尘埃黏着 ⑤E 形铁芯，当寿命终了时，因去磁气隙消失，剩磁增大，使铁芯不释放	①调整触点弹簧压力 ②排除熔焊故障的原因，修理或更换触点 ③排除卡住现象，修理受损零件更换反力弹簧 ④清理铁芯极面 ⑤更换铁芯
电磁噪声大	①电源电压过低 ②磁系统歪斜或机械卡住，使铁芯不能吸平，极面生锈或油垢、尘埃等异物侵入铁芯极面 ③短路环断裂 ④铁芯极面磨损过度而不平	①调整电源电压至额定值 ②排除歪斜或卡住现象，清理铁芯极面 ③更换短路环 ④更换铁芯

续表

故障现象	造成原因	处理方法
线圈过热或烧毁	①电源电压过高或过低 ②线圈参数与实际使用条件不符 ③线圈制造不良或机械损伤、绝缘损坏 ④运动部分卡住 ⑤交流铁芯极面不平或中间气隙过大	①调整电源电压 ②调换线圈或调换合适的接触器 ③更换线圈，排除机械损伤、绝缘损坏故障。 ④排除卡住现象 ⑤清理铁芯极面或更换铁芯
触点过度磨损	①接触器使用类别选择不当，反接制动或操作频率过高 ②三相触点动作不同步 ③负载侧短路	①接触器降低通断容量使用或改用适于繁重任务的接触器 ②调整触点至分合同步 ③排除短路故障，更换触点

6．交流接触器的拆装步骤

下面以 CJ10 – 10 交流接触器为例，一般交流接触器的拆装步骤如下。

（1）松开灭弧罩的紧固螺丝钉，取下灭弧罩。

（2）拉紧主触点的定位弹簧夹，取下主触点及主触点的压力弹簧片。拉出主触点时必须将主触点旋转 45°后才能取下。

（3）松开辅助常开静触点的接线桩螺丝钉，取下常开静触点。

（4）松开接触器底部的盖板螺丝，取下盖板。在松盖板螺丝时，要用手按住盖板，慢慢放松。

（5）取下静铁芯缓冲绝缘纸片、静铁芯、静铁芯支架及缓冲弹簧。

（6）拔出线圈接线端的弹簧导电夹片，取出线圈。

（7）取出反力弹簧。

（8）抽出动铁芯和支架，在支架上拔出动铁芯的定位销钉。

（9）取下动铁芯及缓冲绝缘纸片。

（10）拆卸完的各零部件如图 8.9 所示，仔细观察各零部件的结构特点，并做好记录。

（11）按拆卸的逆顺序进行装配。装配完成后进行如下检查：用万用表欧姆挡检查线圈及各触点接触是否良好，用兆欧表测量各触点间绝缘电阻是否符合要求，用手按主触点检查运动部分是否灵活，以防产生接触不良、振动和噪声。

7．交流接触器组装后的校验

接触器组装后必须进行校验，否则接触器不能投入使用，校验器材如表 8.7 所示。

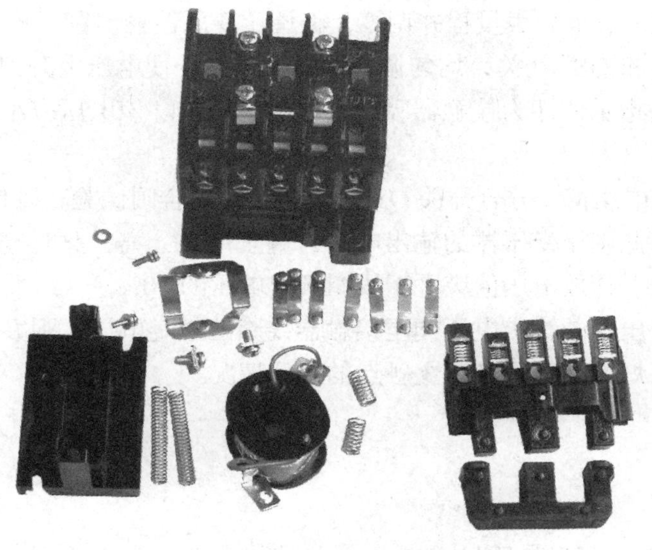

图 8.9　接触器拆卸后的零部件

表 8.7　交流接触器校验器材

代　　号	名　　称	规 格 型 号	数　　量
KM	交流接触器	CJ10-10	1 个
T	自耦调压器	TDGC2-10/500	1 个
QS_1	三极开关	HK1-15/3	1 个
QS_2	二极开关	HK1-15/2	1 个
EL	指示灯	220V，15W	3 个
	安装木板	300mm×200mm×20mm	1 块
	塑料导线	BV-1.0，BRV-1.0	各 10m

（1）将装配好的接触器按如图 8.10 所示接入校验电路。

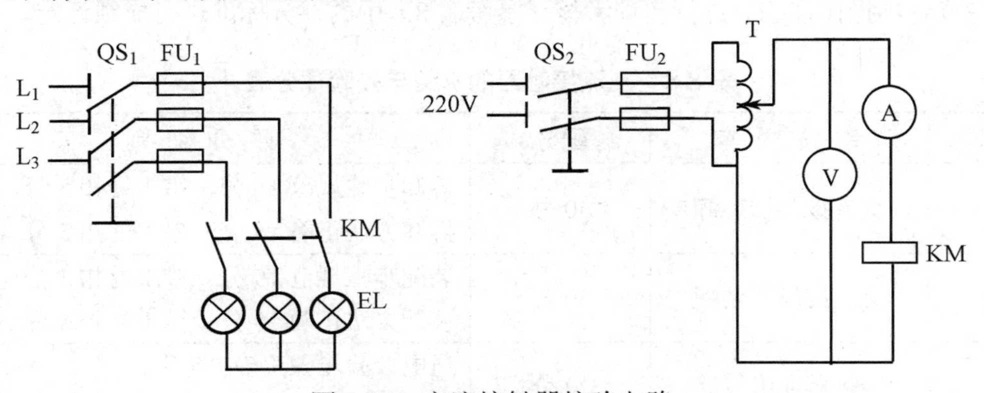

图 8.10　交流接触器校验电路

（2）选好电流表、电压表量程并调零，将调压变压器输出置于零位。

（3）合上 QS_1 和 QS_2 开关，均匀调节调压变压器，使电压上升到接触器铁芯吸合为止，此时电压表的指示值即为接触器吸合动作的电压值。该电压应小于或等于线圈额定电压的 85%。

（4）保持吸合电压值，分合开关 QS_2，做两次冲击合闸试验，以校验动作的可靠性。

（5）均匀地降低调压变压器的输出电压，直至衔铁分离，此时电压表的指示值即为接触器的释放电压。释放电压值应大于线圈额定电压的 50%。

（6）将调压变压器的输出电压调至接触器线圈的额定电压，观察铁芯应该无振动及噪声，从三个指示灯的明暗可判断主触点的接触情况。

三、实训内容

1. 实训用仪表、工具与器材

（1）仪表：MF-47 型万用表、500V 兆欧表。

（2）工具：常用电工工具一套。

（3）器材：交流接触器一个、校验器材一套。

2. 实训内容及要求

（1）按操作要求完成接触器的拆卸与装配。

（2）组装完成后先直观检查并用万用表测量接触器的好坏。

（3）对完成组装的接触器进行通电校验应达到正常使用要求。

（4）注意在拆卸与装配过程中不容许损坏接触器或丢失零部件。

四、成绩评定

完成各项操作训练后进行实训考核，参考表 8.8 中的评分标准进行成绩评定。

表 8.8　交流接触器的拆装与校验评分表

序号	考 核 内 容	配分	评 分 细 则
1	交流接触器拆卸	30 分	拆卸步骤规范 15 分，错 1 处扣 5 分 拆卸方法正确 15 分，错 1 处扣 5 分
2	交流接触器装配	30 分	装配步骤规范 15 分，错 1 处扣 5 分 装配方法正确 15 分，错 1 处扣 5 分
3	接触器通电校验	20 分	通电校验步骤正确 10 分 通电校验结果正确 10 分

续表

序号	考 核 内 容	配分	评 分 细 则
4	安全文明生产	20 分	遵守操作规程，无违章操作情况　5 分 正确使用工具，用过后完好无损　5 分 保持工位卫生，做好清洁及整理　5 分 听从教师安排，无各类事故发生　5 分
5	操作完成时间 30min		在规定时间内完成，每超时 5min 扣 5 分

任务 4　热继电器的选择与调整训练

一、任务目标

1. 了解热继电器的工作原理和技术参数。
2. 熟悉热继电器的结构组成和图形符号。
3. 学会热继电器的选用原则和调整方法。
4. 掌握热继电器的故障诊断与处理技能。

二、相关知识

热继电器用于电气设备（主要是电动机）的过负荷保护。热继电器是一种利用电流热效应原理动作的电器，它具有与电动机容许过载特性相近的反时限动作特性，主要与接触器配合使用，用于对三相异步电动机的过负荷和断相保护。

三相异步电动机在实际运行中，常会遇到因电气或机械原因等引起的过电流（过载和断相）现象。如果过电流不严重，持续时间短，绕组不超过允许温升，这种过电流是允许的；如果过电流情况严重，持续时间较长，则会加快电动机绝缘老化，甚至烧毁电动机，这种情况是不允许的，因此，在电动机回路中应设置电动机保护装置。常用的电动机保护装置种类很多，使用最多、最普遍的是双金属片式热继电器。目前，双金属片式热继电器均为三相式，有带断相保护和不带断相保护两种。

1. 热继电器的结构

图 8.11 所示的是双金属片式热继电器的结构示意图。图 8.12 所示的是其图形符号和文字符号。由图中可见，热继电器主要由双金属片、热元件、复位按钮、传动杆、弹簧、调节旋钮、复位螺丝、触点和接线端子等组成。

双金属片是将两种线膨胀系数不同的金属用机械辗压方法使之形成一体的金属片。膨胀系数大的（如铁镍铬合金、铜合金）称为主动层，膨胀系数小的（如铁镍类合金）

称为被动层。由于两种线膨胀系数不同的金属紧密地贴合在一起，当产生热效应时，使得双金属片向膨胀系数小的一侧弯曲，由弯曲产生的位移带动触点动作。

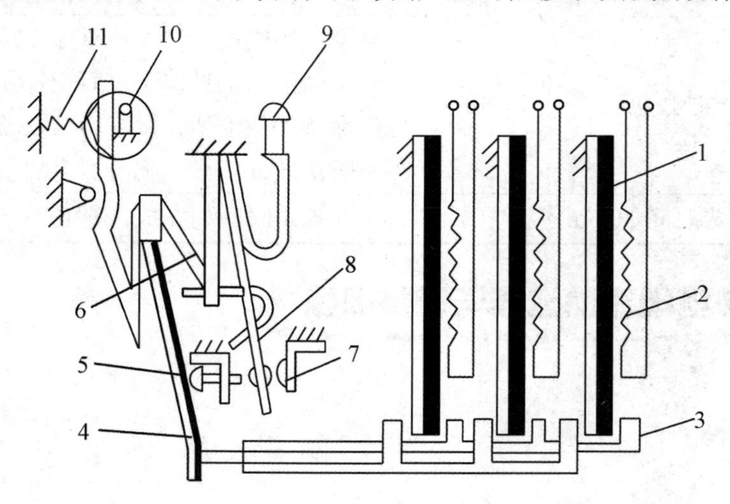

1—主双金属片；2—热元件电阻丝；3—导板；4—补偿双金属片；5—螺钉；6—推杆；7—静触头；8—动触头；9—复位按钮；10—调节凸轮；11—弹簧

图 8.11 热继电器的结构示意图

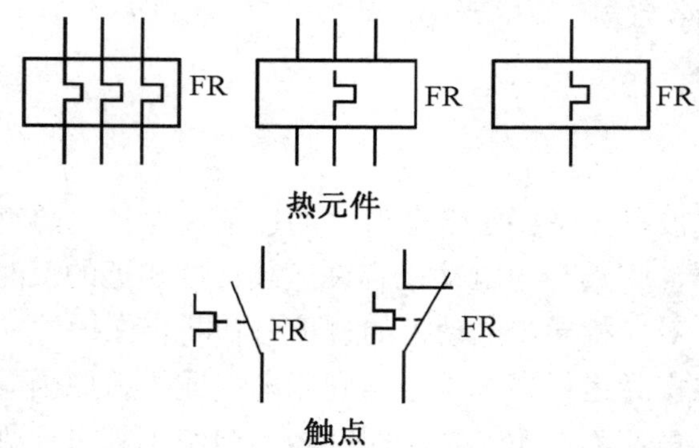

图 8.12 热继电器的图形符号与文字符号

热元件一般由铜镍合金、镍铬铁合金电阻材料制成，其形状有圆丝、扁丝、片状等几种。热元件串接于电机的定子电路中，通过热元件的电流就是电动机的工作电流（大容量的热继电器的热元件串接在互感器二次回路中）。当电动机正常运行时，其工作电流通过热元件产生的热量不足以使双金属片变形到位，热继电器不会动作。当电动机发生过电流且超过整定值时，双金属片受热量增大而发生弯曲，经过一定时间后，使触点动作，通过控制电路切断电动机的工作电源。同时，热元件也因断电而逐渐降温，经过一段时间的冷却，双金属片恢复到原来的状态。

热继电器动作电流的调节是通过旋转调节旋钮来实现的。调节旋钮为一个偏心轮，旋转调节旋钮可以改变传动杆和动触点之间的传动距离，距离越长动作电流就越大，反之动作电流就越小。

热继电器的复位方式有自动复位和手动复位两种。旋入复位螺丝，使常开的静触点向动触点靠近，这样动触点在闭合时处于不稳定状态，在双金属片冷却后动触点也返回，称为自动复位方式；旋出复位螺丝，触点不能自动复位，称为手动复位方式。在手动复位方式下，需在双金属片恢复原状时按下复位按钮才能使触点复位。

热继电器的种类很多，常用的有 JR0、JR16、JR16B、JRS 和 T 等系列。JR16 系列热继电器是一种双金属片热继电器，适用于交流 50Hz，电压至 380V，电流至 160A，长期工作或间断长期工作的一般交流电动机的过载保护之用，带有断相保护装置的热继电器，能在三相电动机一相断线的情况下起保护作用，热继电器具有电流调节和自动与手动复位装置，并有温度补偿装置可以补偿由于环境温度变化而引起的误差。

JR16-20 热继电器外形如图 8.13 所示，技术参数如表 8.9 所示。

图 8.13　JR16-20 热继电器外形

表 8.9　JR16-20 热继电器技术参数

<table>
<tr><th>型　号</th><th>额定电流（A）</th><th>热元件额定电流（A）</th><th>调整范围（A）</th></tr>
<tr><td rowspan="11">JR16-20</td><td rowspan="11">20</td><td>0.5</td><td>0.32 ~ 0.5</td></tr>
<tr><td>0.72</td><td>0.45 ~ 0.72</td></tr>
<tr><td>1.1</td><td>0.68 ~ 1.1</td></tr>
<tr><td>1.6</td><td>1.0 ~ 1.6</td></tr>
<tr><td>2.4</td><td>1.5 ~ 2.4</td></tr>
<tr><td>3.5</td><td>2.2 ~ 3.5</td></tr>
<tr><td>5</td><td>3.2 ~ 5</td></tr>
<tr><td>7.2</td><td>4.5 ~ 7.2</td></tr>
<tr><td>11</td><td>6.8 ~ 11</td></tr>
<tr><td>16</td><td>10 ~ 16</td></tr>
<tr><td>22</td><td>14 ~ 22</td></tr>
</table>

2．热继电器的选择原则

热继电器主要用于电动机的过载保护，使用中应考虑电动机的工作环境、启动情况、负载性质等因素，具体应按以下几个方面来选择。

（1）热继电器结构形式的选择：定子绕组 Y 接的电动机可选用两相或三相结构热继

电器，△接的电动机应选用带断相保护装置的三相结构热继电器。

（2）热继电器的额定电流：应根据电动机或用电负载的额定电流选择热继电器和热元件的额定电流，一般热元件的额定电流应等于或稍大于电动机的额定电流。

（3）热继电器的动作电流整定值一般为电动机额定电流的1.05～1.1倍。

（4）对于反复短时工作的电动机（如起重机电动机），由于电动机不断重复升温降温，热继电器双金属片的温升跟不上电动机绕组的温升变化，电动机将得不到可靠的过载保护，因此，不宜选用双金属片热继电器，而应选用过电流继电器或热敏电阻式温度继电器来进行保护。

3．热继电器的使用

（1）安装前检查热继电器的铭牌及技术数据，如额定电压、额定电流是否符合实际使用要求。

（2）安装接线时，应注意勿使螺钉、垫圈、接线头等零件失落，以免落入电气元件内部造成动作卡住或短路现象，并拧紧螺钉，以免振动松脱。

（3）安装时，热继电器底面与地面的倾斜度应不大于5°。

4．常见故障及处理方法

热继电器的常见故障分为整体故障和零部件故障。表8.10所示的是热继电器常见故障的现象、原因及处理方法。

表8.10　热继电器常见故障与处理方法

故障现象	造成原因	处理方法
热继电器误动作	①整定值偏小	①合理调整整定值，如热继电器额定电流或热元件型号不符合要求应予更换
	②电动机启动时间过长	②从线路上采取措施，启动过程中使热继电器短接
	③反复短时工作，操作次数过高	③调换合适的热继电器
	④强烈的冲击振动	④选用带防冲装置的专用热继电器
	⑤连接导线太细	⑤调换合适的连接导线
热继电器不动作	①整定值偏大	①合理调整整定值，如热继电器额定电流或热元件型号不符合要求应予更换
	②触点接触不良	②清理触点表面
	③运动部分卡住	③排除卡住现象，使用户不随意调整，以免造成动作特性变化
	④导板脱出	④重新放入，推动几次看其动作是否灵活
	⑤连接导线太粗	⑤调换合适的连接导线

续表

故障现象	造 成 原 因	处 理 方 法
热元件烧断	①负载侧短路，电流过大 ②反复短时工作，操作次数过高 ③机械故障，在启动过程中热继电器不能动作	①检查电路，排除短路故障及更换热元件 ②调换合适的热继电器 ③排除机械故障及更换热元件

三、实训内容

1．实训用仪表、工具与器材

（1）仪表：MF-47 型万用表。

（2）工具：常用电工工具一套。

（3）器材：热继电器一个。

2．实训内容及要求

（1）认识热继电器各组成部分。打开盖板观察热继电器内部结构，记录各部件名称。

（2）使用万用表测量热继电器各导电部分电阻值和热元件电阻值，判断其是否正常。

（3）拆开后再组装起来的热继电器通电运行应正常，达到使用要求。

（4）热继电器认识与测量过程中不允许损坏电气元件或丢失零部件。

3．实训报告

根据热继电器认识与测量技能训练填写表 8.11 中的有关内容。

表 8.11 热继电器认识与测量实训报告

<table>
<tr><td colspan="4">型号</td><td colspan="3">主要零部件</td></tr>
<tr><td colspan="4"></td><td>序号</td><td>名称</td><td>作用</td></tr>
<tr><td colspan="3">热元件数量</td><td></td><td></td><td></td><td></td></tr>
<tr><td colspan="4">热元件电阻值（Ω）</td><td></td><td></td><td></td></tr>
<tr><td>U 相</td><td colspan="2">V 相</td><td>W 相</td><td></td><td></td><td></td></tr>
<tr><td></td><td colspan="2"></td><td></td><td></td><td></td><td></td></tr>
<tr><td colspan="4">触点数量（副）</td><td></td><td></td><td></td></tr>
<tr><td colspan="2">常开触点</td><td colspan="2">常闭触点</td><td></td><td></td><td></td></tr>
<tr><td colspan="2"></td><td colspan="2"></td><td></td><td></td><td></td></tr>
<tr><td colspan="4">整定电流值（A）</td><td></td><td></td><td></td></tr>
<tr><td colspan="4"></td><td></td><td></td><td></td></tr>
</table>

实训所用时间： 实训人： 日期：

四、成绩评定

完成各项操作训练后进行技能考核，参考表 8.12 中的评分标准进行成绩评定。

表 8.12　热继电器的认识与测量评分标准

序号	考 核 内 容	配分	评 分 细 则
1	型号规格及整定电流值	20 分	型号规格正确 10 分，错 1 处扣 5 分 整定电流值正确 10 分
2	触点数量及端子号检查	20 分	触点数量正确 10 分，错 1 处扣 5 分 触点端子号正确 10 分，错 1 处扣 5 分
3	热元件电阻值测量	10 分	电阻值测量正确 10 分
4	主要零部件名称及作用	30 分	零部件名称正确 15 分，错 1 处扣 5 分 零部件作用正确 15 分，错 1 处扣 5 分
5	安全文明生产	20 分	遵守操作规程，无违章操作情况 5 分 正确使用工具，用过后完好无损 5 分 保持工位卫生，做好清洁及整理 5 分 听从教师安排，无各类事故发生 5 分
6	操作完成时间 30min		在规定时间内完成，每超时 5min 扣 5 分

任务 5　时间继电器的选择与检修训练

一、任务目标

1. 了解时间继电器的原理和技术参数。
2. 熟悉时间继电器的组成和图形符号。
3. 学会时间继电器的选择和使用方法。
4. 掌握时间继电器的测量与检修技能。

二、相关知识

时间继电器的类型与结构

时间继电器在控制电路中用于时间的控制。其种类很多，按其动作原理可分为电磁式、空气阻尼式、电动式和电子式等；按延时方式可分为通电延时型和断电延时型。下

面以两种常用的时间继电器为例说明其工作原理。

（1）空气阻尼式时间继电器。空气阻尼式时间继电器是利用空气阻尼原理获得延时的，它由电磁机构、延时机构和触点系统 3 部分组成。电磁机构为直动式双 E 型铁芯，触点系统使用 LX5 型微动开关，延时机构采用气囊式阻尼器。

空气阻尼式时间继电器可以做成通电延时型，也可以改成断电延时型，电磁机构可以是直流的，也可以是交流的，如图 8.14 所示。

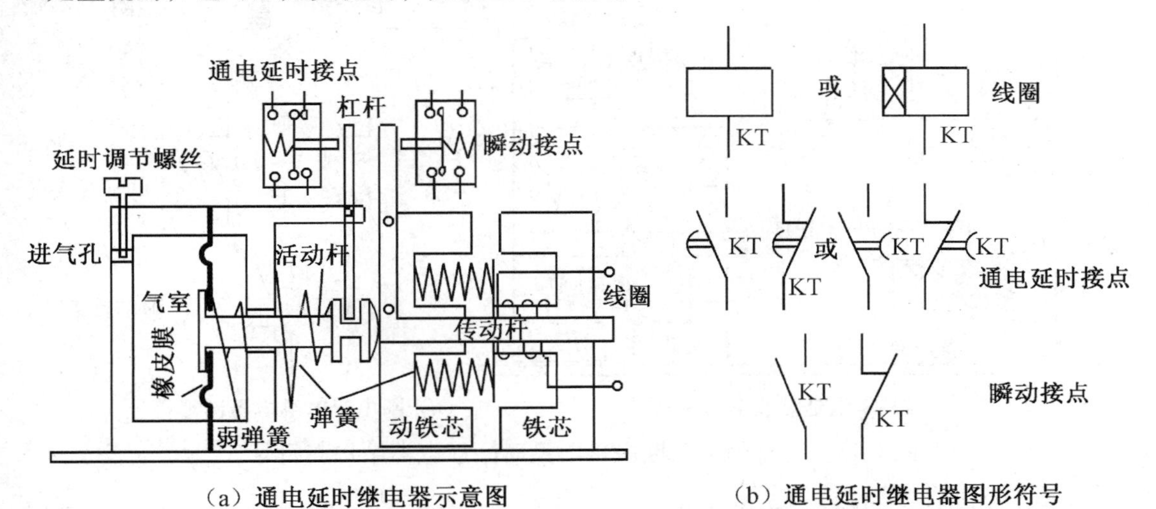

（a）通电延时继电器示意图　　（b）通电延时继电器图形符号

图 8.14　空气阻尼式通电延时型时间继电器结构与符号

现以通电延时型时间继电器为例介绍其工作原理。图 8.14 中通电延时型时间继电器为线圈断电时的情况，当线圈通电后，动铁芯吸合，带动 L 型传动杆向右运动，使瞬动接点受压，其接点瞬时动作。活塞杆在塔形弹簧的作用下，带动橡皮膜向右移动，弱弹簧将橡皮膜压在活塞上，橡皮膜左方的空气不能进入气室，形成负压，只能通过进气孔进气，因此活塞杆只能缓慢地向右移动，其移动的速度和进气孔的大小有关（通过延时调节螺丝调节进气孔的大小可改变延时时间）。经过一定的延时后，活塞杆移动到右端，通过杠杆压动微动开关（通电延时接点），使其常闭触点断开，常开触点闭合，起到通电延时作用。

当线圈断电时，电磁吸力消失，动铁芯在反力弹簧的作用下释放，并通过活塞杆将活塞推向左端，这时气室内的空气通过橡皮膜和活塞杆之间的缝隙排出，瞬动接点和延时接点迅速复位，无延时。

如果将通电延时型时间继电器的电磁机构反向安装，就可以改为断电延时型时间继电器，如图 8.15 所示。线圈断电时，塔形弹簧将橡皮膜和活塞杆推向右侧，杠杆将延时接点压下（注意，原来通电延时的常开接点变成了断电延时的常闭接点了，原来通电延时的常闭接点变成了断电延时的常开接点），当线圈通电时，动铁芯带动 L 型传动杆向左运动，使瞬动接点瞬时动作，同时推动活塞杆向左运动，如前所述，活塞杆向左运动不延时，延时接点瞬时动作。线圈断电时动铁芯在反力弹簧的作用下返回，瞬动接点瞬时动作，延时接点延时动作。

时间继电器线圈和延时接点的图形符号都有两种画法，线圈中的延时符号可以不画，接点中的延时符号可以画在左边也可以画在右边，但是圆弧的方向不能改变，如图 8.14（b）和图 8.15（b）所示。

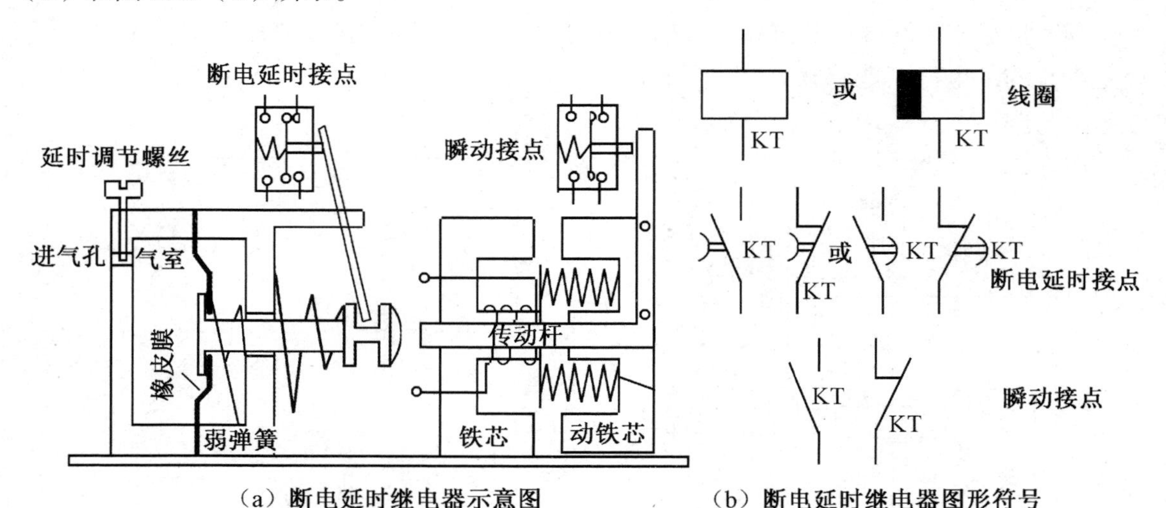

（a）断电延时继电器示意图　　（b）断电延时继电器图形符号

图 8.15　空气阻尼式断电延时型时间继电器结构与符号

空气阻尼式时间继电器的优点是结构简单、延时范围大、寿命长、价格低廉，且不受电源电压及频率波动的影响，其缺点是延时误差大、无调节刻度指示，一般适用于延时精度要求不高的场合。常用的产品有 JS7-A、JS23 等系列，其中 JS7-A 系列的主要技术参数为延时范围，分为 0.4～60s 和 0.4～180s 两种，操作频率为 600 次/h，触点容量为 5A，延时误差为±15%。在使用空气阻尼式时间继电器时，应保持延时机构的清洁，防止因进气孔堵塞而失去延时作用。JS7-A 空气阻尼式时间继电器技术数据如表 8.13 所示。

表 8.13　JS7-A 空气阻尼式时间继电器技术数据

型　号	线圈低压（V）	触点额定电压（V）	触点额定电流（A）	延时范围（s）	延时触点				辅助触点	
					通电延时		断电延时		常开	常闭
					常开	常闭	常开	常闭		
JS7-1A	36，110，127，220，380	380	交流 5 直流 180 （VA）	0.4～60 0.4～180	1	1				
JS7-2A					1	1			1	1
JS7-3A							1	1		
JS7-4A							1	1	1	1

时间继电器在选用时应根据控制要求选择其延时方式，根据延时范围和精度选择继电器的类型。图 8.16 所示的是 JS7-A 空气阻尼式时间继电器的外形图片。

（2）JS14A 系列晶体管时间继电器。JS14A 系列晶体管时间继电器为通电延时型，是 JS14 的改进型，适用于交流 50Hz 或 60Hz、电压 380V 及以下和直流电压 220V 及以下的控制电路中作延时元件，按预定的时间接通或开断电路。由于较 JS14 系列继电器输出接点容量大，因此增加了直流延时型和面板式，并在锁紧装置上也作了改进，可广泛用于电力拖动系统、自动程序控制系统及各种生产工艺过程的自动控制系统中。

图 8.17 所示的是 JS14A 晶体管式时间继电器的外形。JS14A 晶体管式时间继电器技术数据可如表 8.14 所示。

图 8.16　JS7-A 空气阻尼式时间继电器外形

图 8.17　JS14A 晶体管式时间继电器外形

表 8.14　JS14A 晶体管式时间继电器技术数据

<table>
<tr><th rowspan="2">型　号</th><th rowspan="2">结　　构</th><th rowspan="2">延时范围（s）</th><th rowspan="2">工作电压（V）</th><th colspan="2">触点数量</th><th rowspan="2">误差</th><th rowspan="2">消耗功率（W）</th></tr>
<tr><th>常开</th><th>常闭</th></tr>
<tr><td>JS14A-Z</td><td>交流装置式</td><td rowspan="5">0～1，5，10，30，60，180，240，300，600，900</td><td rowspan="3">36，110，127，220，380</td><td>2</td><td>2</td><td rowspan="5">≤±3%</td><td rowspan="5">1.5</td></tr>
<tr><td>JS14A-M</td><td>交流面板式</td><td>2</td><td>2</td></tr>
<tr><td>JS14A-Y</td><td>交流外接式</td><td>1</td><td>1</td></tr>
<tr><td>JS14A-Z</td><td>直流装置式</td><td></td><td>2</td><td>2</td></tr>
<tr><td>JS14A-M</td><td>直流面板式</td><td></td><td>2</td><td>2</td></tr>
</table>

三、实训内容

1．实训用仪表、工具与器材

（1）仪表：MF-47 型万用表。

（2）工具：常用电工工具一套。

（3）器材：时间继电器一个。

2. 实训内容及要求

（1）认识时间继电器各组成部分。打开时间继电器与底座的连接，观察其引脚，记录各个部件引脚号。

（2）使用万用表测量时间继电器各导电部分的电阻值，测量线圈（或内部变压器线圈）的直流电阻值，并判断是否正常。

（3）注意在认识与测量过程中不允许损坏电气元件或丢失零部件。

3. 实训报告

根据时间继电器的认识与测量技能训练填写表8.15中的有关内容。

表8.15　时间继电器认识与测量实训报告

时间继电器型号				计时范围	
线圈额定电压（V）		线圈端子号		线圈电阻值	
瞬动触点数量（副）	常开触点	数量（副）			
		触点端子号			
	常闭触点	数量（副）			
		触点端子号			
延时触点数量（副）	常开触点	数量（副）			
		触点端子号			
	常闭触点	数量（副）			
		触点端子号			

实训所用时间：　　　　　　　　实训人：　　　　　　　　日期：

四、成绩评定

完成各项操作训练后进行技能考核，参考表8.16中的评分标准进行成绩评定。

表8.16　时间继电器的认识与测量评分标准

序号	考核内容	配分	评分细则
1	型号和计时范围	20分	型号规格正确10分，错1处扣5分 计时范围正确10分

续表

序号	考核内容	配分	评分细则
2	触点数量和端子号	30分	触点数量正确15分，错1处扣5分 触点端子号正确15分，错1处扣5分
3	线圈参数及测量	30分	线圈额定值正确10分，错1处扣5分 线圈端子号正确10分，错1处扣5分 线圈电阻测量正确10分
4	安全文明生产	20分	遵守操作规程，无违章操作情况 5分 正确使用工具，用过后完好无损 5分 保持工位卫生，做好清洁及整理 5分 听从教师安排，无各类事故发生 5分
5	操作完成时间30min		在规定时间内完成，每超时5min扣5分

任务6 主令电器的选择与检修训练

一、任务目标

1. 了解常用主令电器的作用和组成结构。
2. 熟悉常用主令电器的图形和文字符号。
3. 学会常用主令电器的型号和触点识别。
4. 掌握常用主令电器的选择与检修技能。

二、相关知识

主令电器用于在控制电路中以开关触点的通断形式来发布控制命令，使控制电路执行对应的控制任务。主令电器应用广泛，种类繁多，常见的有按钮、行程开关、接近开关、转换开关、主令控制器、选择开关、足踏开关等。

1. 控制按钮

（1）按钮的结构、种类及符号。按钮由按钮帽、复位弹簧、桥式触点和外壳等组成，其结构示意图及图形符号如图8.18所示。触点采用桥式触点，额定电流在5A以下。触点又分为常开触点（动断触点）和常闭触点（动合触点）两种。

按钮从外形和操作方式上可分为平钮和急停按钮，急停按钮也叫蘑菇头按钮，常用按钮的外形如图8.19所示，除此之外还有钥匙钮、旋钮、拉式钮、万向操纵杆式、带灯式按钮等多种类型。

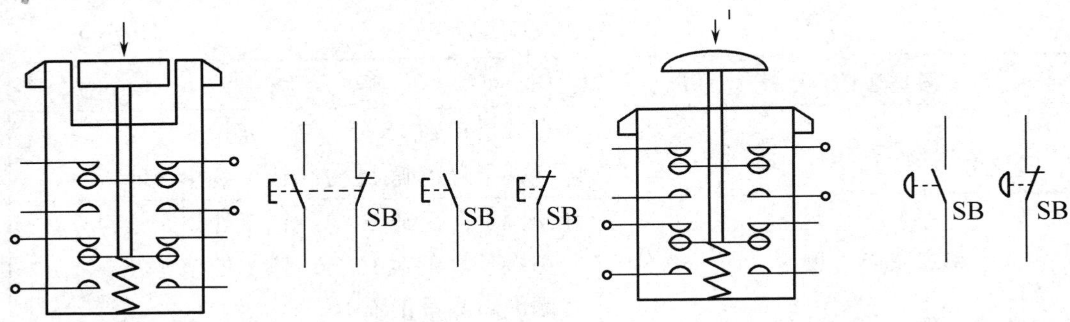

（a）按钮示意图　（b）按钮图形符号　（c）急停按钮示意图　（d）急停按钮图形符号

图 8.18　按钮结构示意图及图形符号和文字符号

图 8.19　常用按钮开关外形

LAY3 系列按钮开关是近几年来参照国外同类产品生产的，可以与 LA46、HQA1 等产品互换使用。本产品适用于交流 380V，频率 50 ~ 60Hz，额定绝缘电压至 690V，直流电压至 440V 的控制电路中。

LAY3 系列按钮开关由触点、基座、钮头三大部件组成，采用无坚固螺钉自锁连接。变换钮部件可派生不同形式的品件，开关形式有旋钮式、蘑菇式、自锁式、带灯式、钥匙式、自复式、一般式等。按钮的颜色分为红、绿、黄、蓝、黑、白六种。

国产按钮主要产品系列有 LA19、LA20、LAY7 等，进口按钮种类繁多，不再一一赘述，使用时可参看产品目录和使用说明书。

（2）按钮的颜色。红色按钮用于“停止”、“断电”或“事故”；绿色按钮优先用于“启动”或“通电”，但也允许选用黑色、白色或灰色按钮。一按钮双用的，如“启动”与“停止”或“通电”与“断电”，即交替按压后改变功能的，不能用红色按钮，也不能用绿色按钮，而应用黑色、白色或灰色按钮。按压时运动，抬起时停止运动（如点动、微动），应用黑色、白色、灰色或绿色按钮，最好是黑色按钮，而不能用红色按钮。表 8.17 中按国家标准列出了按钮颜色的指代含义。

表 8.17　按钮颜色的含义

颜　　色	含　　义	用　　途
红色	处理事故	紧急停机
	“停止”或“断电”	正常停机 停止一台或多台电动机 装置的局部停机
绿色	“启动”或“通电”	正常启动 启动一台或多台电动机 装置的局部启动
黄色	参与	防止意外情况，情况将有变化 参与抑制反常的状态 避免不需要的变化（事故）
蓝色	上述颜色未包含的指定用意	凡红色、黄色和绿色未包含的用意，皆可用蓝色自定义
黑色、灰色、白色	无特定用意（自定义）	除单功能的“停止”或“断电”按钮外的任何功能

（3）按钮的选择原则。

① 根据使用场合，选择控制按钮的种类，如开启式、防水式、防腐式等。

② 根据用途，选用合适的形式，如普通式、钥匙式、紧急式、带灯式等。

③ 按控制回路的需要，确定不同的按钮组数，如单钮、双钮、三钮、多钮等。

④ 按工作状态指示和工作情况的要求，选择按钮的颜色。

2．行程开关

（1）行程开关的结构、种类及符号。行程开关又称为限位开关，它的种类很多，按运动形式可分为直动式、微动式、转动式等；按触点的性质分可为有触点式和无触点式。无触点的行程开关又称为接近开关。

行程开关的工作原理和按钮相同，区别在于它不是靠手的按压，而是利用生产机械运动的部件碰压而使触点动作来发出控制指令的主令电器。它用于控制生产机械的运动方向、速度、行程大小或位置等，其结构形式多种多样。

图 8.20 所示的是三种操作类型的行程开关动作原理示意图及图形符号。图 8.21 所示的是三种行程开关外形图。

（2）行程开关的选择与注意事项。有触点行程开关的选择应注意以下几点。

① 根据应用场合及控制对象的特点选择，要求适应场合、触点组数够用。

② 适应被控制回路的电压和电流要求。

③ 根据机械与行程开关的传力与位移关系选择合适的动作头部形式。

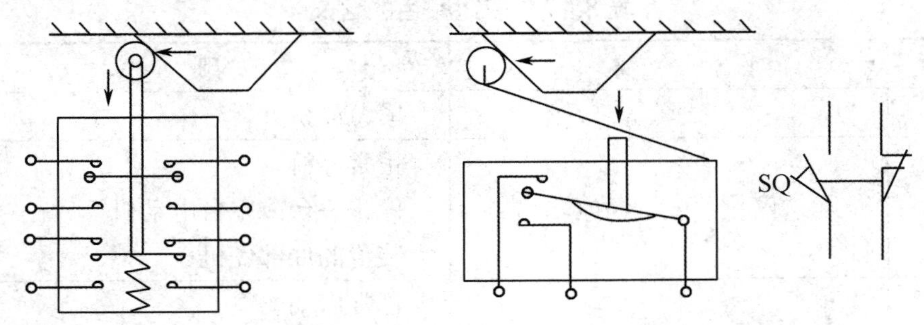

（a）直动式和微动式行程开关结构与电工符号

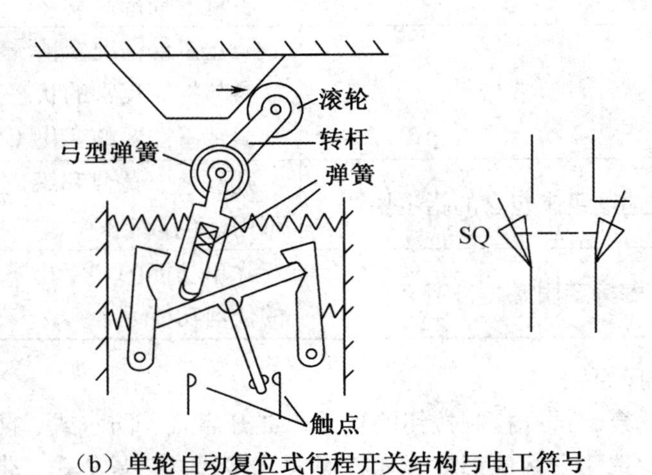

（b）单轮自动复位式行程开关结构与电工符号

图 8.20　行程开关的结构与电工图形符号和文字符号

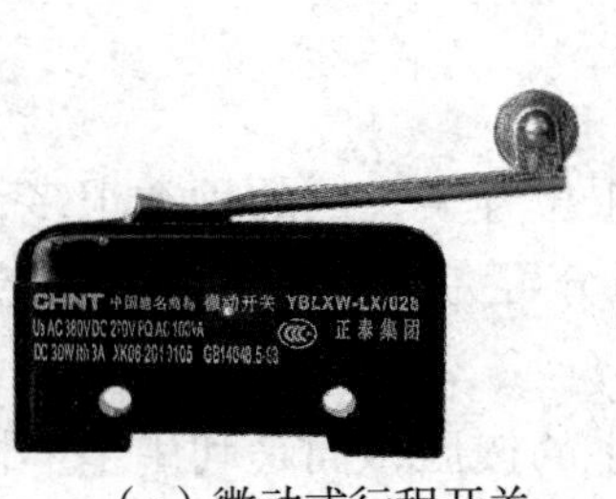

（a）微动式行程开关

（b）直动式行程开关

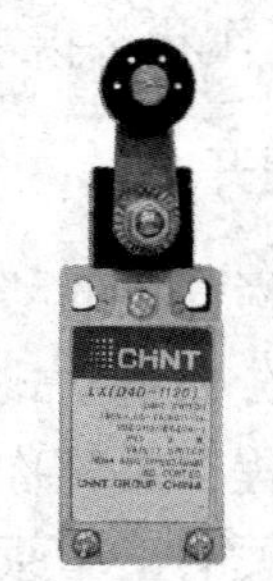

（c）单轮行程开关

图 8.21　常用行程开关外形图

3．转换开关

转换开关是一种多挡位、多触点、能够控制多回路的主令电器，主要用于各种控制设备中线路的换接、遥控和电流表、电压表的换相测量等，也可用于控制小容量电动机的启动、换向、调速。图 8.22 所示的是转换开关结构示意图。

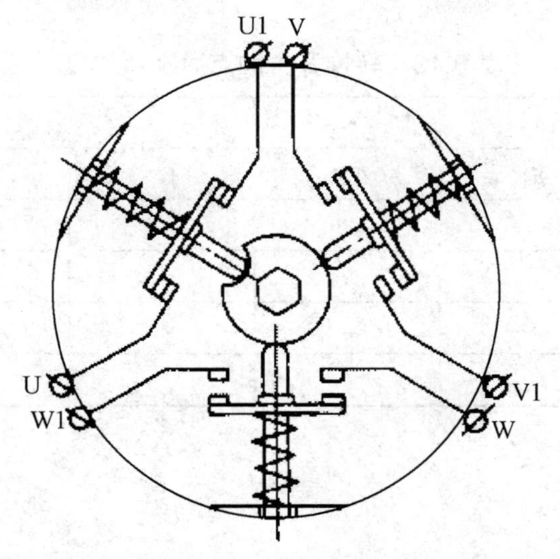

图 8.22 转换开关结构示意图

转换开关具有较多操作位置和触点，是能够换接多个电路的一种手动控制电器。由于它能控制多个回路，适应复杂线路的要求，因此有“万能”转换开关之称，通过继电器和接触器间接控制电动机或测量仪表。常用的转换开关类型主要有两大类，即万能转换开关和组合开关。二者的结构和工作原理基本相似，在某些应用场合下二者可相互替代。转换开关按结构类型分为普通型、开启组合型和防护组合型等；按用途又分为主令控制用和控制电动机用两种。五挡位转换开关的图形符号如图 8.23 所示。

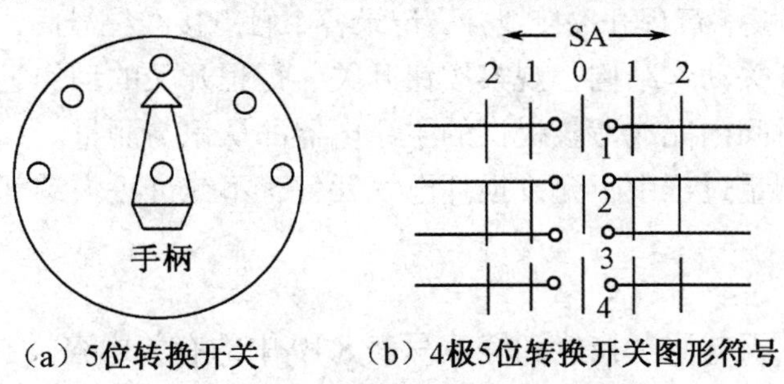

图 8.23 转换开关及图形符号

转换开关的主要参数有手柄类型、触点通断状态表、工作电压、触点数量及其电流容量，在产品目录及说明书中都有详细说明。常用的转换开关有 LW2、LW5、LW 6、LW8、LW9、LW12、LW16、3LB 等系列，其中 LW2 系列用于断路器操作回路的控制，LW5、LW6 系列多用于电力拖动系统中对线路或电动机进行控制。

转换开关触点通断状态表如表 8.18 所示。

表 8.18　转换开关触点通断状态表

触点号 \ 手柄位置	←	↖	↑	↗	→
	90°	45°	0°	45°	90°
1			×		
2		×		×	
3	×	×			
4				×	×

注：×表示触点接通

三、实训内容

1．实训用仪表、工具与器材

（1）仪表：MF-47 型万用表。

（2）工具：常用电工工具一套。

（3）器材：LAY3-11 按钮开关，LX19-111 行程开关。

2．实训内容及要求

（1）观察按钮开关、行程开关接线柱，记录各个触点接线柱号码，测量触点通断状态。

（2）用手推动开关动作结构，观察按钮开关、行程开关的动作过程。

（3）在规定的时间内完成考核提供的主令电器的认识与测量。

（4）在认识与测量过程中不允许损坏电气元件，不允许丢失零部件。

3．实训报告

根据主令电器认识与测量技能训练填写表 8.19 中的有关内容。

表 8.19　主令电器认识与测量实训报告

项目	型号	规格	常开触点		常闭触点	
			触点数量	触点端子号	触点数量	触点端子号
按钮开关观察测量						
行程开关观察测量						

实训所用时间：　　　　　　　　　　实训人：　　　　　　　　　　日期：

四、成绩评定

完成各项操作训练后进行技能考核，参考表 8.20 中的评分标准进行成绩评定。

表 8.20　主令电器认识与测量评分标准

序号	考 核 内 容	配分	评 分 细 则
1	按钮开关	40 分	型号规格正确 10 分，错 1 处扣 5 分 触点数量正确 15 分，错 1 处扣 5 分 触点端子号正确 15 分，错 1 处错扣 5 分
2	行程开关	40 分	型号规格正确 10 分，错 1 处扣 5 分 触点数量正确 15 分，错 1 处扣 5 分 触点端子号正确 15 分，错 1 处错扣 5 分
3	安全文明生产	20 分	遵守操作规程，无违章操作情况 5 分 正确使用工具，用过后完好无损 5 分 保持工位卫生，做好清洁及整理 5 分 听从教师安排，无各类事故发生 5 分
4	操作完成时间 30min		在规定时间内完成，每超时 5min 扣 5 分

思考题

1. 低压电器如何分类？简述低压断路器的结构原理。
2. 闸刀开关安装运行和维护需注意哪些事项？
3. 如何为三相异步电动机选择合适的熔断器的额定电流？
4. 简述选择熔断器及上下级匹配的特点。
5. 交流接触器运行中出现较大的电磁噪声是什么原因？如何维修？
6. 热继电器的额定电流与热元件额定电流是否相同？
7. 热继电器误动作的原因有哪些？热继电器不动作的原因有哪些？
8. 简述热继电器的技术特性和工作原理。
9. 什么是主令电器？其作用是什么？
10. 简述复合按钮开关和行程开关动作过程。

项目 9

三相异步电动机控制线路安装

三相异步电动机应用广泛，其控制线路的安装和调试技能训练是电工的一门重要实训内容，本项目从基础入手，由易到难，循序渐进，逐步培养学习者对复杂控制线路的读图能力和故障处理能力，使学习者获得较多的实践知识和操作技能，为以后从事电动机拖动生产机械控制线路的安装和技术改造打下一定的专业基础。本项目主要进行三相异步电动机的单向运转控制、正反转运行控制、减压启动控制、机械行程控制、能耗制动控制等多种控制线路安装和调试的技能训练。

任务 1　三相异步电动机单向运转控制训练

一、任务目标

1. 了解实现三相异步电动机单向运转控制的原理与方法。
2. 学会分析三相异步电动机单向运转控制线路的动作过程。
3. 掌握按照电气控制线路图装接单向运转控制线路的操作技能。
4. 学会根据故障现象使用万用表检查主电路、控制电路的常见故障。
5. 掌握三相异步电动机单向运转控制线路的故障处理技能。

二、相关知识

1．控制线路动作原理

具有自锁和过载保护的单向运行控制线路如图 9.1 所示。

线路的动作原理如下。

合上电源开关 QS：

启动：按SB_2 → KM线圈通电 → KM常开辅助触点闭合自锁；→ KM主触点闭合 → 电动机M启动运转

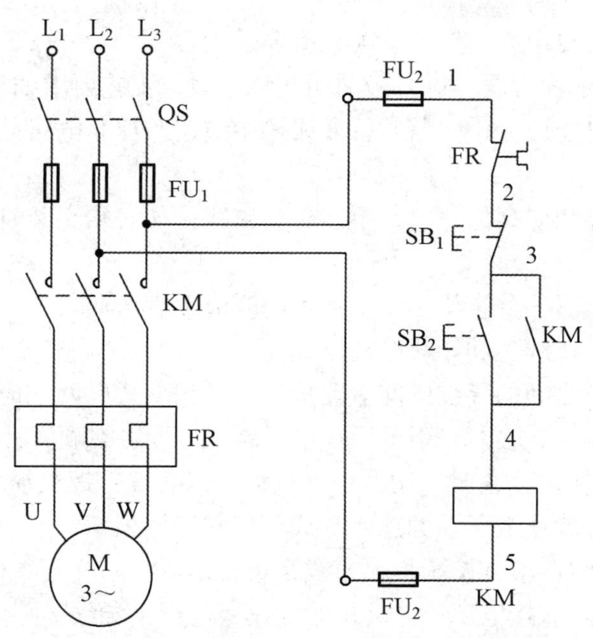

图 9.1　带过载保护直接启动单向运转控制线路

松开启动按钮 SB_2，由于接在按钮 SB_2 两端的 KM 常开辅助触点闭合自锁，控制回路仍保持接通，电动机 M 继续运转。

停止：按SB_1 ⟶ KM线圈断电释放 ⟶ KM常开辅助触点断开 ⟶ 自锁解除；⟶ KM主触点断开 ⟶ 电动机M停止运转

电动机在运行过程中，由于过载或其他原因，使负载电流超过额定值时，经过一定时间，串接在主回路中的热元件使双金属片因受热弯曲，推动串接在控制回路中的常闭触点断开，切断控制回路，接触器 KM 的线圈断电，主触点断开，电动机 M 停止运转，达到了过载保护的目的。

2. 安装工艺及要求

（1）根据原理图绘出电动机单向运转控制线路的电气元件布置图和电气接线图。

（2）按需要选择、配齐所有电气元件，并进行元件质量检验。

① 电气元件的技术数据（如型号、规格、额定电压、额定电流）应完整并符合要求，外观无损伤。

② 电气元件的电磁机构动作是否灵活，有无衔铁卡阻等不正常现象，用万用表检测电磁线圈的通断情况及各触点的分合情况。

③ 接触器的线圈电压和控制电源电压是否一致。

④ 对电动机的质量进行常规检查（每相绕组的通断、相间绝缘、相对地绝缘等）。

（3）在控制板上按元件位置图安装电气元件，工艺要求如下。

① 隔离开关、熔断器的受电端子应安装在控制板的外侧。

② 每个元件的安装位置应整齐、匀称、间距合理、便于布线及元件的更换。

③ 紧固各元件时要用力均匀，紧固程度要适当。

（4）按接线图的走线方向，进行板前明配线布线，工艺要求如下。

① 布线通道尽可能地少，同路并行导线按主线路、控制电路分类集中，单层密排，紧贴安装板布线。

② 同一平面的导线应高低一致，不能有交叉线。如必须交叉时，应水平架空跨越，但必须走线合理。

③ 布线应横平竖直，分布均匀，变换走向时应垂直弯曲。

④ 布线时严禁损伤线芯和导线绝缘层。

⑤ 两个接线端子之间的导线中间应无接头，每根导线的两端应套上号码管。

⑥ 导线与接线端子连接时，不得压在绝缘层上、接触圈顺时针绕，不允许反绕，线芯不要露出过长。按钮内接线时，用力不可过猛，以防螺钉螺纹损坏打滑。

⑦ 一个电气元件接线端子上的连接导线不得多于两根。

（5）根据电气接线图检查控制板上布线是否正确。

（6）安装电动机。连接电源、电动机等控制板外部的导线。

（7）连接电动机和按钮金属外壳的保护接地线（若按钮为塑料外壳，则不需要接地线）。

（8）热继电器的热元件应串接在主电路中，其常闭触点应串接在控制电路中，热继电器的整定电流应按电动机的额定电流自行整定。

（9）总体检查测试。

① 按电路原理图或电气接线图从电源端开始，逐段核对接线及接线端子处是否正确，有无漏接、错接之处。检查导线接点是否符合要求，压接是否牢固。接触应良好，以免带负载运行时产生闪弧现象。

② 用万用表检查线路的通断情况。

③ 用兆欧表检查线路的绝缘电阻应不小于 5MΩ。

三、实训内容

1．实训用仪表、工具与材料

（1）仪表：MF-47 型万用表、500V 兆欧表。

（2）工具：常用电工工具一套。

（3）材料：电气元件和材料如表 9.1 所示。

表 9.1　电气元件和实训材料明细表

文字符号	名　　称	型　　号	规　　格	数量
QS	隔离开关	DZ47-32/3	三极，20A	1 个

续表

文字符号	名　称	型　号	规　格	数量
FU_1	熔断器	RL1-15/10	500V，15A，熔体 10A	3 个
FU_2	熔断器	RL1-15/2	500V，15A，熔体 2A	2 个
KM	接触器	CJ10-20	20A	1 个
FR	热继电器	JR16-20/3	20A，热元件 10A	1 个
SB_1、SB_2	按钮开关	LA4-3H	防护式组合按钮	1 个
XT	接线端子排	LX2-1010	500V，10A 10 节	1 个
M	异步电动机	Y80M-4	2.2kW，1440r/min	1 台
	控制线路安装板		400mm×300mm×20mm	1 块
	绝缘导线	BVL	BVL-2.5	10m
	绝缘导线	BVR	BVR-1.0	2m

2．实训内容及要求

（1）在电动机控制线路安装板上安装电动机单向运行控制线路，按工艺要求操作，接线时注意接线方法，各接点要牢固、接触良好，保护好各电气元件。

（2）全部电路安装完成后，反复检查无误后，经老师同意可接上电动机进行通电试运转。观察电器和电动机的动作及运转情况。要遵守安全规程，注意文明操作。

3．实训报告

（1）画出具有自锁和过载保护的单向运转控制线路的元件布置图和接线图。

（2）说明具有自锁的单向运转控制线路的失电压（或零电压）与欠电压保护作用。

（3）将实训中出现的故障及排除方法填入表 9.2 中，并分析故障原因。

表 9.2　电动机控制线路安装与调试实训报告

序号	故 障 现 象	故 障 原 因	排 除 方 法
1			
2			
3			

实训所用时间：　　　　　　　　实训人：　　　　　　　　日期：

四、成绩评定

三相电动机单向运转控制线路安装与调试考核参考表 9.12 中的评分标准进行成绩评定。

表 9.3　三相电动机控制电路安装调试评分标准

序号	考核内容	配分	评分细则
1	元件选择和检查	10 分	选择和检查元件认真 5 分 仪表测量、使用正确 5 分
2	元件布置和固定	15 分	元件布置合理 5 分 安装固定牢固 10 分
3	线路接线工艺	25 分	布线整齐美观、横平竖直、拐弯为直角 10 分 导线与端子接触良好，无压接绝缘层 10 分 接触圈顺时针绕，线芯裸露不超过 2mm　5 分
4	外壳保护接地	10 分	电动机、电气元件的金属外壳可靠接地 10 分
5	通电试运转（在规定时间内可进行两次通电）	20 分	第一次通电运转成功，动作正常 20 分 排除故障后第二次通电运转成功 10 分 第二次通电仍不成功或放弃通电不得分
6	安全文明操作	20 分	遵守操作规程，无违章操作情况 5 分 正确使用工具，用过后完好无损 5 分 保持工位卫生，做好清洁及整理 5 分 听从教师安排，无各类事故发生 5 分
7	操作完成时间 90min		在规定时间内完成，每超时 10min 扣 5 分

任务 2　三相异步电动机正反转运行控制训练

一、任务目标

1. 了解实现三相异步电动机正反转运行控制的原理与方法。
2. 学会分析三相异步电动机正反转运行控制线路的动作过程。
3. 掌握按照电气控制线路图装接正反转运行控制线路的操作技能。
4. 学会根据故障现象使用万用表检查主电路、控制电路的常见故障。
5. 掌握三相异步电动机正反转运行控制线路的故障处理技能。

二、相关知识

1. 控制线路动作原理

接触器、按钮双重互锁（联锁）的正反转控制线路，安全可靠、操作方便，较常用接触器、按钮双重互锁（联锁）的正反转控制线路如图 9.2 所示。

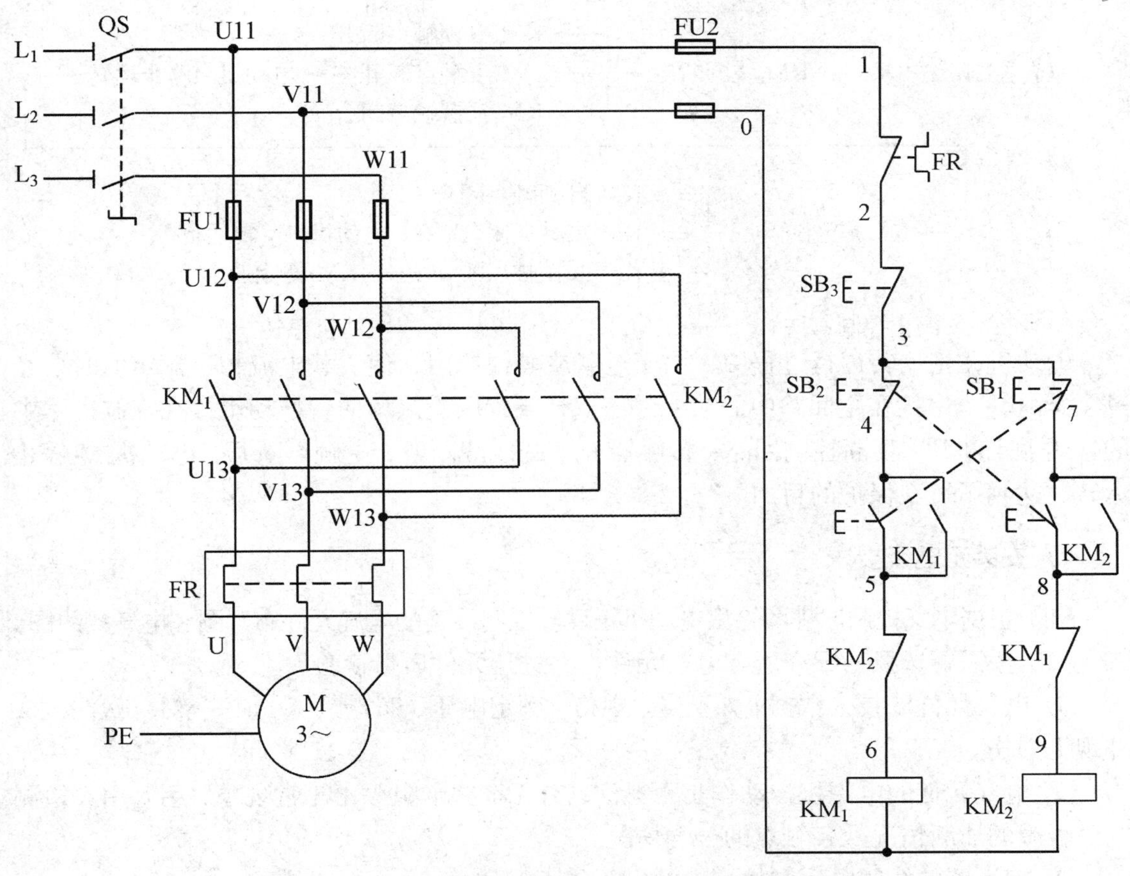

图 9.2　按钮、接触器双重互锁正反转控制线路

线路要求接触器 KM_1 和 KM_2 不能同时通电，否则它们的主触点同时闭合，将造成 L_1、L_3 两相电源短路，为此在 KM_1 和 KM_2 线圈各自的支路中相互串接了对方的一副常闭辅助触点，以保证 KM_1 和 KM_2 不会同时通电。KM_1 和 KM_2 这两副常闭辅助触点在线路中所起的作用称为互锁（联锁）作用。另一个互锁是按钮互锁，SB_1 动作时 KM_2 线圈不能通电，SB_2 动作时 KM_1 线圈不能通电。

线路的动作原理如下。

合上电源开关 QS：

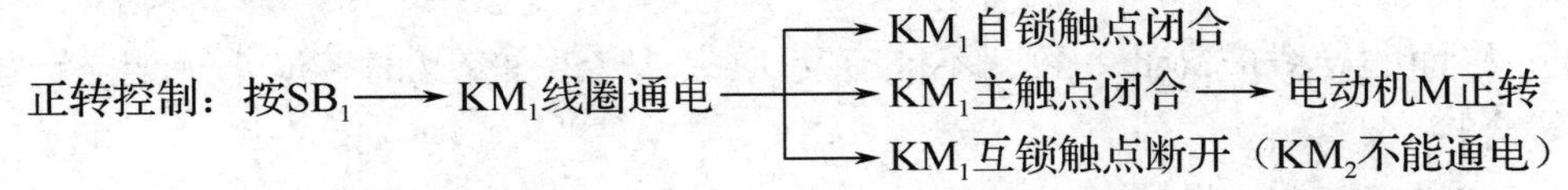

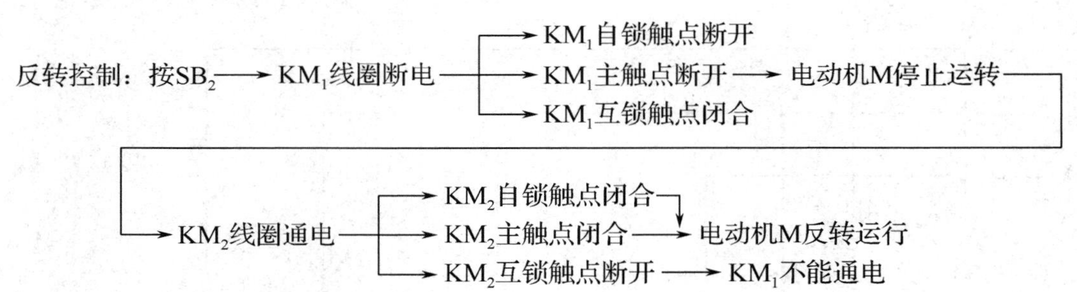

停止控制：按SB_3 ⟶ KM_1（KM_2）断电 ⟶ 电动机停转

电动机在正反转运行过程中，由于过载或其他原因，使负载电流超过额定值时，经过一定时间，串接在主回路中的热元件使双金属片因受热弯曲，推动串接在控制回路中的常闭触点断开，切断控制回路，接触器KM的线圈断电，主触点断开，电动机M停止运转，达到了过载保护的目的。

2．安装工艺及要求

（1）根据电气控制原理图绘出电动机正反转控制线路的电气元件布置图和电气接线图。

（2）按需要选择、配齐所有电气元件，并进行元件质量检验。

① 电气元件的技术数据（如型号、规格、额定电压、额定电流）应完整并符合要求，外观无损伤。

② 电气元件的电磁机构动作是否灵活，有无衔铁卡阻等不正常现象，用万用表检测电磁线圈的通断情况及各触点的分合情况。

③ 接触器的线圈电压和控制电源电压是否一致。

④ 对电动机的质量进行常规检查（每相绕组的通断、相间绝缘、相对地绝缘等）。

（3）在控制板上按元件位置图安装电气元件，工艺要求如下。

① 隔离开关、熔断器的受电端子应安装在控制板的外侧。

② 每个元件的安装位置应整齐、匀称、间距合理，便于布线及元件的更换。

③ 紧固各元件时要用力均匀，紧固程度要适当。

（4）按接线图的走线方向，进行板前明配线布线，工艺要求如下。

① 布线通道尽可能地少，同路并行导线按主线路、控制电路分类集中，单层密排，紧贴安装板布线。

② 同一平面的导线应高低一致，不能有交叉线。如必须交叉时，应水平架空跨越，但必须走线合理。

③ 布线应横平竖直，分布均匀，变换走向时应垂直弯曲。

④ 布线时严禁损伤线芯和导线绝缘层。

⑤ 两个接线端子之间的导线中间应无接头，每根导线的两端应套上号码管。

⑥ 导线与接线端子连接时，不得压在绝缘层上、接触圈顺时针绕，不允许反绕，线芯不要露出过长。按钮内接线时，用力不可过猛，以防螺钉螺纹损坏打滑。

⑦ 一个电气元件接线端子上的连接导线不得多于两根。

（5）根据电气接线图检查控制板上布线是否正确。

（6）安装电动机。连接电源、电动机等控制板外部的导线。

（7）连接电动机和按钮金属外壳的保护接地线（若按钮为塑料外壳，则不需要接地线）。

（8）热继电器的热元件应串接在主电路中，其常闭触点应串接在控制电路中，热继电器的整定电流应按电动机的额定电流自行整定。

（9）总体检查测试。

① 按电路原理图或电气接线图从电源端开始，逐段核对接线及接线端子处是否正确，有无漏接、错接之处。检查导线接点是否符合要求，压接是否牢固。接触应良好，以免带负载运行时产生闪弧现象。

② 用万用表检查线路的通断情况。

③ 用兆欧表检查线路的绝缘电阻应不小于 5MΩ。

三、实训内容

1．实训用仪表、工具和材料

（1）仪表：MF-47 型万用表、500V 兆欧表。

（2）工具：常用电工工具一套。

（3）材料：电气元件和材料如表 9.4 所示。

表 9.4　电动机正反转控制线路电气元件明细表

文字符号	名　称	型　号	规　格	数量
QS	隔离开关	DZ47-32/3	三极，20A	1 个
FU_1	熔断器	RL1-15/10	500V 15A，熔体 10A	3 个
FU_2	熔断器	RL1-15/2	500V 15A，熔体 2A	2 个
KM_1、KM_2	接触器	CJ10-20	20A	2 个
FR	热继电器	JR16-20/3	20A，热元件 10A	1 个
SB_1～SB_3	按钮开关	LA4-3H	防护式组合按钮	1 个
XT	接线端子排	LX2-1010	500V，10A 10 节	1 个
M	异步电动机	Y80M-4	2.2kW，1440r/min	1 台
	控制线路安装板		400mm×300mm×20mm	1 块
	绝缘导线	BVL	BVL-2.5	10m
	绝缘导线	BVR	BVR-1.0	2m

2．实训内容及要求

（1）在电动机控制线路安装板上安装电动机正反转控制线路，按工艺要求操作，接线时注意接线方法，各接点要牢固、接触良好，保护好各电气元件。

（2）全部电路安装完成后，反复检查无误后，经老师同意可接上电动机进行通电试运转。观察电器和电动机的动作及运转情况。要遵守安全规程，注意文明操作。

3．实训报告

（1）画出具有双重联锁的正反转运行控制线路的元件布置图和接线图。

（2）说明互锁（联锁）的含义，分析双重联锁的正反转控制线路与单一互锁的区别。

（3）将实训中出现的电气故障及排除方法填入表9.5中，并分析故障原因。

表9.5　电动机控制线路安装与调试实训报告

序号	故 障 现 象	故 障 原 因	排 除 方 法
1			
2			
3			

实训所用时间：　　　　　　　实训人：　　　　　　　日期：

四、成绩评定

三相异步电动机正反转控制线路安装与调试考核参考表 9.6 中的评分标准进行成绩评定。

表9.6　三相异步电动机控制电路安装调试评分标准

序号	考 核 内 容	配分	评 分 细 则
1	元件选择和检查	10分	选择和检查元件认真 5分 仪表测量、使用正确 5分
2	元件布置和固定	15分	元件布置合理 5分 安装固定牢固 10分
3	线路接线工艺	25分	布线整齐美观、横平竖直、拐弯为直角 10分 导线与端子接触良好，无压接绝缘层 10分 接触圈顺时针绕，线芯裸露不超过2mm　5分

续表

序号	考 核 内 容	配分	评 分 细 则
4	外壳保护接地	10 分	电动机、电气元件的金属外壳可靠接地 10 分
5	通电试运转（在规定时间内可进行两次通电）	20 分	第一次通电运转成功，动作正常 20 分 排除故障后第二次通电运转成功 10 分 第二次通电仍不成功或放弃通电不得分
6	安全文明操作	20 分	遵守操作规程，无违章操作情况 5 分 正确使用工具，用过后完好无损 5 分 保持工位卫生，做好清洁及整理 5 分 听从教师安排，无各类事故发生 5 分
7	操作完成时间 90min		在规定时间内完成，每超时 10min 扣 5 分

任务 3　三相异步电动机自动往返行程控制训练

一、任务目标

1. 了解实现三相异步电动机自动往返行程控制的原理与方法。
2. 学会分析三相异步电动机自动往返行程控制线路动作过程。
3. 掌握按照电气控制线路图装接自动往返行程控制线路的操作技能。
4. 学会根据故障现象，使用万用表检查主电路、控制电路的常见故障。
5. 掌握三相异步电动机自动往返行程控制线路的故障处理技能。

二、相关知识

1. 电动机行程控制线路动作原理

电动机行程控制线路如图 9.3 所示，实现自动往返的行程控制。图中 SQ 为行程开关，又称限位开关，它装在机械行程的预定的位置上，当运动部件移动到此位置时，装在部件上的撞块压下行程开关，常闭触点断开，正向接触器控制回路被切断，电动机停止转动；同时使其常开触点闭合，反向接触器吸合，电动机反向运行，如此循环往返。

线路的动作原理如下。

按下 SB_1，接触器 KM_1 线圈通电，主触点闭合，电动机 M 正转，工作台向前运动。当工作台前进到一定位置时，固定在工作台上的撞块压下行程开关 SQ_1（固定在床身上），其常闭触点打开，断开 KM_1 的控制回路，同时 SQ_1 的常开触点闭合，使 KM_2 的线圈回路通电，KM_2 的主触点闭合，电动机 M 因电源相序改变而变为反转，于是拖动工作台向后运动。在运动过程中，撞块使 SQ_1 复位。当工作台向后运动到一定位置时，撞块又使行程开关 SQ_1 动作，断开 KM_1 线圈回路，接通 KM_1 线圈回路，电动机又从反转变为正转。工作台就这样往复循环工作。按下 SB_1，KM_1 或 KM_2 接触器断电释放，电动机停止转动，工作台停止。SQ_3 和 SQ_4 起极限保护作用。

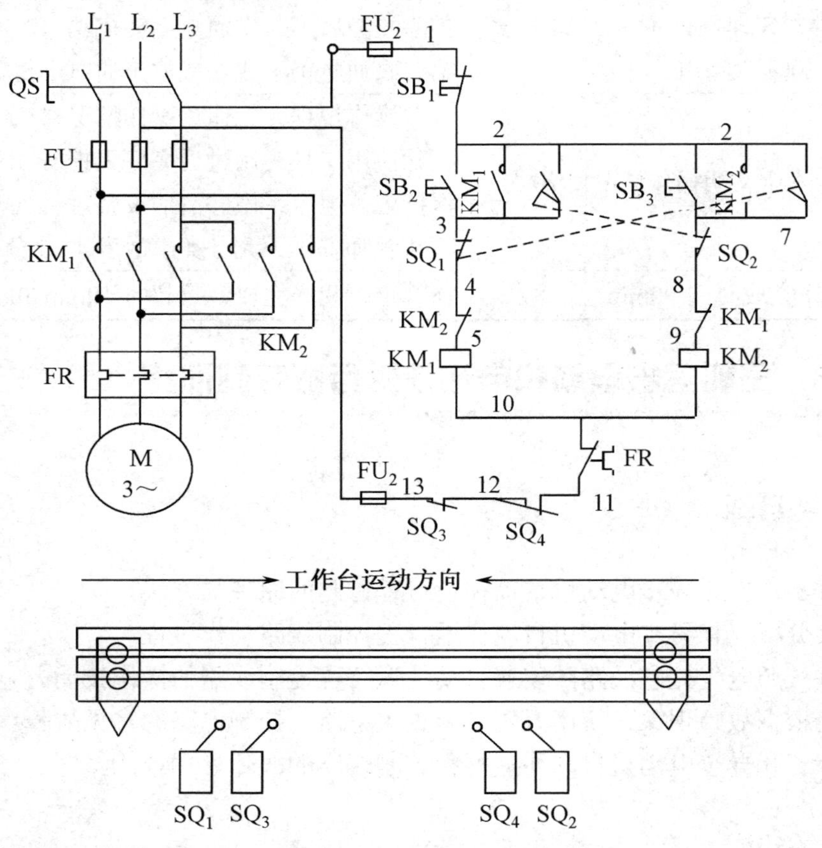

图 9.3　电动机拖动自动往返行程控制线路

2．安装工艺及要求

（1）根据电气控制原理图绘出电动机自动往返行程控制线路的电气元件布置图和电气接线图。

（2）按需要选择、配齐所有电气元件，并进行元件质量检验。

① 电气元件的技术数据（如型号、规格、额定电压、额定电流）应完整并符合要求，外观无损伤。

② 电气元件的电磁机构动作是否灵活，有无衔铁卡阻等不正常现象，用万用表检测电磁线圈的通断情况及各触点的分合情况。

③ 接触器的线圈电压和控制电源电压是否一致。

④ 对电动机的质量进行常规检查（每相绕组的通断、相间绝缘、相对地绝缘等）。

（3）在控制板上按元件位置图安装电气元件，工艺要求如下。

① 隔离开关、熔断器的受电端子应安装在控制板的外侧。

② 每个元件的安装位置应整齐、匀称、间距合理、便于布线及元件的更换。

③ 紧固各元件时要用力均匀，紧固程度要适当。

（4）按接线图的走线方法，进行板前明配线布线，工艺要求如下。

① 布线通道尽可能地少，同路并行导线按主线路、控制电路分类集中，单层密排，紧贴安装板布线。

② 同一平面的导线应高低一致，不能有交叉线。如必须交叉时，应水平架空跨越，但必须走线合理。

③ 布线应横平竖直，分布均匀，变换走向时应垂直弯曲。

④ 布线时严禁损伤线芯和导线绝缘层。

⑤ 两个接线端子之间的导线中间应无接头，每根导线的两端应套上号码管。

⑥ 导线与接线端子连接时，不得压在绝缘层上、接触圈顺时针绕，不允许反圈，线芯不要露出过长。按钮内接线时，用力不可过猛，以防螺钉螺纹损坏打滑。

⑦ 一个电气元件接线端子上的连接导线不得多于两根。

（5）根据电气接线图检查控制板上布线是否正确。

（6）安装电动机。连接电源、电动机等控制板外部的导线。

（7）连接电动机和按钮金属外壳的保护接地线（若按钮为塑料外壳，则不需要接地线）。

（8）热继电器的热元件应串接在主电路中，其常闭触点应串接在控制电路中，热继电器的整定电流应按电动机的额定电流自行整定。

（9）总体检查测试。

① 按电路原理图或电气接线图从电源端开始，逐段核对接线及接线端子处是否正确，有无漏接、错接之处。检查导线接点是否符合要求，压接是否牢固。接触应良好，以免带负载运行时产生闪弧现象。

② 用万用表检查线路的通断情况。

③ 用兆欧表检查线路的绝缘电阻应不小于 5MΩ。

三、实训内容

1．实训用仪表、工具与材料

（1）仪表：MF-47 型万用表、500V 兆欧表。

（2）工具：常用电工工具一套。

（3）材料：电气元件和材料如表 9.7 所示。

表 9.7 实训线路电气元件明细表

文字符号	名称	型号	规格	数量
QS	隔离开关	DZ47-32/3	三极，20A	1个
FU_1	熔断器	RL1-15/10	500V 15A，熔体 10A	3个
FU_2	熔断器	RL1-15/2	500V 15A，熔体 2A	2个
KM_1、KM_2	接触器	CJ10-20	20A	2个
FR	热继电器	JR16-20/3	20A，热元件 10A	1个
SB_1、SB_2、SB_3	三联按钮开关	LA4-3H	防护式组合按钮	1个
XT	接线端子排	LX2-1010	500V，10A 10 节	1个
SQ_1～SQ_4	行程开关	JLXK-111		4个
M	异步电动机	Y80M-4	2.2kW，1440r/min	1台
	控制线路安装板		400mm×300mm×20mm	1块
	绝缘导线	BVL	BVL-2.5	10m
	绝缘导线	BVR	BVR-1.0	2m

2．实训内容及要求

（1）在电动机控制线路安装板上安装电动机行程控制线路，按工艺要求操作，接线时注意接线方法，各接点要牢固、接触良好，保护好各电气元件。

（2）全部电路安装完成后，反复检查无误后，经老师同意可接上电动机进行通电试运转。观察电器和电动机的动作及运转情况。要遵守安全规程，注意文明操作。

3．实训报告

（1）画出三相异步电动机拖动的机械行程控制线路的元件布置图和接线图。

（2）说明三相异步电动机拖动的机械行程控制线路的动作原理。

（3）将实训中出现的电气故障及排除方法填入表 9.8 中，并分析故障原因。

表 9.8 电动机控制线路安装与调试实训报告

序号	故障现象	故障原因	排除方法
1			
2			

续表

序号	故障现象	故障原因	排除方法
3			

实训所用时间：　　　　　　　　实训人：　　　　　　　　日期：

四、成绩评定

三相异步电动机行程控制线路安装与调试考核参考表 9.9 中的评分标准进行成绩评定。

表 9.9　三相异步电动机控制电路安装调试评分细则

序号	考核内容	配分	评分细则
1	元件选择和检查	10 分	选择和检查元件认真 5 分 仪表测量、使用正确 5 分
2	元件布置和固定	15 分	元件布置合理 5 分 安装固定牢固 10 分
3	线路接线工艺	25 分	布线整齐美观、横平竖直、拐弯为直角 10 分 导线与端子接触良好，无压接绝缘层 10 分 接触圈顺时针绕，线芯裸露不超过 2mm　5 分
4	外壳保护接地	10 分	电动机、电气元件的金属外壳可靠接地 10 分
5	通电试运转（在规定时间内可进行两次通电）	20 分	第一次通电运转成功，动作正常 20 分 排除故障后第二次通电运转成功 10 分 第二次通电仍不成功或放弃通电不得分
6	安全文明操作	20 分	遵守操作规程，无违章操作情况 5 分 正确使用工具，用过后完好无损 5 分 保持工位卫生，做好清洁及整理 5 分 听从教师安排，无各类事故发生 5 分
7	操作完成时间 90min		在规定时间内完成，每超时 10min 扣 5 分

任务 4　三相异步电动机减压启动控制训练

一、任务目标

1. 了解实现三相异步电动机 Y—△减压启动控制的原理与方法。

2. 学会分析三相异步电动机 Y—△减压启动控制线路动作过程。
3. 掌握按照电气控制线路图装接 Y—△减压启动控制线路的操作技能。
4. 学会根据故障现象，使用万用表检查主电路、控制电路的常见故障。
5. 掌握三相异步电动机 Y—△减压启动控制线路的故障处理技能。

二、相关知识

1．电动机 Y—△减压启动控制线路动作原理

利用时间继电器可以实现 Y—△减压启动的自动控制，典型线路如图 9.4 所示。

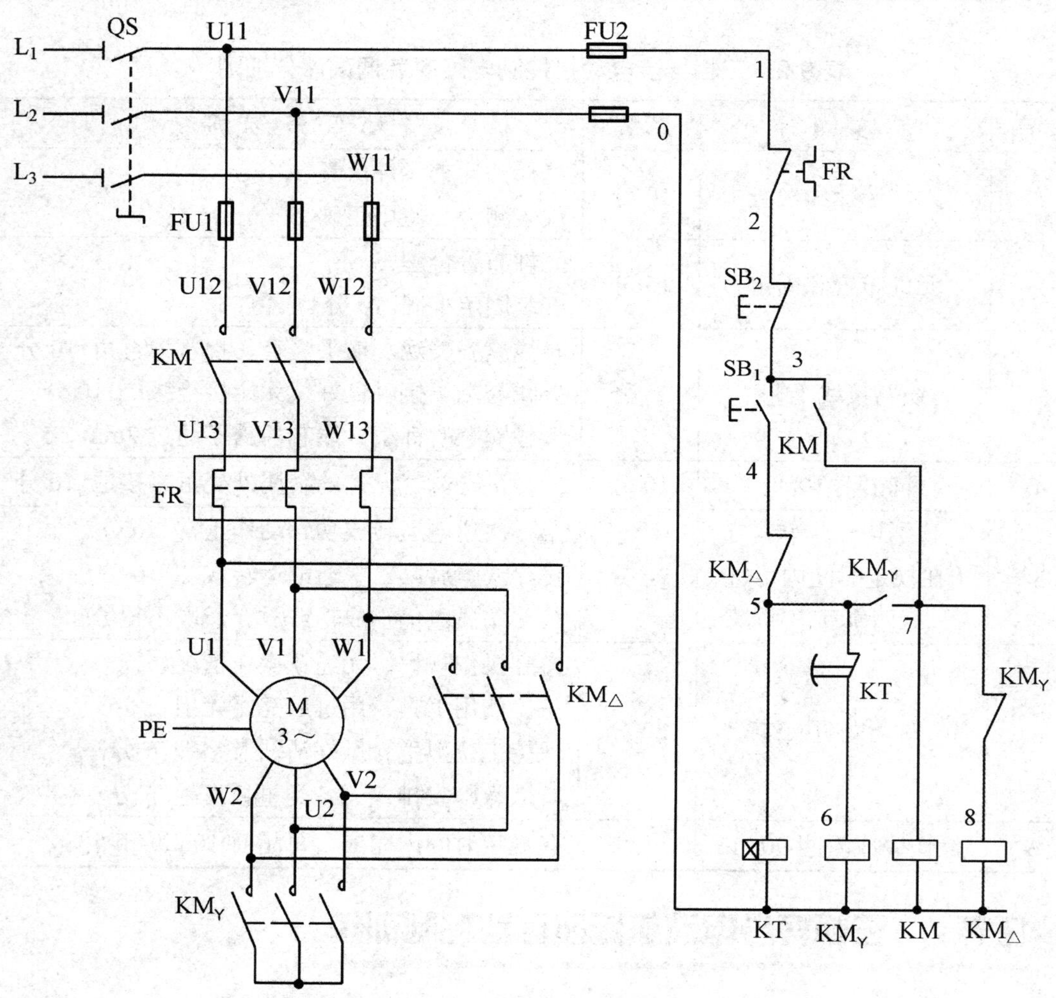

图 9.4　时间继电器控制的异步电动机 Y—△减压启动控制线路

电动机 Y—△减压启动控制方法只适用于正常工作时定子绕组为三角形（△）连接的异步电动机。这种方法既简单又经济，使用较为普遍，但其启动转矩只是全压启动时

的 1/3，因此，只适用于空载或轻载启动。

主电路由三个交流接触器 KM、KM_Y、$KM_\triangle$和 FR 组成。当接触器 KM 和 KM_Y 主触点闭合时，电动机 M 定子三个绕组末端 U2、V2、W2 接在一起，即星形启动，以降低启动电压，限制启动电流。电动机启动后，当转速上升到接近额定值时，接触器 KM_Y 断开，$KM_\triangle$主触点闭合，此时 U1 与 W2 相连，V1 与 U2 相连，W1 与 V2 相连，即把定子绕组改接为三角形，电动机在全电压下运行。热继电器 FR 对电动机实现过载保护，其动作过程如下：

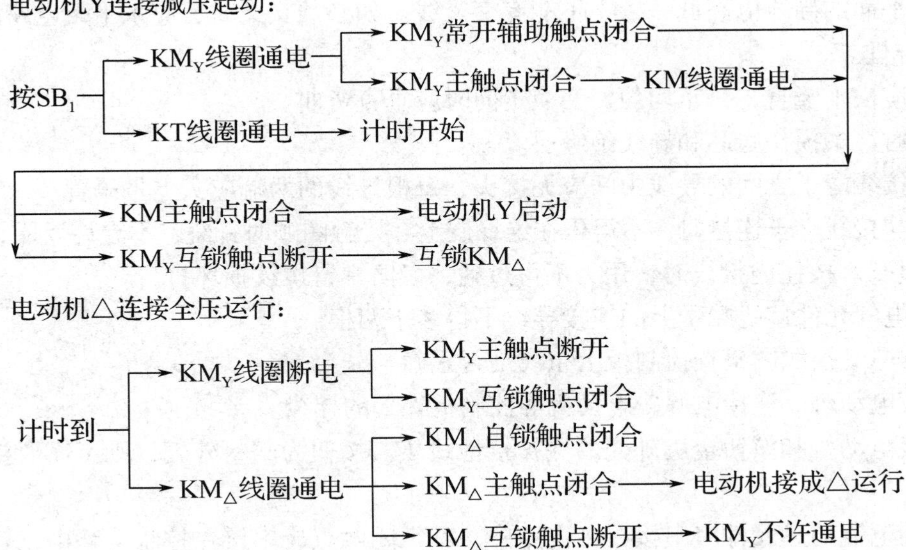

按下SB_2 ⟶ $KM_\triangle$线圈断电 ⟶ $KM_\triangle$主触点断开，电动机停转。

电动机在启动与运行过程中，由于过载或其他原因，使电动机电流超过额定值时，经过一定时间，串接在主回路中的热元件使双金属片因受热弯曲，推动串接在控制回路中的常闭触点断开，切断控制回路，接触器全部的线圈断电，主触点断开，电动机 M 停转，达到了过载保护的目的。

2．安装工艺及要求

（1）根据原理图绘出电动机 Y—△减压启动控制线路的电气元件位置图和电气接线图。

（2）按需要选择、配齐所有电气元件，并进行元件质量检验。

① 电气元件的技术数据（如型号、规格、额定电压、额定电流）应完整并符合要求，外观无损伤。

② 电气元件的电磁机构动作是否灵活，有无衔铁卡阻等不正常现象，用万用表检测电磁线圈的通断情况及各触点的分合情况。

③ 接触器的线圈电压和控制电源电压是否一致。

④ 对电动机的质量进行常规检查（每相绕组的通断、相间绝缘、相对地绝缘等）。

（3）在控制板上按元件位置图安装电气元件，工艺要求如下。

① 隔离开关、熔断器的受电端子应安装在控制板的外侧。

② 每个元件的安装位置应整齐、匀称、间距合理、便于布线及元件的更换。

③ 紧固各元件时要用力均匀，紧固程度要适当。

（4）按接线图的走线方法，进行板前明配线布线，工艺要求如下。

① 布线通道尽可能地少，同路并行导线按主线路、控制电路分类集中，单层密排，紧贴安装板布线。

② 同一平面的导线应高低一致，不能有交叉线。如必须交叉时，应水平架空跨越，但必须走线合理。

③ 布线应横平竖直，分布均匀，变换走向时应垂直弯曲。

④ 布线时严禁损伤线芯和导线绝缘层。

⑤ 两个接线端子之间的导线中间应无接头，每根导线的两端应套上号码管。

⑥ 导线与接线端子连接时，不得压在绝缘层上、接触圈顺时针绕，不允许反圈，线芯不要露出过长。按钮内接线时，用力不可过猛，以防螺钉螺纹损坏打滑。

⑦ 一个电气元件接线端子上的连接导线不得多于两根。

（5）根据电气接线图检查控制板上布线是否正确。

（6）安装电动机。连接电源、电动机等控制板外部的导线。

（7）连接电动机和按钮金属外壳的保护接地线（若按钮为塑料外壳，则不需要接地线）。

（8）热继电器的热元件应串接在主电路中，其常闭触点应串接在控制电路中，热继电器的整定电流应按电动机的额定电流自行整定。

（9）总体检查测试。

① 按电路原理图或电气接线图从电源端开始，逐段核对接线及接线端子处是否正确，有无漏接、错接之处。检查导线接点是否符合要求，压接是否牢固。接触应良好，以免带负载运行时产生闪弧现象。

② 用万用表检查线路的通断情况。

③ 用兆欧表检查线路的绝缘电阻应不小于 5MΩ。

三、实训内容

1．实训用仪表、工具和材料

（1）仪表：MF-47 型万用表、500V 兆欧表。

（2）工具：常用电工工具一套。

（3）材料：电气元件和材料如表 9.10 所示。

表 9.10　电气元件及材料明细表

文字符号	名　　称	型　　号	规　　格	数量
QS	隔离开关	DZ47-32/3	三极，20A	1 个
FU_1	熔断器	RL1-15/10	500V，15A，熔体 10A	3 个
FU_2	熔断器	RL1-15/2	500V，15A，熔体 2A	2 个
KM、KM_Y KM△	接触器	CJ10-20	20A	3 个
KT	时间继电器	JS14A	380V，60s	1 个
FR	热继电器	JR16-20/3	20A，热元件 10A	1 个
SB_1、SB_2	按钮开关	LA4-3H	防护式组合按钮	1 个
XT	接线端子排	LX2-1010	500V，10A 10 节	1 个
M	异步电动机	Y112M-4	4kW，1440r/min 定子绕组△连接	1 台
	控制线路安装板		400mm×300mm×20mm	1 块
	绝缘导线	BVL	BVL-2.5	15m
	绝缘导线	BVR	BVR-1.0	2m

2. 实训内容及要求

（1）在电动机控制线路安装模拟板上安装电动机 Y—△降压启动控制线路。接线时注意接线方法，各接点要牢固、接触良好，同时要注意文明操作，保护好各电气元件。

（2）全部电路安装完成后，反复检查无误后，经老师同意可接上电动机进行通电试运转。观察电器和电动机的动作及运转情况。要遵守安全规程，注意文明操作。

3. 实训报告

（1）画出三相异步电动机 Y—△减压启动控制线路的元件位置图和接线图。

（2）说明三相异步电动机 Y—△减压启动控制线路的动作原理。

（3）将实训中出现的电气故障及排除方法填入表 9.11 内，并分析故障原因。

表 9.11　电动机控制线路安装与调试实训报告

序号	故 障 现 象	故 障 原 因	排 除 方 法
1			
2			

续表

序号	故障现象	故障原因	排除方法
3			

实训所用时间:　　　　　　　　　　实训人:　　　　　　　　　　日期:

四、成绩评定

三相异步电动机Y—△减压启动控制线路安装与调试考核参考表9.12中的评分标准进行成绩评定。

表9.12　三相异步电动机控制电路安装调试评分标准

序号	考核内容	配分	评分细则
1	元件选择和检查	10分	选择和检查元件认真 5分 仪表测量、使用正确 5分
2	元件布置和固定	15分	元件布置合理 5分 安装固定牢固 10分
3	线路接线工艺	25分	布线整齐美观、横平竖直、拐弯为直角 10分 导线与端子接触良好，无压接绝缘层 10分 接触圈顺时针绕，线芯裸露不超过2mm　5分
4	外壳保护接地	10分	电动机、电气元件的金属外壳可靠接地 10分
5	通电试运转（在规定时间内可进行两次通电）	20分	第一次通电运转成功，动作正常 20分 排除故障后第二次通电运转成功 10分 第二次通电仍不成功或放弃通电不得分
6	安全文明操作	20分	遵守操作规程，无违章操作情况 5分 正确使用工具，用过后完好无损 5分 保持工位卫生，做好清洁及整理 5分 听从教师安排，无各类事故发生 5分
7	操作完成时间90min		在规定时间内完成，每超时10min扣5分

任务5　三相异步电动机能耗制动控制训练

一、任务目标

1. 了解实现三相异步电动机半波整流能耗制动控制的原理与方法。

2. 学会分析三相异步电动机半波整流能耗制动控制线路的动作原理。
3. 掌握按照电气控制线路图装接能耗制动控制线路的操作技能。
4. 学会根据故障现象，使用万用表检查主电路、控制线路的常见故障。
5. 掌握二极管整流电路的测量和能耗制动控制线路的故障处理技能。

二、相关知识

1. 电动机半波整流能耗制动控制动作原理

三相异步电动机半波整流能耗制动控制线路如图 9.5 所示。

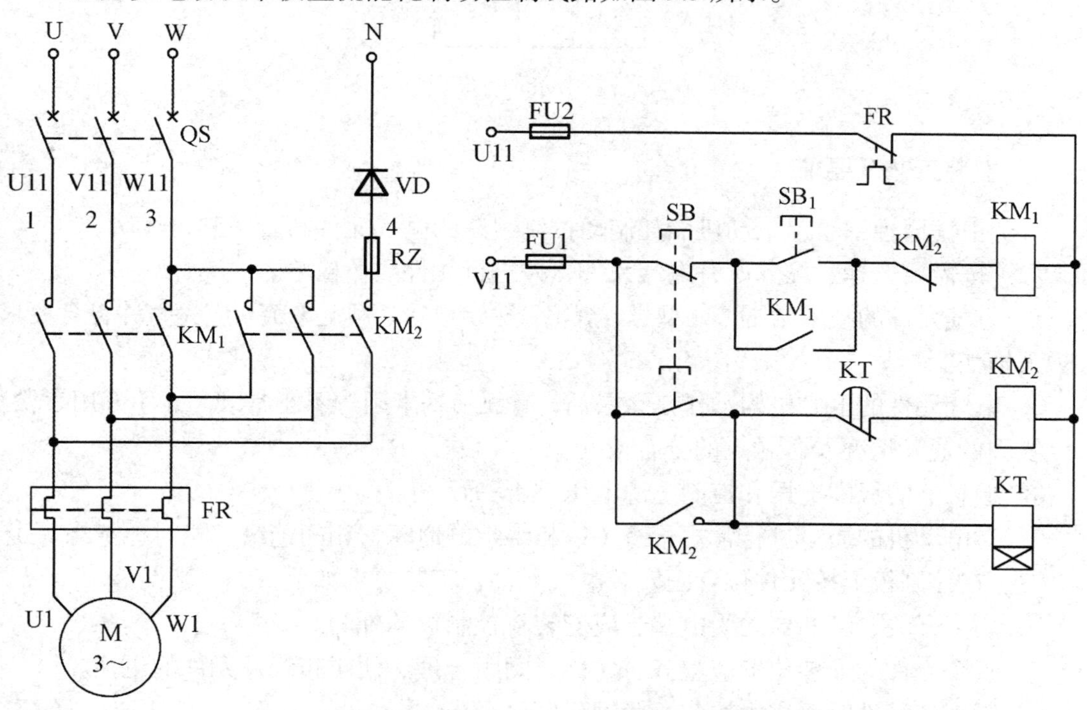

图 9.5　异步电动机半波整流能耗制动控制线路

图 9.5 中的主电路有两个交流接触器，其中 KM_1 用来控制电动机的启动和运行，而 KM_2 则用来接通能耗制动的直流电，使电动机在制动转矩下迅速停转。

半波整流能耗制动的原理如下：

当按下启动按钮 SB_1 时，KM_1 线圈通电，交流接触器 KM_1 主触点闭合，电动机定子绕组接通三相交流电，电动机开始通电转动。在电动机转动过程中，若按下制动按钮 SB 时，KM_1 线圈断电，交流接触器 KM_1 主触点断开，切断三相交流电源；与此同时，交流接触器 KM_2 主触点闭合，将经过二极管 VD 整流后的直流电通入定子绕组，使电动机定子空间就会产生恒定磁场，如果转子以机械惯性在磁场中旋转，转子导条中产生感生电势，由于端环的存在使各导条形成闭合回路，导条中就会有感生电流，感生电流在磁场中受到电磁力，此电磁力就会产生制动转矩，使电动机转子迅速停转。

此能耗制动电动机绕组是V1-V2和绕组W1-W2并联后与绕组U1-U2串联，其定子绕组的连接图如图9.6所示。

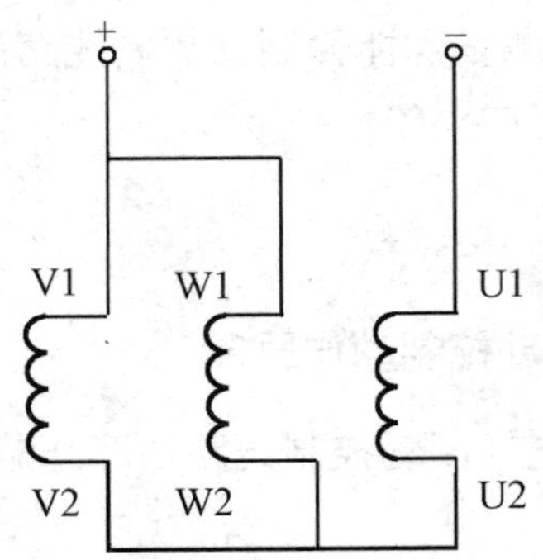

图9.6　能耗制动时的绕组连接图

2．安装工艺及要求

（1）根据原理图绘出电动机能耗制动控制线路的电气元件布置图和接线图。

（2）按需要选择、配齐所有电气元件，并进行元件质量检验。

① 电气元件的技术数据（如型号、规格、额定电压、额定电流）应完整并符合要求，外观无损伤。

② 电气元件的电磁机构动作是否灵活，有无衔铁卡阻等不正常现象，用万用表检测电磁线圈的通断情况及各触点的分合情况。

③ 接触器的线圈电压和控制电源电压是否一致。

④ 对电动机的质量进行常规检查（每相绕组的通断、相间绝缘、相对地绝缘等）。

（3）在控制板上按元件位置图安装电气元件，工艺要求如下。

① 隔离开关、熔断器的受电端子应安装在控制板的外侧。

② 每个元件的安装位置应整齐、匀称、间距合理、便于布线及元件的更换。

③ 紧固各元件时要用力均匀，紧固程度要适当。

（4）按接线图的走线方法，进行板前明配线布线，工艺要求如下。

① 布线通道尽可能地少，同路并行导线按主线路、控制电路分类集中，单层密排，紧贴安装板布线。

② 同一平面的导线应高低一致，不能有交叉线。如必须交叉时，应水平架空跨越，但必须走线合理。

③ 布线应横平竖直，分布均匀，变换走向时应垂直弯曲。

④ 布线时严禁损伤线芯和导线绝缘层。

⑤ 两个接线端子之间的导线中间应无接头，每根导线的两端应套上号码管。

⑥ 导线与接线端子连接时，不得压在绝缘层上、接触圈顺时针绕，不允许反圈，线芯不要露出过长。按钮内接线时，用力不可过猛，以防螺钉螺纹损坏打滑。

⑦ 一个电气元件接线端子上的连接导线不得多于两根。

（5）根据电气接线图检查控制板上布线是否正确。

（6）安装电动机。连接电源、电动机等控制板外部的导线。

（7）连接电动机和按钮金属外壳的保护接地线（若按钮为塑料外壳，则不需要接地线）。

（8）热继电器的热元件应串接在主电路中，其常闭触点应串接在控制电路中，热继电器的整定电流应按电动机的额定电流自行整定。

（9）总体检查测试。

① 按电路原理图或电气接线图从电源端开始，逐段核对接线及接线端子处是否正确，有无漏接、错接之处。检查导线接点是否符合要求，压接是否牢固。接触应良好，以免带负载运行时产生闪弧现象。

② 用万用表检查线路的通断情况。

③ 用兆欧表检查线路的绝缘电阻应不小于 5MΩ。

（10）注意事项。

① 注意检查二极管的好坏。

② 注意时间继电器的瞬时和延时触点标号正确，并选择适当的制动时间，因为制动时间太长会引起电动机绕组温升超限，制动时间太短，则制动效果差。

③ SB 是复合按钮，它既有常闭触点又有常开触点，不能接错或变成两个独立的按钮。

④ 通电操作顺序不能弄反，即一定要先按 SB_1 再按 SB，避免直接给定子绕组通以直流电。

三、实训内容

1. 实训用仪表、工具和材料

（1）仪表：MF-47 型万用表、500V 兆欧表。

（2）工具：常用电工工具一套。

（3）材料：电气元件和材料如表 9.13 所示。

表 9.13　电气元件及材料明细表

文字符号	名　称	型号	规　格	数量
QF	低压断路器	DZ47-32/3	三极，20A	1 个
FU_1	熔断器	RL1-15/2	500V，15A，熔体 2A	1 个
FU_2	熔断器	RL1-15/2	500V，15A，熔体 2A	1 个
KM_1、KM_2	接触器	CJ10-20	20A	2 个

续表

文字符号	名　　称	型号	规　　格	数量
FR	热继电器	JR16-20/3	20A，热元件 10A	1 个
SB、SB_1	按钮开关	LA4-3H	防护式组合按钮	1 个
XT	接线端子排	LX2-1010	500V，10A 10 节	1 个
M	异步电动机	Y80M-4	2.2kW，1440r/min 定子 Y 连接	1 台
KT	时间继电器	JS14A	380V，30s	1 个
VD	整流二极管	ZP20-ZL10	20A	1 个
RZ	限流电阻			1 个
	控制线路安装板		400mm×300mm×20mm	1 块
	绝缘导线	BVL	BVL-2.5	10m
	绝缘导线	BVR	BVR-1.0	2m

2．实训内容及要求

（1）在电动机控制线路安装训练板上安装电动机半波整流能耗制动控制线路。接线时注意接线方法，各接点要牢固、接触良好，同时要注意文明操作，保护好各电气元件。

（2）全部电路安装完，反复检查无误后，经老师同意可接上电动机进行通电试运转。观察电器及电动机的动作、运转情况。要遵守安全规程，注意文明操作。

3．实训报告

（1）画出异步电动机半波整流能耗制动控制线路的元件布置图和接线图。

（2）说明三相异步电动机半波整流能耗制动控制线路的动作原理。

（3）将实训中出现的电气故障及排除方法填入表 9.14 中，并分析故障原因。

表 9.14　电动机控制线路安装与调试实训报告

序号	故 障 现 象	故 障 原 因	排 除 方 法
1			
2			
3			

实训所用时间：　　　　　　　　实训人：　　　　　　　　日期：

四、成绩评定

三相异步电动机半波整流能耗制动控制电路安装调试考核，参考表 9.15 中的评分标准进行成绩评定。

表 9.15　三相异步电动机控制电路安装调试评分标准

序号	考核内容	配分	评分细则
1	元件选择和检查	10 分	选择和检查元件认真 5 分 仪表测量、使用正确 5 分
2	元件布置和固定	15 分	元件布置合理 5 分 安装固定牢固 10 分
3	线路接线工艺	25 分	布线整齐美观、横平竖直、拐弯为直角 10 分 导线与端子接触良好，无压接绝缘层 10 分 接触圈顺时针绕，线芯裸露不超过 2mm　5 分
4	外壳保护接地	10 分	电动机、电气元件的金属外壳可靠接地 10 分
5	通电试运转（在规定时间内可进行两次通电）	20 分	第一次通电运转成功，动作正常 20 分 排除故障后第二次通电运转成功 10 分 第二次通电仍不成功或放弃通电不得分
6	安全文明操作	20 分	遵守操作规程，无违章操作情况 5 分 正确使用工具，用过后完好无损 5 分 保持工位卫生，做好清洁及整理 5 分 听从教师安排，无各类事故发生 5 分
7	操作完成时间 90min		在规定时间内完成，每超时 10min 扣 5 分

思考题

1. 画出具有自锁和过载保护的单向运行控制线路的接线图，并分析说明动作原理。
2. 分析具有自锁的正转控制线路的失电压（或零电压）与欠电压保护作用。
3. 简述双重联锁的正反转控制线路与单一互锁的区别。说明互锁（联锁）的含义。
4. 本实训的机械行程控制线路运行时，如果 SQ_1 的触点损坏，会出现什么现象？
5. 在自动往返的行程控制中，正常情况下工作台能否停在两个端点？
6. 三相异步电动机 Y—△减压启动控制线路是否有其他线路图？试画出另一种线路图。
7. 如果启动时电动机一直运行在 Y 接状态，不能转到△接状态，会是什么原因？
8. 分析图 9.5 异步电动机半波整流能耗制动控制线路的动作原理。
9. 若去掉图 9.5 中 KM_2 的常闭触点，则电路有什么缺陷，并说出其在电路中的作用。
10. 当图 9.5 中二极管开路或短路时，会出现什么现象？

项目10

可编程控制器基本应用

可编程控制器简称 PLC，是一种专门为在工业环境下应用而设计的数字运算操作的电子装置。它具有可以编制程序的存储器，用来在其内部存储执行逻辑运算、顺序运算、计时、计数和算术运算等操作的指令，并通过数字式或模拟式的输入和输出，控制各种类型的机电设备或生产过程。PLC 自诞生以来，使人们感受最强的就是其二次开发十分容易，它在很大程度上使得工业自动化设计从专业设计院走进了工厂和矿山，变成了普通工程技术人员甚至普通电气工人力所能及的工作。由于 PLC 体积小、工作可靠性高、抗干扰能力强、控制功能完善，适应性强，安装接线简单等众多优点，使其在 40 多年中取得了突飞猛进的发展，在工业控制中获得了非常广泛的应用。本项目以三菱 FX_{2N} 系列机型为基础，进行 PLC 的安装与接线、基本指令编程、编程软件使用、步进指令编程及一些应用程序编程等方面的训练，为 PLC 的工业应用打下基础。

任务 1　可编程控制器构成和安装接线训练

一、任务目标

1. 了解三菱 FX_{2N} 系列 PLC 的硬件结构及其作用。
2. 熟悉三菱 FX_{2N} 系列 PLC 编程元件的分类和使用。
3. 学会三菱 FX_{2N} 系列 PLC 的安装和 I/O 端子接线。
4. 掌握三相异步电动机单向运转控制的 PLC 应用。

二、相关知识

可编程控制器和普通计算机一样，由硬件和软件构成，但又有很大的差别，硬件方面的主要差别在于 PLC 的输入输出口是为方便与工业控制系统连接专门设计的；软件方面的主要差别在于 PLC 的应用软件是由使用者编制，用梯形图或指令语句表达的专用软件；PLC 工作时采用对应用软件逐行扫描的执行方式，这和普通计算机等待命令的工作方式也有所不同。

1. 可编程控制器的硬件结构

世界各国生产的可编程控制器品种很多，但其硬件结构都大体相同。例如，三菱公司的 FX_{2N} 系列 PLC 产品主要由中央处理器（CPU）、存储器（RAM、ROM）、输入输出器件（I/O 接口）、电源及编程设备几大部分组成，如图 10.1 所示。

FX_{2N} 系列 PLC 采用一体化箱体结构，其基本单元将所有的电路，包括存储器、输入输出接口及电源等都装在一个机箱内，是一个完整的控制装置。其结构紧凑，体积小巧，成本低廉，安装方便。图 10.2 所示的是 FX_{2N} 系列 PLC 基本单元外观图。

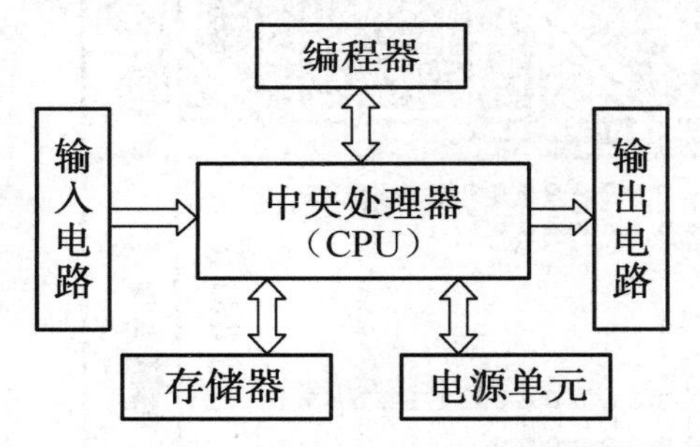

图 10.1　FX_{2N} 系列 PLC 硬件结构框图

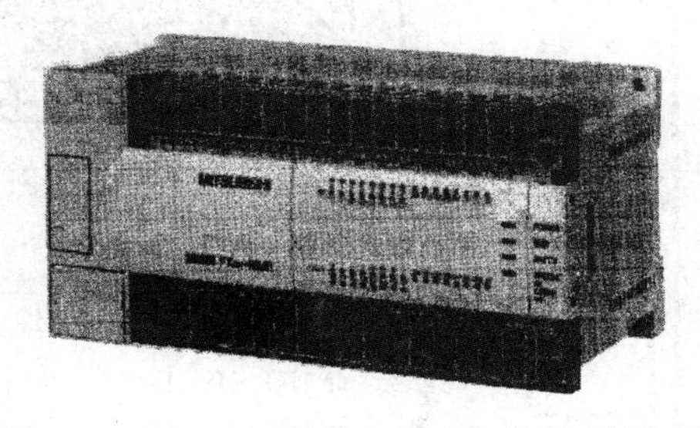

图 10.2　FX_{2N} 系列 PLC 基本单元外观

（1）中央处理器（CPU 模块）。中央处理器是可编程控制器的核心，主要由运算器、控制器、寄存器等组成，用以完成系统控制、逻辑运算、数学运算等，通常使用通用处理器、位处理器或单片机。

（2）存储器（RAM、ROM）。存储器由用户程序存储器和系统程序存储器组成。用户程序存储器用来存储用户输入的程序，一般可读可写。系统程序存储器用来存储系统内部的程序，可读不可写。

（3）输入输出接口（I/O 接口）。输入接口用来接收现场输入信号，输出接口用来输出控制信息，并通过执行机构完成现场控制。PLC 基本单元一般只有开关量输入输出接口，输入输出点数比通常为 1∶1。模拟量输入输出接口通常需要使用模拟量扩展单元。

（4）电源单元。电源单元的作用是将输入的交流电转换成直流电，提供内部电路和输入器件所需的直流电源。PLC 基本单元的供电通常有两种，一种是使用工频交流电源供电，另一种是采用外部直流开关电源供电。此外还有为掉电保护电路供电的后备电源（一般为电池）。

（5）编程器。编程器分为手持编程器和个人计算机。手持编程器体积小，携带方便，易于实现小型现场调试；个人计算机功能强大，有指令表、梯形图、功能图等编程方式。

2. 可编程控制器的安装和接线

可编程控制器是专门为工业生产环境设计的，为了便于在工业现场安装，便于扩展，方便接线，其结构通常有单元式、模块式及叠装式三种。PLC 的安装固定通常有两种方式：一种是直接利用机箱上的安装孔，用螺钉将机箱固定在控制柜的背板或面板上；另一种是利用 DIN 导轨安装，先将 DIN 导轨固定好，再将 PLC 及各种扩展单元卡在 DIN 导轨上。

PLC 在工作前必须正确地接入控制系统。与 PLC 连接的主要有 PLC 的电源接线、输入输出器件接线、通信线、接地线等，FX_{2N}-48MR 的接线端子排列图如图 10.3 所示。

⏚	•	COM	X0	X2	X4	X6	X10	X12	X14	X16	X20	X22	X24	X26	•
L	N	•	24+	X1	X3	X5	X7	X11	X13	X15	X17	X21	X23	X25	X27

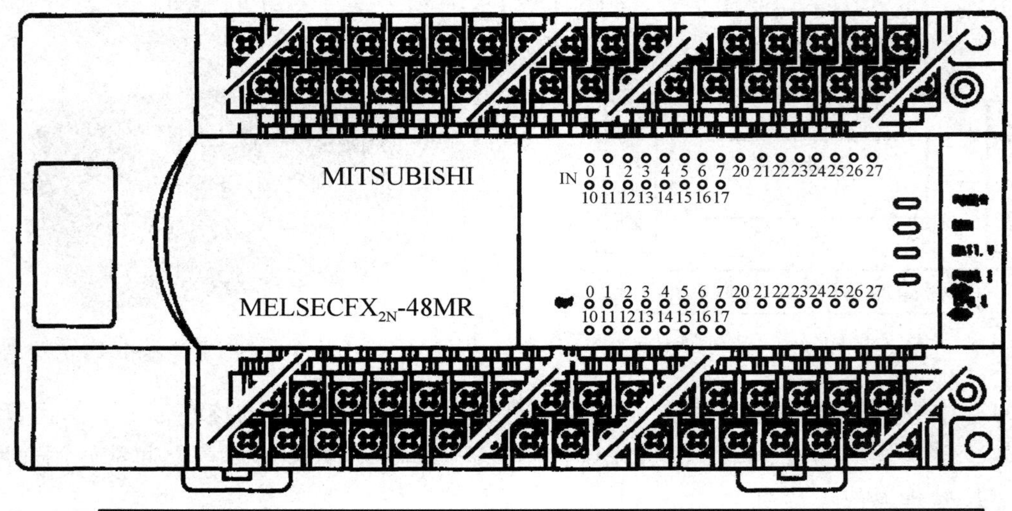

Y0	Y2	•	Y4	Y6	•	Y10	Y12	•	Y14	Y16	Y20	Y22	Y24	Y26	COM5
COM1	Y1	Y3	COM2	Y5	Y7	COM3	Y11	Y13	COM4	Y15	Y17	Y21	Y23	Y25	Y27

图 10.3　FX_{2N}-48MR 接线端子排列图

（1）工作电源的连接。FX_{2N} 系列 PLC 基本单元为工频交流电源供电，通过交流输入端子连接，电压在 100～250V 均可使用，机内带有直流 24V 内部电源，为输入器件及扩展模块供电。图 10.3 的上部端子排中标有 L 及 N 的接线端为交流电源相线及中线的接入点。不带内部电源的扩展模块所需的 24V 电源由基本单元或由带有内部电源的扩展单元提供。

（2）输入口器件的连接。PLC 输入口连接的器件主要有开关、按钮及各种传感器，这些器件都是触点。图 10.3 的上部端子排中标有 X0～X27 的接线端子为输入器件的接入点。接入时器件的一端接输入点端子，另一端接公共端 COM，有源传感器在接入时须注意与电源的极性配合。

（3）输出口器件的连接。PLC 输出口连接的器件主要是继电器、接触器、电磁阀的线圈，这些器件均采用机外专用电源供电，PLC 内部只提供一组开关接点。图 10.3 的下部端子排中标有 Y0～Y27 的接线端为输出器件的接入点。接入时线圈的一端接输出点端子，另一端经电源接输出公共端。由于输出口连接的线圈种类多，所需的电源种类及电压不同，输出口公共端通常分为许多组，而且组间是隔离的，图 10.3 中的输出口分为 5

组。输出口的额定电流一般为2A，大电流的执行器件须配用中间继电器。

（4）通信线的连接。PLC一般设有专用的通信口，通常为RS485口或RS422口，FX_{2N}型PLC为RS422口，与通信口的连接常采用专用的接插件电缆线。

3．可编程控制器编程元件的分类

PLC编程元件可分为输入/输出继电器、内部辅助继电器、特殊辅助继电器、定时器、计数器和状态元件S等，三菱 FX_{2N}-48MR系列PLC的主要编程元件如下。

（1）输入/输出继电器。

输入继电器编号：X0～X7、X10～X17、X20～X27。

输出继电器编号：Y0～Y7、Y10～Y17、Y20～Y27。

（2）内部辅助继电器。

通用辅助继电器：M0～M499，电源中断时自动复位。

保持辅助继电器：M500～M1023，电源中断时能保持原状态不变。

（3）特殊辅助继电器。

M8000：PLC运行期间始终接通。

M8002：第一个扫描周期接通，此后断开。

M8012：周期为0.1 s的时钟脉冲。

M8013：周期为1s的时钟脉冲。

（4）定时器。

T0～T199：共200个点，时基为0.1s，计时范围为0.1～3276.7s。

T200～T245：共46个点，时基为0.01 s，计时范围为0.01～327.67s。

（5）计数器。

C0～C99：共100个点，通用计数器，电源中断时不能保持原状态。

C100～C199：共100个点，保持计数器，电源中断时能保持原状态不变。

（6）状态元件。

S0～S9：初始化状态元件，状态转移的初始状态使用。

S10～S499：通用状态元件，电源中断时不能保持原状态。

S500～S899：保持状态元件，电源中断时能保持原状态不变。

4．可编程控制器的简单应用

下面以PLC应用中最简单的三相异步电动机单向运转控制为例，来介绍PLC的基本应用。

三相异步电动机单向运转控制电路在项目9中已经接触过，控制部分（参见图9.1）如图10.4（a）为PLC的输入输出接线图，启动按钮SB_1接X000，停止按钮SB_2接X001，交流接触器KM接Y000。这就是端子分配，其实质是为程序安排代表控制系统中事物的机内元件。图10.4（b）是系统控制梯形图，它是机内元件逻辑关系的描述，看起来与继电器控制电路图很相似。

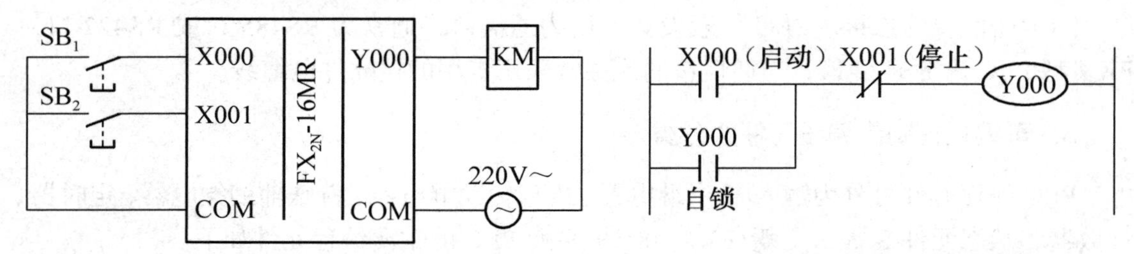

（a）PLC输入输出接线图　　（b）单向运转控制梯形图

图 10.4　三相异步电动机单向运转控制

梯形图工作过程如下：启动时按下 SB_1 按钮，X000 接通，Y000 置 1，接触器 KM 吸合，电动机开始运转，同时 Y000 触点接通，形成自保持。停止时按下 SB_2 按钮，串联于 Y000 回路中的 X001 常闭触点断开，Y000 置 0，KM 释放，电动机断电停转。

图 10.4（b）梯形图称为启—保—停控制单元，它是梯形图中最简单、最典型的单元，所包含的梯形图程序全部要素如下。

（1）事件。每一个梯形图支路都是针对一个事件。事件用输出线圈（或功能框）表示。本例中为 Y000。

（2）事件发生的条件。触点组合中使 Y000 置 1 的条件即是事件发生的条件。本例中为启动按钮 SB_1 使 X000 常开触点闭合。

（3）事件得以延续的条件。触点组合中使 Y000 置 1 得以保持的条件。本例中为与 X000 并联的 Y000 自保持触点闭合。

（4）使事件中止的条件。触点组合中使 Y000 置 1 中断（即置 0）的条件。本例中为停止按钮 SB_2 使 X001 常闭触点断开。

三、实训内容

1. 实训用仪表、工具和器材

（1）仪表：MF-47 型万用表。

（2）工具：常用电工工具一套。

（3）器材：FX_{2N}-48MR 型 PLC、计算机、通信电缆、交流接触器 CJ10-20、按钮 LA19-11A。

2. 实训内容及要求

（1）按 PLC 接线图正确连接外部电气元件，接线应牢固可靠、接触良好。

（2）编绘三相异步电动机单向运转控制梯形图，并将程序送入 PLC，检查后通电运行（此项内容先由指导老师来做，学生观摩）。

（3）操作外部输入电器观察输出情况，看是否符合控制要求。

3. 实训报告

（1）画出三相异步电动机单向运转控制的接线图。
（2）画出三相异步电动机单向运转控制的梯形图。
（3）写出三相异步电动机运转情况和出现的问题。

四、成绩评定

完成各项操作训练后进行技能考核，参考表10.1中的评分标准进行成绩评定。

表10.1　技能考核评分标准

序号	考核内容	配分	评分细则
1	外部接线	40分	输入端接线正确 20分 输出端接线正确 20分
2	编程操作（讲述）	20分	绘制梯形图正确 10分 写指令语句正确 10分
3	运行操作（讲述）	20分	传送程序正确 10分 运行程序正确 10分
4	安全文明生产	20分	遵守操作规程，无违章操作情况 5分 正确使用工具，用过后完好无损 5分 保持工位卫生，做好清洁及整理 5分 听从教师安排，无各类事故发生 5分
5	操作完成时间60min		在规定时间内完成，每超时5min扣5分

任务2　可编程控制器编程软件的使用训练

一、任务目标

1. 了解三菱PLC的编程软件FXGP/WIN-C的使用。
2. 学会用FXGP/WIN-C软件来编写PLC应用程序。
3. 熟悉程序下载方法和应用程序运行及调试功能。
4. 掌握三相异步电动机可逆运转控制的PLC应用。

二、相关知识

所有程序的编写、调试和运行都是通过计算机编程软件或手持编程器来完成的，近年来各 PLC 生产厂家都相继开发出了基于个人计算机的图示化编程软件。例如，西门子 S7-200 系列可编程控制器使用的 STEP7-Micro/WIN 3.2 编程软件，三菱 FX_{2N} 系列 PLC 使用的 SWOPC-FXGP/WIN-C 软件等。这些软件一般都具有编程及程序调试等多种功能，是 PLC 用户不可缺少的开发工具。编程软件的优点是修改方便，能适应梯形图和指令语句，而且相互之间能转换。现以 SWOPC-FXGP/WIN-C 软件为例，讲述编程软件的使用方法。

1．软件使用环境与安装

SWOPC-FXGP/WIN-C 软件是日本三菱公司为其生产的 PLC 而设计的编程支持软件，可在 Windows 98/XP 系统环境下操作。该软件为用户提供了程序的输入、编辑、检查、调试、监控和数据管理等手段，不仅适用于梯形图语言，而且也适用于助记符语言。

在计算机中安装 SWOPC-FXGP/WIN-C 时，将含有 SWOPC-FXGP/WIN-C 软件的光盘插入光盘驱动器，在光盘目录里双击安装程序，即进入软件安装界面。之后则可按照软件提示完成安装工作。软件安装路径可以使用默认子目录，也可以单击“浏览”按钮选择或新建子目录。在安装结束时，安装向导会提示安装过程完成，此时桌面出现 PLC 图标。

2．编程软件的使用

双击桌面上的 PLC 图标，运行 SWOPC-FXGP/WIN-C 软件，将出现初始启动界面，单击初始启动界面菜单栏中的“文件”按钮，在下拉菜单中选择“新文件”项，或单击工具条中的“新文件”按钮，即出现如图 10.5 所示的“PLC 类型设置”对话框，选择好 PLC 机型并单击“确认”按钮后，则出现如图 10.6 所示的程序编辑主界面。

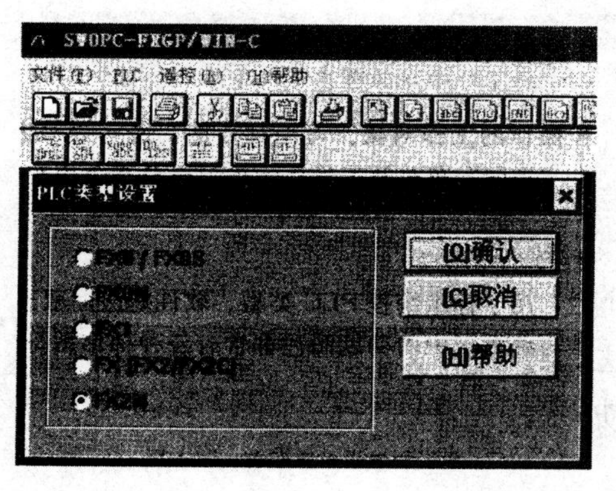

图 10.5 “PLC 类型设置”对话框

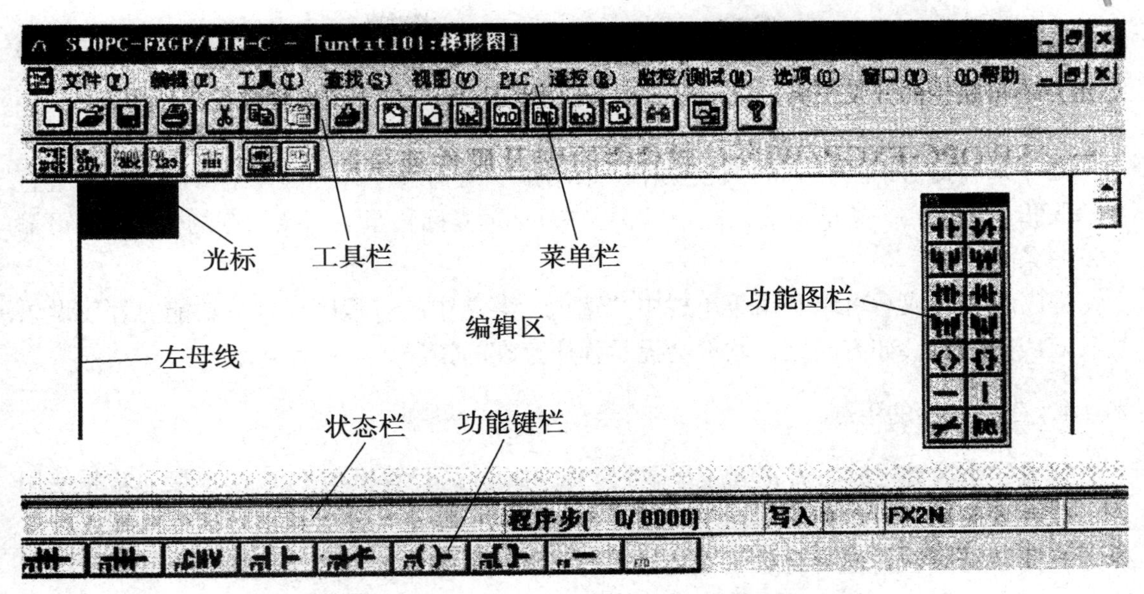

图 10.6 SWOPC-FXGP/WIN-C 软件编辑主界面

3．程序编辑操作

（1）采用梯形图方式的编程操作。采用梯形图编程就是在编辑区中绘出梯形图。

打开新建文件时主窗口左边可以见到一根竖直的线，这就是左母线，蓝色的方框为光标，无论绘什么图形，都要将光标移到需要绘这些符号的位置。梯形图的绘制过程是取用图形符号库中的符号“拼绘”梯形图的过程。如要输入一个动合触点，选择“工具”菜单中的“触点”选项或单击功能图栏中的“动合触点”图标，这时弹出如图 10.7 所示的对话框，在文本框中输入触点的地址及其他有关参数后单击“确认”按钮，要输入的动合触点及其地址就出现在光标所在的位置。要输入功能指令时，单击“工具”菜单中的“功能”选项或单击功能图栏中的相应“功能”图标，即可弹出如图 10.8 所示的对话框，然后在文本框中输入功能指令的助记符及操作数并单击“确认”按钮即可。梯形图符号间的连线可通过“工具”菜单中的“连线”选项选择水平线与竖线来完成。

图 10.7 “输入元件”对话框

图 10.8 “输入指令”对话框

梯形图程序的修改可使用插入、删除等菜单或按钮操作；修改元件地址时，可双击元件后重新修改弹出的对话框即可；梯形图符号的删除可利用计算机的删除键；梯形图竖线的删除可利用“工具”菜单中的竖线删除操作。梯形图元件及电路块的剪切、复制和粘贴等方法与其他编辑类软件操作相似。还有一点需强调的是，当绘出的梯形图需要保存时，要先选择菜单栏中“工具”菜单下的“转换”选项操作后才能保存，梯形图未经转换就单击“保存”按钮存盘即关闭编辑软件，编绘的梯形图将会丢失。

（2）采用指令语句方式的编程操作。采用指令语句编程时，可在编辑区光标位置直接输入指令语句，一条指令输入完毕后，按 Enter 键光标移至下一条指令的位置，则可输入下一条指令。

程序编写完成后可以利用菜单栏中“选项”菜单中的“程序检查”功能对程序做语法及双线圈检查，如有问题，软件会提示程序存在的错误。

4．应用程序的下载

应用程序编辑完成后需将程序下载到 PLC 中运行。计算机与 PLC 的连接通常是使用一根 FX-232CAB 专用通信电缆线，电缆的一端接 PLC 的 RS422 通信口，另一端接计算机的 RS232 口，正确选择计算机的通信口即可。具体操作为打开编程软件，在菜单栏中选择“PLC”选项，在其下拉菜单中选择“端口设置”选项，再选中电缆所实际连接的计算机 232 口的编号（COM1 或 COM2）即完成设置。

应用程序的下载操作是在菜单栏中选择“PLC”选项，在其下拉菜单中选择“传送”子菜单中的“写出”选项，即可将编辑完成的程序下载到 PLC 中。“传送”子菜单中的“读入”命令则用于将 PLC 中的程序读入编程计算机中进行修改。PLC 中一次只能存入一个程序，下载新程序后，原有的程序即行删除。

5．程序的调试及运行监控

程序的调试及运行监控是程序开发的重要环节，很少有程序一经编写就是完善的，只有经过试运行甚至现场运行后才能发现程序中不合理的地方，并进行修改。SWOPC-FXGP/WINC 编程软件具有监控功能，可用于程序的调试及运行监控。

（1）程序的运行及监控。程序下载后仍保持编程计算机与 PLC 的联机状态，启动程序运行，在编辑区显示梯形图状态下，选择菜单栏中的“监控/测试”选项，再选择“开始监控”选项即进入元件监控状态。这时梯形图上将显示 PLC 中各触点的状态及各数据存储单元的数值变化，如图 10.9 所示。

图中有长方形光标显示的位元件处于接通状态，数据元件中的存储数值则直接标出。在监控状态中单击“停止监控”按钮则可中止监控状态。

元件状态的监视还可以通过表格方式实现。在编辑区显示梯形图或指令语句的状态下，选择菜单栏中的“监控/测试”菜单中的“进入元件监控”选项即弹出“元件监控状态”对话框，这时可在对话框中设置需要监控的元件后单击“确定”按钮即可，这样在 PLC 中就可显示这些元件的状态。

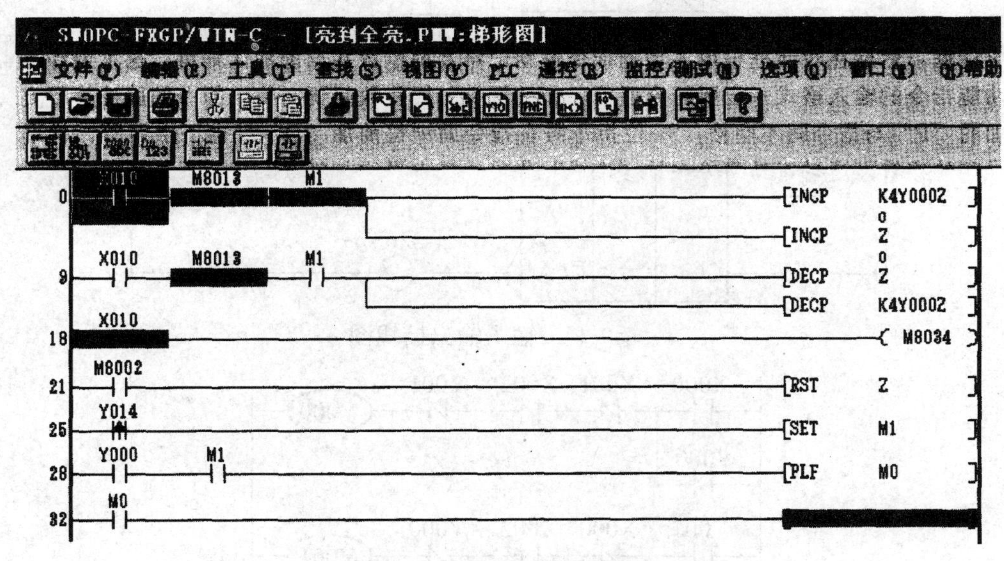

图 10.9 梯形图监控状态

（2）设置位元件的强制状态。

在调试中可能需要使某些位元件处于“ON”或“OFF”状态，以便观察程序的反应。这可以通过“监控/测试”菜单中的“强制 Y 输出”命令及“强制 ON/OFF”命令实现。选择这些命令时将弹出对话框，在对话框中设置需要强制的内容后单击“确定”按钮即可。

（3）改变字元件的当前值。在调试中有时需要改变字元件的当前值，如定时器、计数器的当前值及存储单元的当前值等。具体操作是从“监控/测试”菜单中选择“改变当前值”选项，并在弹出的对话框中设置元件及数值后单击“确定”按钮即可。

6. 三相异步电动机正反转运行控制

三相异步电动机正反转运行控制在项目 9 中也已经接触过。控制部分（参见图 9.2）如图 10.10 所示。图 10.10（a）为 PLC 的输入输出接线图，它是在单向运转控制基础上，增加了一个反转控制按钮和一个反转接触器。图 10.10（b）是控制系统梯形图，它的设计是这样考虑的：选用两套启—保—停单元，一套用于正转（通过 Y000 驱动正转接触器 KM_1），另一套用于反转（通过 Y001 驱动反转接触器 KM_2）。考虑正转、反转两个接触器不能同时接通，在两个接触器的驱动支路中分别串入另一个接触器驱动元件的常闭触点（如 Y000 支路串入 Y001 的常闭触点），这样当代表某个转向的驱动元件接通时，代表另一个转向的驱动元件就不可能同时接通了，这种两个线圈回路中互串对方常闭触点的结构形式称为“互锁”。在有多输出的梯形图中，需要考虑多输出之间的相互制约（联锁）。

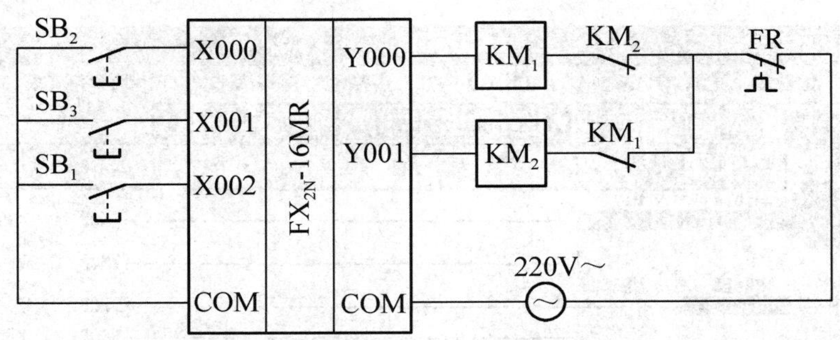

（a）PLC输入输出接线图

（b）正反转控制系统梯形图

图 10.10　三相异步电动机正反转运行控制

三、实训内容

1．实训用仪表、工具和器材

（1）仪表：MF-47 型万用表。

（2）工具：常用电工工具一套。

（3）器材：FX_{2N}-48MR 型 PLC、计算机、通信电缆、交流接触器 CJ10-20、按钮 LA19-11A。

2．实训内容及要求

（1）按 PLC 接线图正确连接外部电气元件，接线应牢固可靠、接触良好。

（2）用编程软件编写电动机正反转控制梯形图，并检查程序是否正确。

（3）将计算机与 PLC 正确连接，进行程序下载、调试和运行。

（4）操作外部输入电器观察输出情况，看是否符合控制要求。

3．实训报告

（1）画出三相异步电动机可逆运转控制的接线图。

（2）画出三相异步电动机可逆运转控制的梯形图。

（3）写出三相异步电动机运转情况和出现的问题。

四、成绩评定

完成各项操作训练后进行技能考核，参考表 10.2 中的评分标准进行成绩评定。

表 10.2　编程软件使用评分标准

序号	考 核 内 容	配分	评 分 细 则
1	外部接线	20 分	输入端接线正确 10 分 输出端接线正确 10 分
2	编程操作	30 分	编绘梯形图正确 15 分 写指令语句正确 15 分
3	运行操作	30 分	传送程序正确 15 分 运行程序正确 15 分
4	安全文明生产	20 分	遵守操作规程，无违章操作情况 5 分 正确使用工具，用过后完好无损 5 分 保持工位卫生，做好清洁及整理 5 分 听从教师安排，无各类事故发生 5 分
5	操作完成时间 60min		在规定时间内完成，每超时 5min 扣 5 分

任务 3　基本逻辑指令的编程与应用训练

一、任务目标

1. 熟悉基本逻辑指令的编程方法。
2. 掌握梯形图编程的步骤及规则。
3. 了解定时器指令的运用及扩展。
4. 掌握喷泉定时控制的 PLC 应用。

二、相关知识

1. 基本逻辑指令

三菱 FX_{2N} 系列 PLC 的基本逻辑指令有二十多条，现将其中几组常用的基本指令及梯形图格式列出，如表 10.3 所示。

表 10.3　常用基本指令功能及梯形图格式

指令	名称	指令功能	梯形图格式	指令助记符
LD	取	常开触点与母线连接	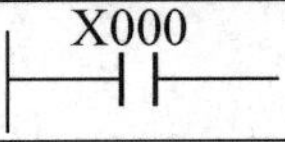 X000	LD　X000
LDI	取反	常闭触点与母线连接	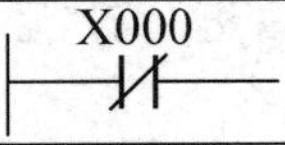 X000	LDI　X000
OUT	输出	线圈驱动	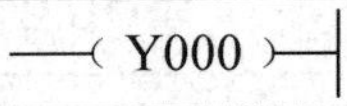 Y000	OUT　Y000
OR	或	将常开触点并联	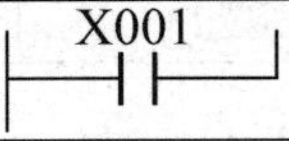 X001	OR　X001
ORI	或非	将常闭触点并联	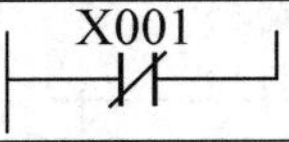 X001	ORI　X001
AND	与	将常开触点串联	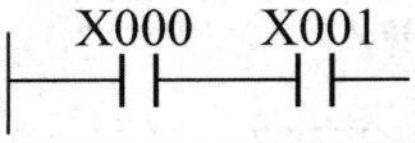 X000　X001	LD　X000 AND　X001
ANI	与非	将常闭触点串联	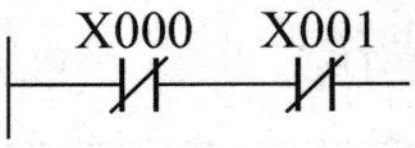 X000　X001	LD　X000 ANI　X001
SET	置位	使操作保持	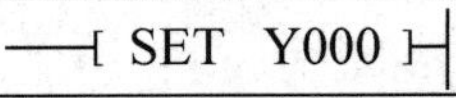 SET　Y000	SET　Y000
RET	复位	将操作保持复位	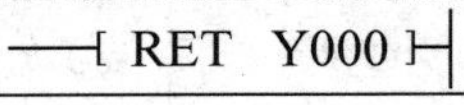 RET　Y000	RET　Y000
NOP	空操作	无任何动作		NOP
END	结束	顺序程序结束		END

2．梯形图编程步骤

（1）在准确了解系统控制要求的基础上，合理地为控制系统中的事件分配输入输出口，选择必要的机内器件，如定时器、计数器、辅助继电器等。

（2）对于一些控制要求比较简单的系统，可直接写出它们的输出输入工作条件，按照“启—保—停”单元模式完成相关的梯形图支路。

（3）对于一些比较复杂的控制系统，为了能用“启—保—停”单元模式绘出各输出口的梯形图，要正确分析控制要求，并确定控制系统中的关键点，如转换的触点或时间点。

（4）合理安排机内元件，将关键点用梯形图表述出来，使用关键点综合出最终输出的控制要求，针对系统最终输出进行梯形图的绘制。

3．梯形图编程规则

梯形图作为一种编程语言，绘制时应当按一定的规则，需要注意以下几点。

（1）梯形图的每个梯级都是从左母线开始，以线圈或功能指令结束，如图 10.11 所示。

X000　Y001　X001

（a）错误

X000　X001　Y001

（b）正确

图 10.11　线圈必须接右母线

（2）同一线圈不能重复使用，触点使用次数则不受限制，如图 10.12 所示。

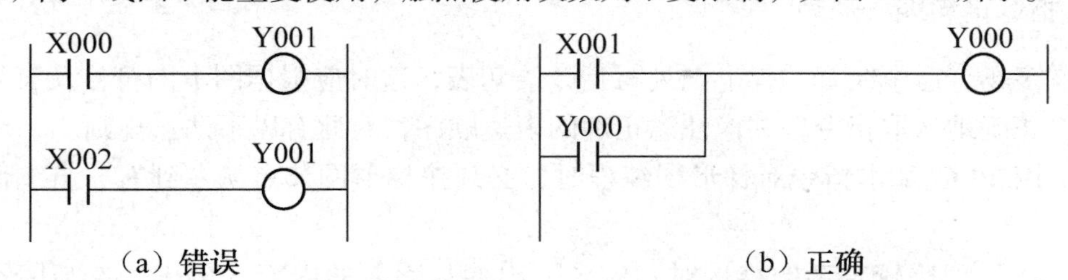

图 10.12 线圈不能重复使用

（3）两个或两个以上的线圈不可串联使用，但可以并联使用，如图 10.13 所示。

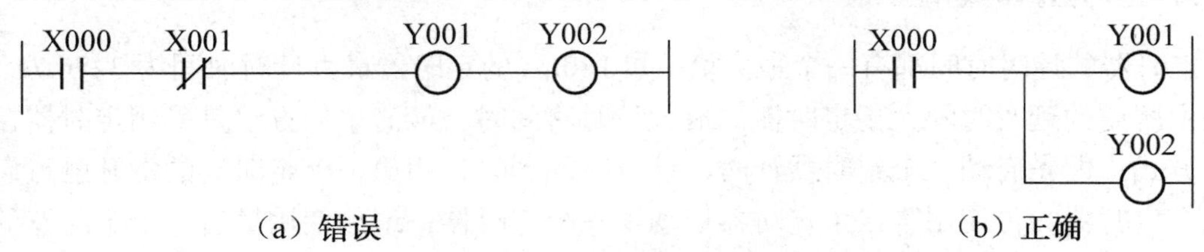

图 10.13 线圈不可串联使用

（4）线圈不能与左母线直接相连，如果需要的话，可以用一个始终接通的特殊继电器 M8000 来连接，如图 10.14 所示。

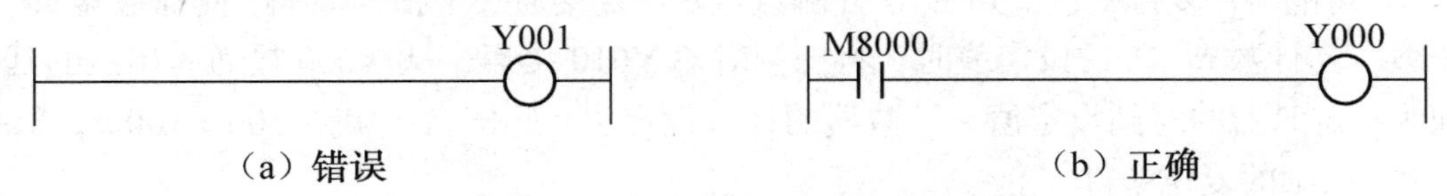

图 10.14 线圈不能与左母线直接相连

（5）注意各梯级的先后顺序，不符合执行顺序的不能编程，如图 10.15 所示。

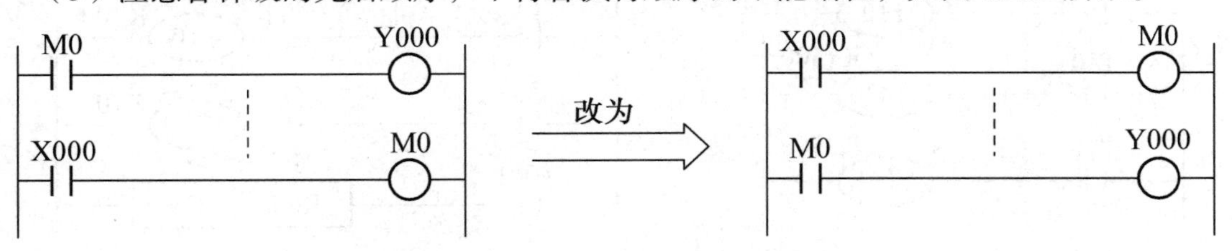

图 10.15 梯级要符合执行顺序

（6）编绘梯形图应按“上重下轻，左重右轻”的原则进行，如图 10.16 所示。

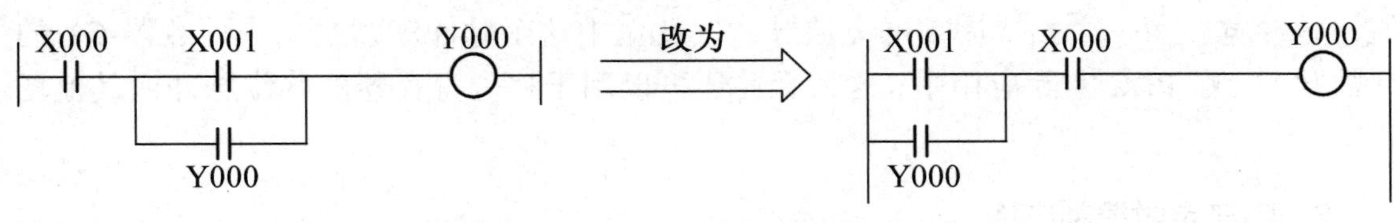

图 10.16 编绘梯形图遵循的原则

4．指令语句编程规则

在许多场合需由绘好的梯形图列写指令语句表，这时应根据图上的符号及符号间的相互关系正确地选取指令，并应注意正确的表达顺序，对此有以下两点规则。

（1）用 PLC 基本指令对梯形图编程时，必须按梯形图节点从左到右、自上而下的原则。

（2）在处理比较复杂的结构时，应先写出参与因素的内容，再表达参与因素间的关系。

5．定时器延时功能扩展

定时器的计时时间都有一个最大值，如 100ms 的定时器最大计时时间为 3276.7s。如工程中所需的延时时间大于定时器的最大计时时间时，最简单的方法是采用定时器接力计时方式。即先启动一个定时器计时，计时时间到时，用第一个定时器的常开触点启动第二个定时器，再使用第二个定时器启动第三个定时器，记住使用最后一个定时器的触点去控制最终的控制对象就可以了，两定时器接力延时如图 10.17 所示。

另外还可以利用计数器配合定时器获得长延时，如图 10.18 所示。图中常开触点 X000 闭合是开始工作条件。在定时器 T1 的线圈回路中接有定时器 T1 的常闭触点，它使得定时器 T1 每隔 10s 复位一次。T1 的常开触点每隔 10s 接通一个扫描周期，使计数器 C1 计一个数，当计数到 C1 的设定值时，将控制对象 Y010 接通。从 X000 接通为始点的延时时间为：定时器的时间设定值 × 计数器的计数设定值。此例为：10s × 100 = 1000s，X001 为计数器 C1 的复位条件。

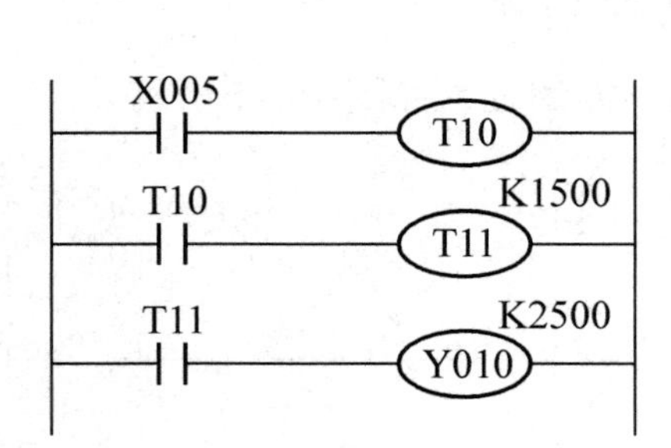

图 10.17　两定时器接力延时 400s

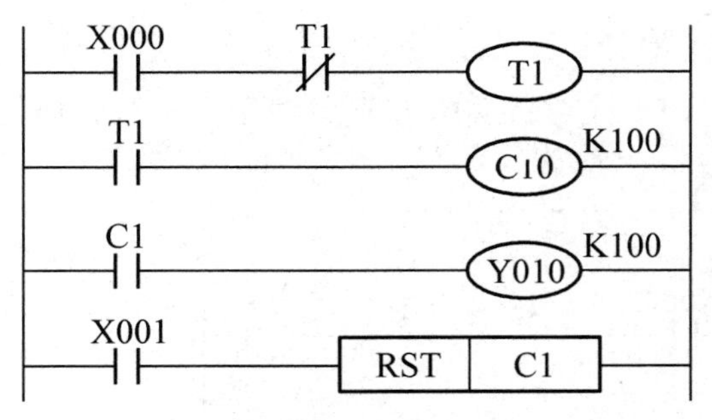

图 10.18　定时器配合计数器延时 1000s

图 10.18 中定时器 T1 的工作实质是构成一种振荡器，其时间间隔为定时器的设定值，脉冲宽度为一个扫描周期的方波脉冲。此例中这个脉冲序列是用作计数器 C1 的计数脉冲。在 PLC 实际应用中，这种脉冲还可以用于移位寄存器的移位脉冲或其他场合中。

6．喷泉定时控制应用

（1）喷泉定时控制要求。有一组喷泉，按下启动开关 SB_0，喷泉 A 喷水 5s 后，喷泉

B、C 同时喷水；5s 后喷泉 B 停喷，喷泉 A、C 仍工作；5s 后喷泉 C 停喷，喷泉 A、B 工作；2s 后，喷泉 A、B、C 又同时工作 5s，再停止 5s 后又重复工作。若在此过程中按下停止开关 SB_1，则都停止工作。

（2）I/O 口分配与接线。喷泉定时控制 I/O 口分配表如表 10.4 所示，按此表可完成外部接线。

表 10.4　喷泉定时控制 I/O 口分配表

输入/输出	电 气 名 称	点
输入电气	启动开关 SB_0	X000
	停止开关 SB_1	X001
输出电气	喷泉 A 指示灯	Y001
	喷泉 B 指示灯	Y002
	喷泉 C 指示灯	Y003

（3）工作时序波形图。喷泉工作的时序波形图如图 10.19 所示。

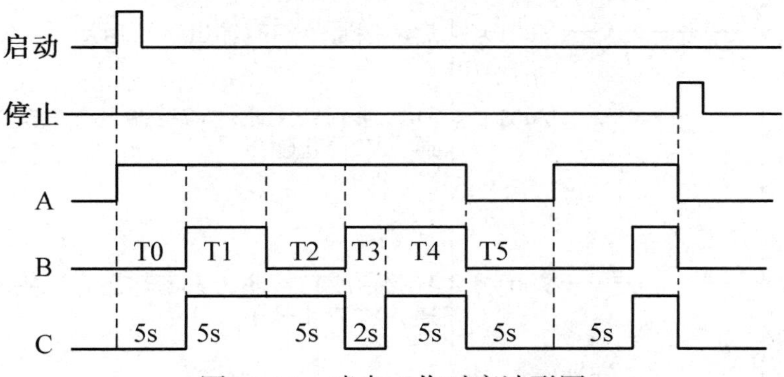

图 10.19　喷泉工作时序波形图

（4）控制要求解析。对时序图分析可以看到，启动接通后，延时 5s，T0 接通，再延时 5s，T1 接通……依次类推，最后 T5 接通，将所有定时器线圈断开，起到了循环的作用。因为启动信号是一个短信号，所以需要一个内部辅助继电器来设置一个自锁电路。根据波形图的对应关系，一启动 Y001 就有输出，直到 T4 延时时间到后断开，其逻辑关系表达式为 Y001=M100× T4，同样道理，Y002、Y003 的输出逻辑关系如下：

$$Y002 = T0 \times \overline{T1} + T2 \times \overline{T4} \qquad Y003 = T0 \times \overline{T2} + T3 \times \overline{T4}$$

（5）梯形图程序。喷泉定时控制的梯形图如图 10.20 所示。

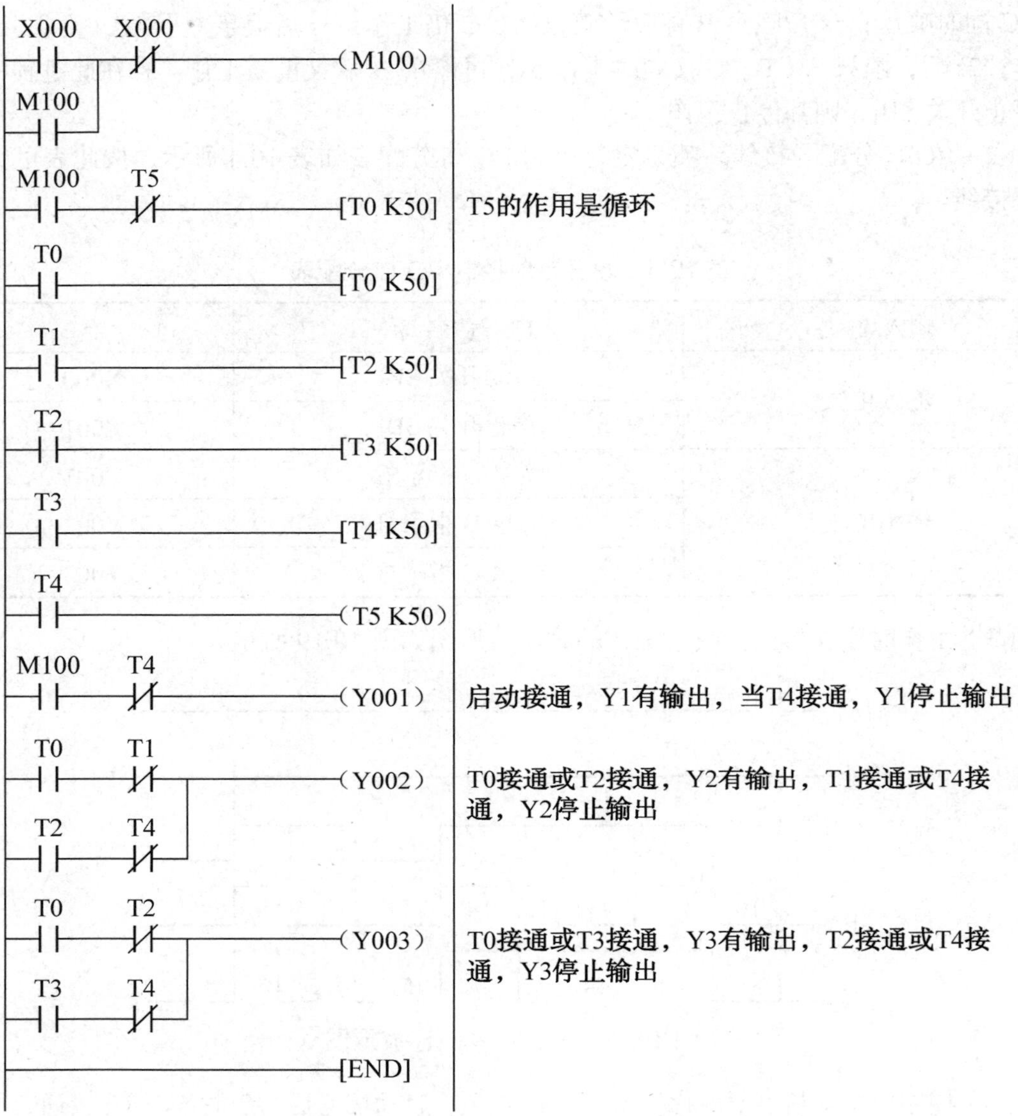

```
X000    X000
─┤├──┬──┤/├──────────(M100)
M100 │
─┤├──┘

M100    T5
─┤├─────┤/├──────────[T0 K50]   T5的作用是循环

T0
─┤├──────────────────[T0 K50]

T1
─┤├──────────────────[T2 K50]

T2
─┤├──────────────────[T3 K50]

T3
─┤├──────────────────[T4 K50]

T4
─┤├──────────────────(T5 K50)

M100    T4
─┤├─────┤/├──────────(Y001)   启动接通，Y1有输出，当T4接通，Y1停止输出

T0      T1
─┤├─────┤/├──┬───────(Y002)   T0接通或T2接通，Y2有输出，T1接通或T4接
T2      T4   │                 通，Y2停止输出
─┤├─────┤/├──┘

T0      T2
─┤├─────┤/├──┬───────(Y003)   T0接通或T3接通，Y3有输出，T2接通或T4接
T3      T4   │                 通，Y3停止输出
─┤├─────┤/├──┘

─────────────────────[END]
```

图 10.20　喷泉定时控制梯形图

三、实训内容

1．实训用仪表、工具和器材

（1）仪表：MF-47 型万用表。

（2）工具：常用电工工具一套。

（3）器材：FX_{2N}-48MR 型 PLC、计算机、通信电缆、按钮 LA19-11A、指示灯 AD16-22D/S。

2．实训内容及要求

（1）按 I/O 口分配表正确连接外部电气元件，接线应牢固可靠、接触良好。
（2）用编程软件编写喷泉控制的梯形图和指令语句，并检查程序是否正确。
（3）将计算机与 PLC 正确连接，进行程序下载、调试和运行。
（4）操作外部输入电器观察输出情况，看是否符合控制要求。

3．实训报告

（1）画出喷泉定时控制的接线图。
（2）画出喷泉定时控制的梯形图。
（3）写出喷泉定时控制的指令语句。
（4）写出喷泉运行情况和出现的问题。

四、成绩评定

完成各项操作训练后进行技能考核，参考表 10.5 中的评分标准进行成绩评定。

表 10.5 基本逻辑指令编程评分标准

序号	考 核 内 容	配分	评 分 细 则
1	外部接线	20 分	输入端接线正确 10 分 输出端接线正确 10 分
2	编程操作	30 分	编绘梯形图正确 15 分 写指令语句正确 15 分
3	运行操作	30 分	传送程序正确 15 分 运行程序正确 15 分
4	安全文明生产	20 分	遵守操作规程，无违章操作情况 5 分 正确使用工具，用过后完好无损 5 分 保持工位卫生，做好清洁及整理 5 分 听从教师安排，无各类事故发生 5 分
5	操作完成时间 60min		在规定时间内完成，每超时 5min 扣 5 分

任务 4 步进指令和状态编程法的应用训练

一、任务目标

1．了解步进编程的几种流程结构。

2. 熟悉状态流程的要素和编程方法。
3. 掌握由状态流程图编绘梯形图。
4. 学会由状态流程图编写指令语句。

二、相关知识

1. 状态编程法与步进指令

状态编程法是将复杂的控制过程分解为小的“状态”分别编程，再组合成整体程序的编程思想，可使编程工作程式化，规范化，是 PLC 编程的重要方法。

状态流程图是状态编程的工具，图中包含了程序所需要的全部状态及状态间的关联。针对具体状态来说，状态流程图给出该状态的任务和状态转移的条件及方向。采用状态编程法时一般先绘出状态流程图，再由状态流程图编绘梯形图或编写指令语句。

步进指令有 STL 指令和 RET 指令。STL 指令是步进的开始指令，使步进触点接通，则与它连接的程序就执行。RET 指令是步进的结束指令，用于步进触点返回母线。如果要求一开机就执行顺序控制，则需要用 M8002 去驱动步进开始指令。

2. 状态流程的三要素

当状态流程只存在一种顺序，称为单一顺序流程。图 10.21 所示的是单一顺序流程的状态流程图与梯形图的对照。使用步进指令编绘的梯形图和状态流程图一样，每个状态的程序表述也都十分规范。分析图 10.21 中的状态程序段，可看出它由以下三个要素构成。

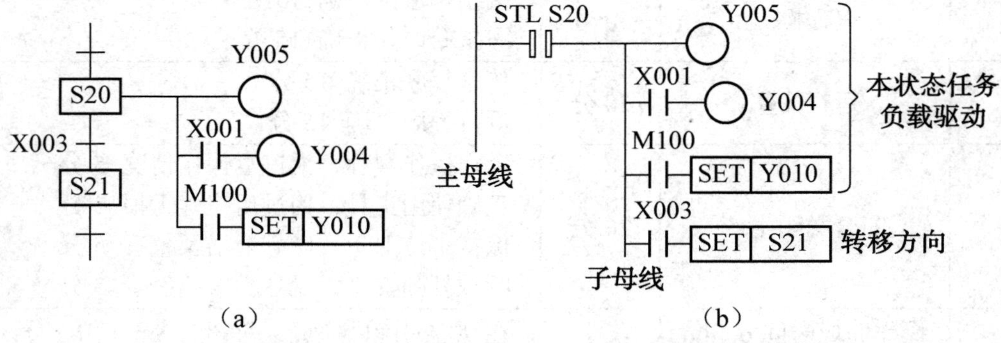

图 10.21　单一顺序流程的状态流程图与梯形图

（1）负载驱动。即本状态做什么。如图 10.21 中输出 Y005、输入 X001 接通后的输出 Y004 及输入 M100 接通后的 SET Y010。表达本状态的工作任务（输出）时可以使用 OUT 指令也可以使用 SET 指令。它们的区别是 OUT 指令驱动的输出在本状态关闭后自动关闭，使用 SET 指令驱动的输出可保持到其他状态执行，直到程序其他地方使用 RST 指令使其复位。

（2）转移条件。满足什么条件实行状态转移。如图 10.21 中 X003 接通时，执行 SET

S21 指令，实现状态转移。

（3）转移方向。转移到什么状态。如图 10.21 中 SET S21 指令指明下一个状态为 S21。

3．选择分支流程

当状态转移条件不止一个时，就要用选择分支流程进行编程。

（1）选择分支流程图的特点。从多个分支流程中根据条件选择某一分支执行，其他分支的转移条件不能同时满足，即每次只满足一个分支转移条件，称为选择分支流程，如图 10.22 所示。

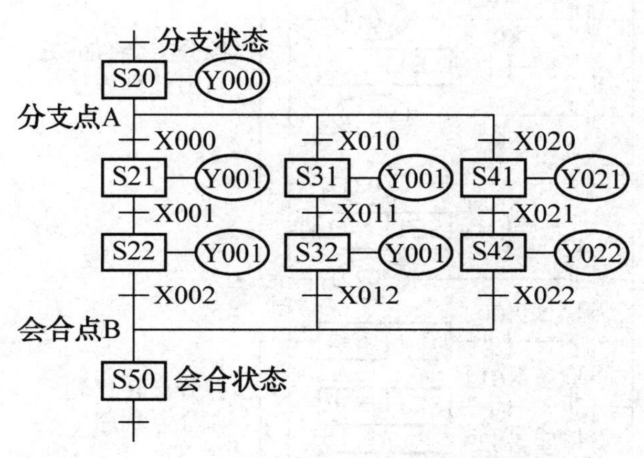

图 10.22 选择分支流程的状态流程图

从图中可以看出：

① 该状态流程图有三个分支流程 S21、S31、S41。

② S20 为分支状态，根据不同的条件（X000、X010、X020），选择执行其中的一个分支流程。当 X000 接通时执行第一分支流程 S21；X010 接通时执行第二分支流程 S31；X020 接通时执行第三分支流程 S41。X000、X010、X020 不能同时接通。

③ S50 为会合状态，由 S22、S32、S42 任一状态驱动。

（2）选择分支流程的编程原则。根据图 10.22 的选择分支状态流程图可以绘出它的梯形图，如图 10.23 所示。其编程原则是先集中处理分支状态，再处理分支会合前的输出，然后集中处理会合状态。

① 分支状态的编程。针对分支状态 S20 编程时，先进行驱动处理（OUT），然后按 S21、S31、S41 的顺序进行转移处理。

② 会合状态的编程。会合状态编程前先依次对 S21、S22、S31、S32、S41、S42 状态进行会合前的输出处理编程，然后按顺序从第一分支 S22、第二分支 S32、第三分支 S42 向会合状态 S50 转移的编程。

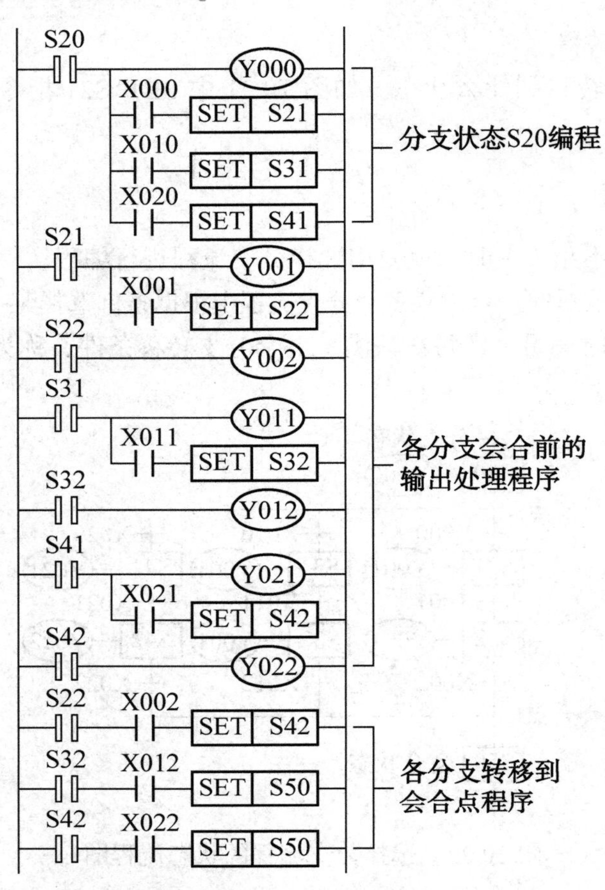

图 10.23　选择分支流程对应的梯形图

4．并行分支流程

当多个分支流程需要同时执行时，就要用并行分支流程进行编程。

（1）并行分支流程图及其特点。当满足某个条件后使多个分支流程同时执行称为并行分支，如图 10.24 所示。当 X000 接通时，状态转移使 S21、S31 和 S41 同时置位，三个分支同时运行，只有在 S22、S32 和 S42 三个状态都运行结束后，若 X002 接通，才能使 S30 置位，并使 S22、S32 和 S42 同时复位。从图中可以看出：

① S20 为分支状态。S20 动作后，若并行处理条件 X000 接通，则 S21、S31 和 S41 同时动作，三个分支同时开始执行。

② S30 为会合状态。三个分支流程运行全部结束后，会合条件 X002 接通，则 S30 动作，S22、S32 和 S42 同时复位。这种会合又称为排队会合（即先执行完的流程保持动作，直到全部流程执行完成，会合才结束）。

（2）并行分支、会合的编程原则。根据图 10.24 的并行分支状态流程图可以绘出它的梯形图，如图 10.25 所示。其编程原则是先集中进行并行分支处理，再处理分支会合前的输出，然后集中进行会合处理。

① 分支状态的编程。针对分支状态 S20 编程时，先进行驱动处理（OUT），然后按 S21、S31、S41 的顺序进行并行转移处理。

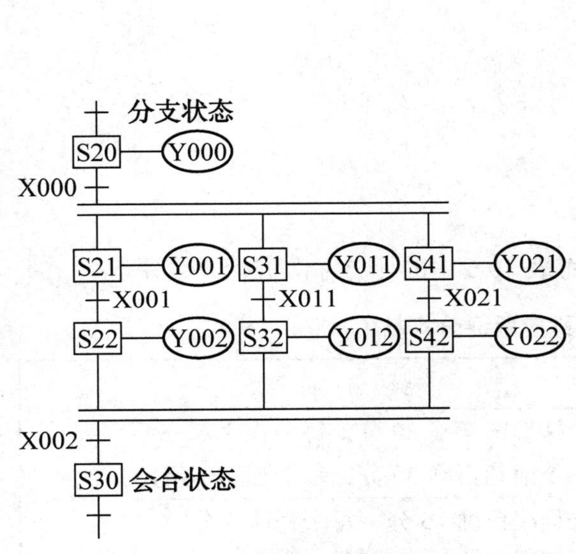

图 10.24 并行分支流程的状态流程图

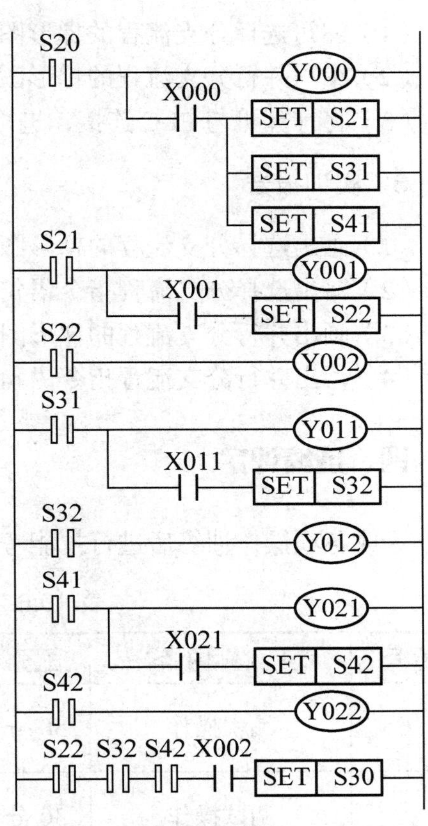

图 10.25 并行分支流程对应的梯形图

② 会合状态的编程。按照并行会合的编程方法，先进行会合前的输出处理，即按分支顺序对 S21 和 S22、S31 和 S32、S41 和 S42 进行输出处理，然后依次进行从 S22、S32、S42 到 S30 的转移。

③ 编程中应注意的问题。并行分支与会合最多能实现 8 个分支与会合。在并行分支与会合流程中，并联分支后面不能使用选择转移条件，在转移条件后面不允许并行会合。

三、实训内容

1．实训用仪表、工具和器材

（1）仪表：MF-47 型万用表。

（2）工具：常用电工工具一套。

（3）器材：FX_{2N}-48MR 型 PLC、计算机、通信电缆。

2．实训内容及要求

（1）编写选择分支流程的梯形图和指令语句。
（2）编写并行分支流程的梯形图和指令语句。
（3）将计算机与 PLC 连接，进行程序下载和调试。

3．实训报告

（1）画出选择分支流程的梯形图。
（2）写出选择分支流程指令语句。
（3）画出并行分支流程的梯形图。
（4）写出并行分支流程指令语句。

四、成绩评定

完成各项操作训练后进行技能考核，参考表 10.6 中的评分标准进行成绩评定。

表 10.6　状态编程应用评分标准

序号	考 核 内 容	配分	评 分 细 则
1	编程操作	50 分	编绘梯形图正确 20 分，每个程序 5 分 写指令语句正确 30 分，每个程序 10 分
2	调试操作	30 分	传送程序正确 15 分，每个程序 5 分 调试程序正确 15 分，每个程序 5 分
3	安全文明生产	20 分	遵守操作规程，无违章操作情况 5 分 正确使用工具，用过后完好无损 5 分 保持工位卫生，做好清洁及整理 5 分 听从教师安排，无各类事故发生 5 分
4	操作完成时间 60min		在规定时间内完成，每超时 5min 扣 5 分

任务 5　运料小车自动往返控制应用训练

一、任务目标

1．熟悉基本逻辑指令和定时器指令的运用。
2．学会步进编程指令的运用和状态编程法。
3．了解运料小车自动往返控制的控制要求。
4．掌握运料小车自动往返控制的 PLC 应用。

二、相关知识

1．运料小车控制要求

当按下启动按钮 SB_1 时，KM_1 通电，小车左行，当到达指定位置 SQ_1 处，停车装料，同时 KT1 开始计时。20s 后，KT1 延时闭合常开触点闭合，接通 KM_2，小车右行，到达 SQ_2 处，小车停止并开始卸料，同时接通 KT2 线圈；10s 后，KT2 延时闭合常开触点闭合，接通 KM_1，小车左行，如此自动往返循环。当按下启动按钮 SB_2 时小车停止，运料小车运行示意图如图 10.26 所示。

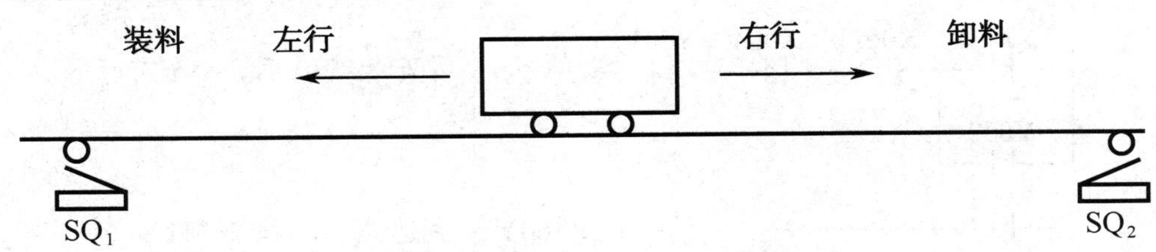

图 10.26　运料小车自动往返运行示意图

2．I/O 口分配与接线

运料小车控制 I/O 口分配表如表 10.7 所示，按此表可完成外部接线。

表 10.7　运料小车控制 I/O 口分配表

输入/输出	电 气 名 称	点
输入电气	SB_1（常开）	X001
	SB_2（常开）	X002
	SQ_1（常开）	X003
	SQ_2（常开）	X004
输出电路	KM_1	Y001
	KM_2	Y002

3．控制要求解析

此例控制要求比较简单，根据控制原理就可以分析。按下 SB_1 时，X001 接通，输出 Y001 接通并自锁，小车左行。

当到达 SQ_1 处时，X003 常闭触点断开，Y001 断开，同时 X003 接通，T1 开始通电，20s 后，接通 Y002，小车右行。

当到达 SQ_2 处时，X004 常闭触点断开，Y002 断开，同时 T2 开始通电，10s 后，接通 Y001，小车左行。如此循环，直到按下停止按钮 X002，小车停止。

4．用非状态法编程

根据控制要求，运料小车自动往返控制的梯形图如图 10.27 所示。

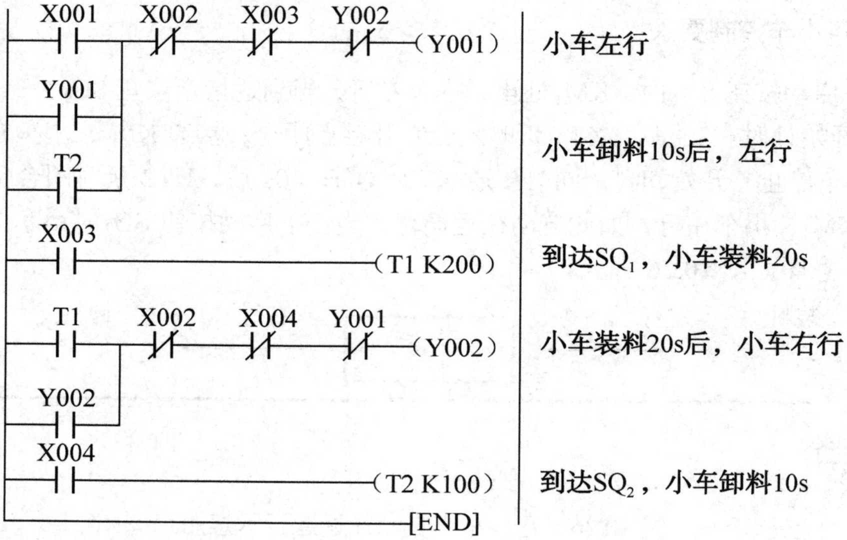

X001
X002
X003
Y002
(Y001)
小车左行
Y001
T2
小车卸料10s后，左行
X003
(T1 K200)
到达SQ_1，小车装料20s
T1
X002
X004
Y001
(Y002)
小车装料20s后，小车右行
Y002
X004
(T2 K100)
到达SQ_2，小车卸料10s
[END]

图 10.27　运料小车自动往返控制的梯形图

5．用步进指令编程

运料小车自动往返控制的状态转移只有一种顺序，小车的运行轨迹是小车左行→装料→右行→卸料→左行。如此循环，中间没有其他的环节，所以可用单一顺序流程进行编程，其状态流程图和梯形图如图 10.28 和图 10.29 所示，指令语句如表 10.8 所示。其中 ZRST 是区间复位指令，当 M8002 接通时，执行一次 ZRST 指令，将 S0～S23 的状态元件清零。

M8002
ZRST
S0
S23
SET
S0
X002
S0
X001
S20
(Y001)
X003
S21
(T1 K200)
T1
S22
(Y002)
X004
S23
(T2 K100)
T2
RET
END

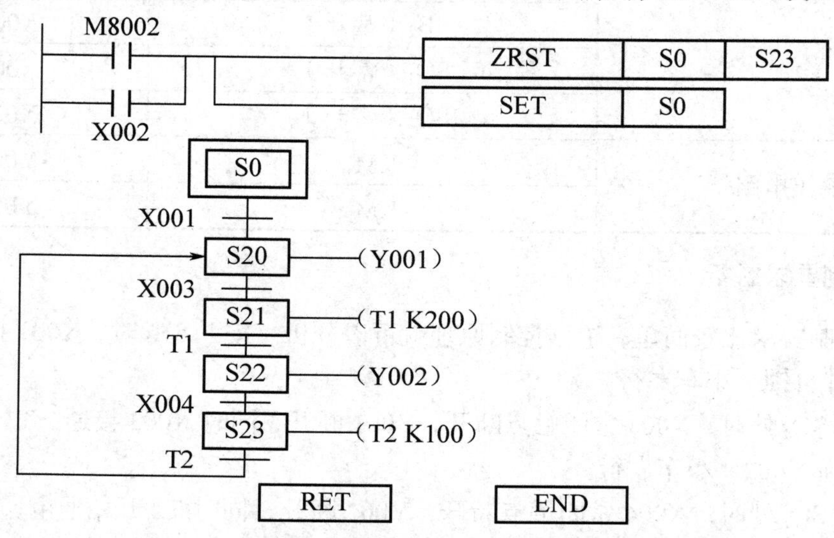

图 10.28　运料小车单一顺序流程的状态流程图

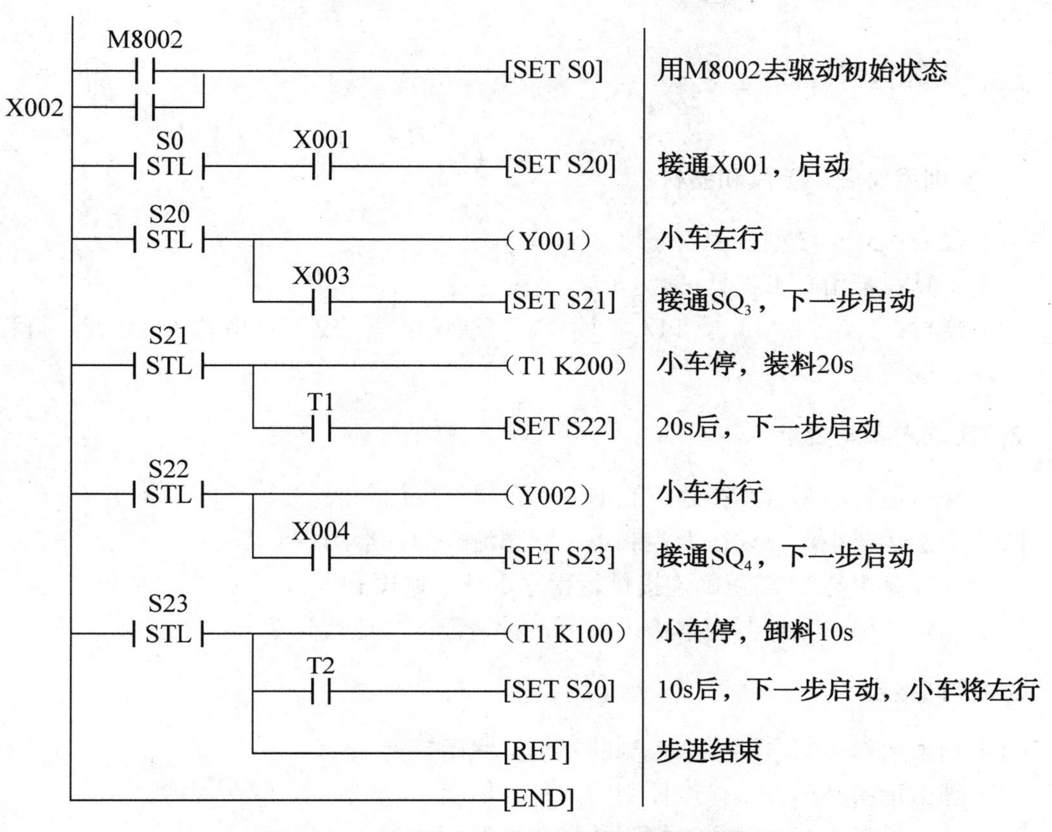

图 10.29 运料小车单一顺序流程的梯形图

表 10.8 运料小车单一顺序流程指令语句

地址	指令	数据	地址	指令	数据
0	LD	M8002	13	LD	T1
1	OR	X002	14	SET	S22
2	SET	S0	15	STL	S22
3	STL	S0	16	OUT	Y002
4	LD	X001	17	LD	X004
5	SET	S20	18	SET	S23
6	STL	S20	19	STL	S23
7	OUT	Y001	20	OUT	T2
8	LD	X003	21	K	100
9	SET	S21	22	LD	T2
10	STL	S21	23	SET	S20
11	OUT	T1	24	RET	
12	K	200	25	END	

三、实训内容

1. 实训用仪表、工具和器材

（1）仪表：MF-47 型万用表。

（2）工具：常用电工工具一套。

（3）器材：FX_{2N}-48MR 型 PLC、计算机、通信电缆、交流接触器 CJ10-20、行程开关 LX-28、按钮 LA 19-11 A。

2. 实训内容及要求

（1）编写运料小车自动往返控制的基本逻辑指令语句表。

（2）编绘运料小车自动往返控制单一状态流程的梯形图。

（3）将计算机与 PLC 正确连接进行程序下载、调试和运行。

（4）操作外部输入电器观察输出情况，看是否符合控制要求。

3. 实训报告

（1）画出运料小车自动往返控制的外部接线图。

（2）画出运料小车自动往返控制的两种梯形图。

（3）写出运料小车自动往返控制的指令语句。

（4）写出运料小车运行的情况和出现的问题。

四、成绩评定

完成各项操作训练后进行技能考核，参考表 10.9 中的评分标准进行成绩评定。

表 10.9　运料小车控制评分标准

序号	考核内容	配分	评分细则
1	外部接线	10 分	输入端接线正确 5 分 输出端接线正确 5 分
2	编程操作	40 分	编绘梯形图正确 20 分，每个程序 10 分 写指令语句正确 20 分，每个程序 10 分
3	运行操作	30 分	传送程序正确 10 分，每个程序 5 分 运行程序正确 20 分，每个程序 10 分

续表

序号	考 核 内 容	配分	评 分 细 则
4	安全文明生产	20 分	遵守操作规程，无违章操作情况 5 分 正确使用工具，用过后完好无损 5 分 保持工位卫生，做好清洁及整理 5 分 听从教师安排，无各类事故发生 5 分
5	操作完成时间 60min		在规定时间内完成，每超时 5min 扣 5 分

任务 6　电动机顺序启动控制应用训练

一、任务目标

1. 熟悉选择分支流程的编程方法。
2. 学会由状态流程图编绘梯形图。
3. 了解电动机顺序启动控制的控制要求。
4. 掌握电动机顺序启动控制的 PLC 应用。

二、相关知识

1. 电动机顺序启动控制要求

有一个四台电动机顺序控制系统，启动按 M1→M2→M3→M4 顺序，停止按 M4→M3→M2→M1 顺序，每台电动机启动和停止间隔时间分别为 5s（电动机用指示灯代替，所以此处不考虑过载保护线路）。

2. I/O 口分配与接线

电动机顺序启动控制 I/O 口分配表如表 10.10 所示，按此表可绘制接线图。

表 10.10　电动机顺序启动控制 I/O 口分配表

输入/输出	电 气 名 称	点
输入电气	启动按钮	X000
	停止按钮	X001
输出电气	电动机 M1	Y001
	电动机 M2	Y002
	电动机 M3	Y003
	电动机 M4	Y004

3．控制要求解析

这是一个要求顺序启动逆序停止的控制系统。启动按 M1→M2→M3→M4 顺序，这里要用到三个定时器 T0、T1、T2，而且每个定时器常开触点都是下一个电动机的启动开关；停止按 M4→M3→M2→M1 顺序，同样也要用到三个定时器 T3、T4、T5，而且每个定时器常开触点都是上一个电动机的停止开关。

4．用单一顺序流程编程

电动机顺序启动逆序停止控制中，若不考虑启动中途停机时，可以采用单一顺序流程进行编程，其状态流程图如图 10.30 所示。

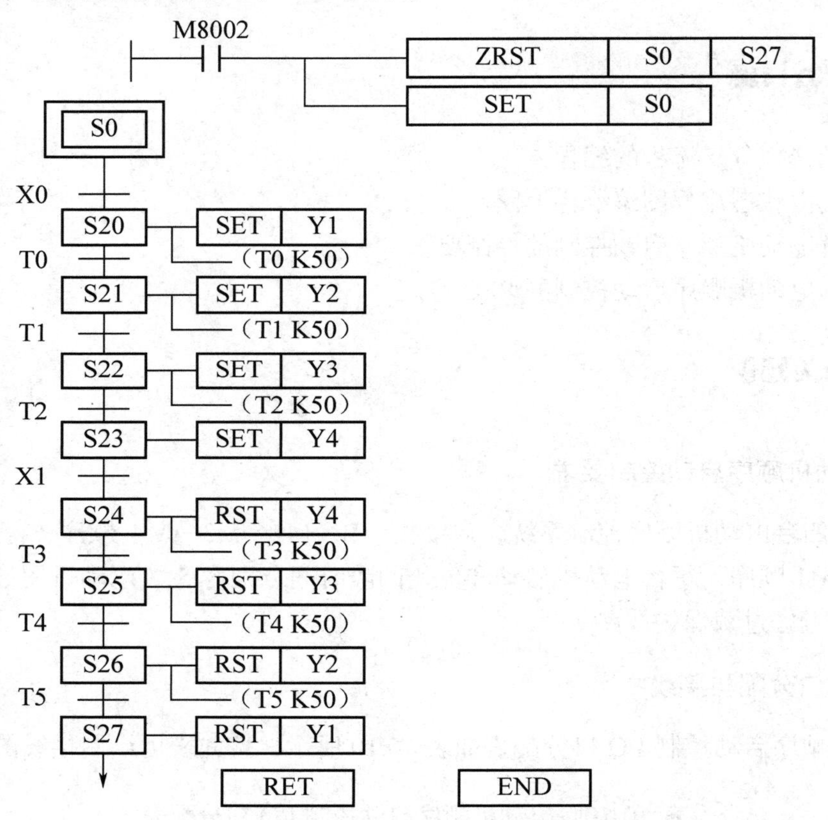

图 10.30　电动机启动单一顺序流程的状态流程图

5．用选择分支流程编程

电动机顺序启动逆序停止控制中，若考虑启动中途停机，为了减少运行时间，需要按照实际启动的电动机台数逆序停止，应采用选择分支流程进行编程，启动条件满足则执行顺序启动，停止条件满足则执行逆序停止。

假如第 2 台电动机启动完成后，没有按下停止按钮，则执行 S22；若按下停止按钮，则执行 S31，其状态流程图如图 10.31 所示。

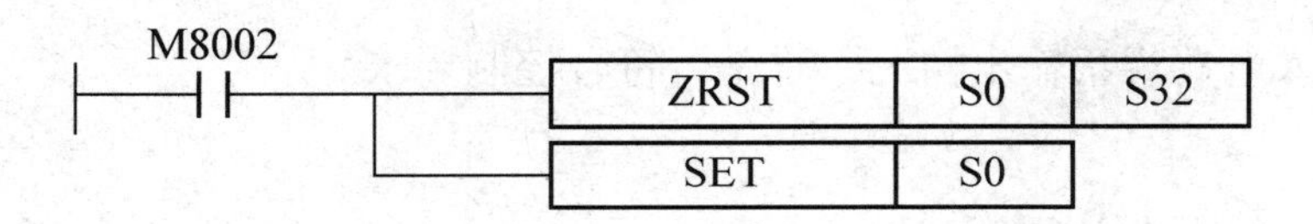

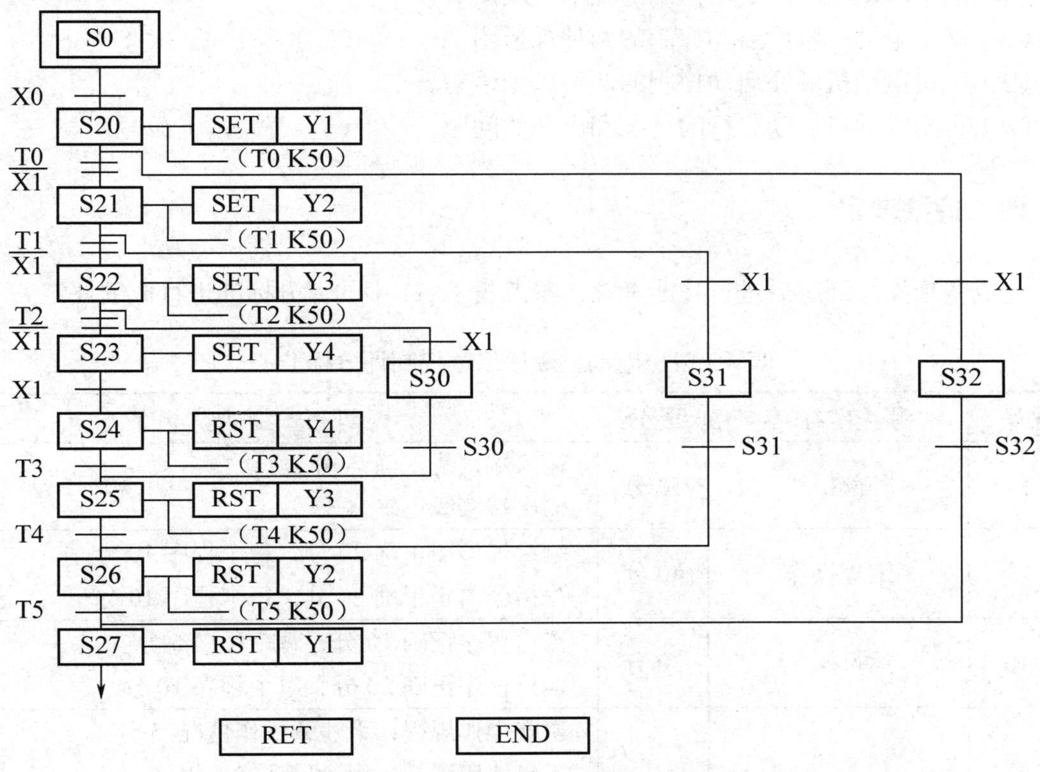

图 10.31 电动机启动选择分支流程的状态流程图

三、实训内容

1. 实训用仪表、工具和器材

（1）仪表：MF-47 型万用表。

（2）工具：常用电工工具一套。

（3）器材：FX_{2N}-48MR 型 PLC、计算机、通信电缆、开关 LA19-11A、指示灯 AD 16-22D/S。

2. 实训内容及要求

（1）编写电动机顺序启动单一顺序流程的梯形图和指令语句。

（2）编写电动机顺序启动选择分支流程的梯形图和指令语句。

（3）检查程序是否正确，联机进行程序下载、调试和运行。

（4）操作外部输入电器观察输出情况，看是否符合控制要求。

3. 实训报告

（1）画出电动机顺序启动控制的外部接线图。
（2）画出电动机顺序启动控制的两种梯形图。
（3）写出电动机顺序启动控制的两种指令语句。
（4）写出电动机启动运行的情况和出现的问题。

四、成绩评定

完成各项操作训练后进行技能考核，参考表10.11中的评分标准进行成绩评定。

表10.11 电动机顺序启动控制评分标准

序号	考核内容	配分	评分细则
1	外部接线	10分	输入端接线正确 5分 输出端接线正确 5分
2	编程操作	40分	编绘梯形图正确20分，每个程序10分 写指令语句正确20分，每个程序10分
3	运行操作	30分	传送程序正确10分，每个程序5分 运行程序正确20分，每个程序10分
4	安全文明生产	20分	遵守操作规程，无违章操作情况 5分 正确使用工具，用过后完好无损 5分 保持工位卫生，做好清洁及整理 5分 听从教师安排，无各类事故发生 5分
5	操作完成时间60min		在规定时间内完成，每超时5min扣5分

任务7 交通信号灯自动控制应用训练

一、任务目标

1. 熟悉用步进编程法编绘梯形图。
2. 学会并行分支流程的编程方法。
3. 了解交通信号灯自动控制的要求。
4. 掌握交通信号灯控制的PLC应用。

二、相关知识

1. 交通信号灯控制要求

用 PLC 控制十字路口交通信号灯，按下启动按钮，南北红灯亮 30s，东西绿灯亮 25s，闪烁 3s，然后黄灯亮 2s 熄灭，红灯亮 30s，与此同时南北红灯熄灭，绿灯亮 25s，闪烁 3s，然后黄灯亮 2s 熄灭，如此反复，按停止按钮停止工作。工作时序波形图如图 10.32 所示。

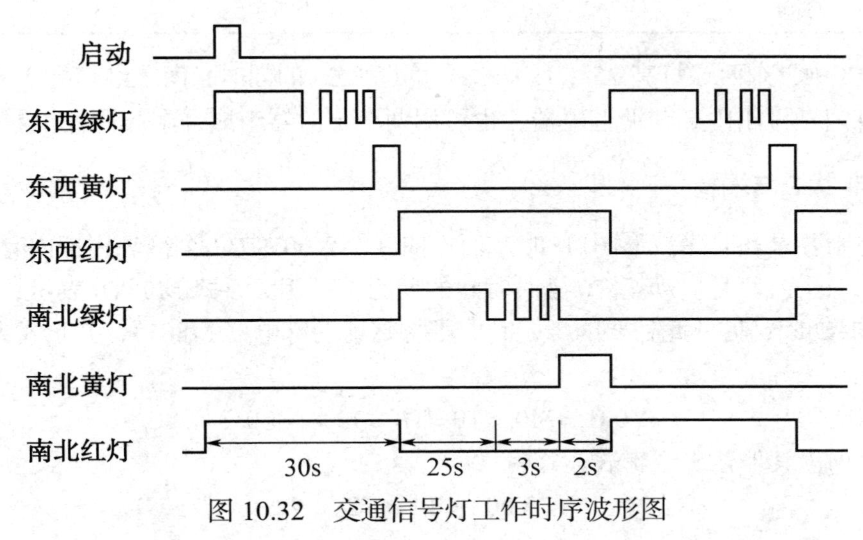

图 10.32　交通信号灯工作时序波形图

2. I/O 口分配与接线

交通信号灯控制 I/O 口分配表如表 10.12 所示，按此表可完成外部接线。

表 10.12　交通信号灯控制 I/O 口分配表

输入/输出	电 气 名 称	点
输入电气	启动按钮	X000
	停止按钮	X001
输出电气	东西绿灯	Y001
	东西黄灯	Y002
	东西红灯	Y003
	南北绿灯	Y004
	南北黄灯	Y005
	南北红灯	Y006

3．控制要求解析

根据交通信号灯控制要求可以得到如表 10.13 所示的关系。

表 10.13　交通信号灯控制关系表

<table>
<tr><td rowspan="2">东西方向</td><td>信号灯</td><td>绿灯亮</td><td>绿灯闪烁</td><td>黄灯亮</td><td colspan="3">红灯亮</td></tr>
<tr><td>时间</td><td>25s</td><td>3s</td><td>2s</td><td colspan="3">30s</td></tr>
<tr><td rowspan="2">南北方向</td><td>信号灯</td><td colspan="3">红灯亮</td><td>绿灯亮</td><td>绿灯闪烁</td><td>黄灯亮</td></tr>
<tr><td>时间</td><td colspan="3">30s</td><td>25s</td><td>3s</td><td>2s</td></tr>
</table>

表 10.13 中，东西绿灯亮 25s，闪烁 3s，黄灯亮 2s 的同时，南北红灯亮 30s；反之也一样。绿灯闪亮可用内部辅助继电器，也可用两个定时器组成一个脉冲发生器。

4．用非状态法编程

根据控制要求和时序波形图可知，东西方向绿灯 Y001 在一个循环周期内有两个时段有输出，第一个时段是启动至 T0 延时时间的期间，可用关系式 M0×T0 表示；第二个时段是 T1 延时期间，另外此处要闪烁，需使用特殊辅助继电器 M8013，关系式为 T0×T1×M8013。

所以 $$Y001 = M0 \times T0 + T0 \times T1 \times M8013$$

同理可列出其他输出逻辑表达式为

$$Y002 = T1 \times T2$$

$$Y003 = T2$$

$$Y004 = T2 \times T3 + T3 \times T4 \times M8013$$

$$Y005 = T4$$

$$Y006 = M0 \times T2$$

根据交通信号灯控制关系表，编写出的梯形图程序如图 10.33 所示。

5．用并行分支流程编程

在交通信号灯控制中，当东西方向的红灯亮时，同时要执行东西红灯亮和南北绿灯亮，所以可用并行分支流程编程，其状态流程图如图 10.34 所示。

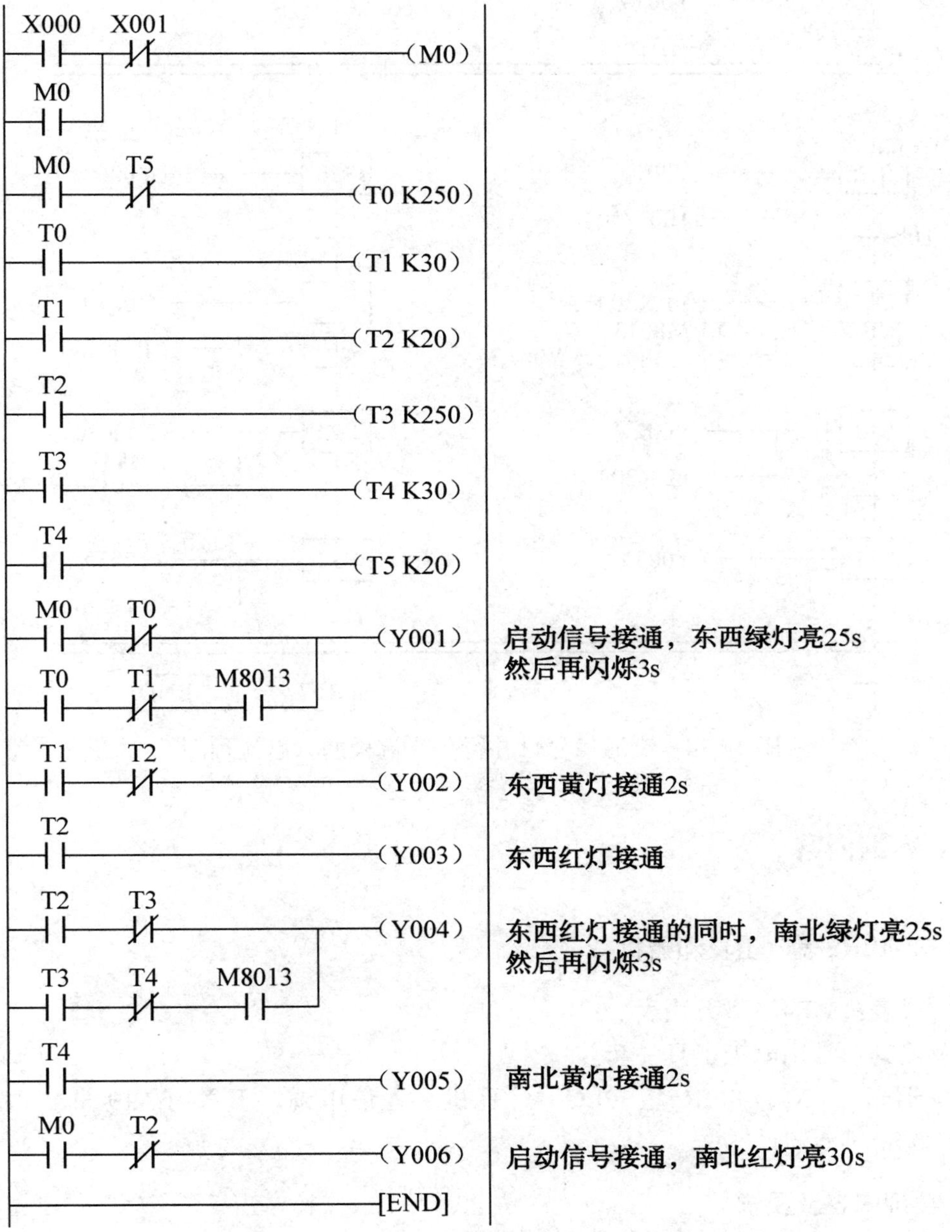

```
X000 -| |- X001 -|/|- ............ (M0)
OR M0 -| |-
M0 -| |- T5 -|/|- ................ (T0 K250)
T0 -| |- ......................... (T1 K30)
T1 -| |- ......................... (T2 K20)
T2 -| |- ......................... (T3 K250)
T3 -| |- ......................... (T4 K30)
T4 -| |- ......................... (T5 K20)
M0 -| |- T0 -|/|- ................ (Y001)   启动信号接通，东西绿灯亮25s
OR T0 -| |- T1 -|/|- M8013 -| |-           然后再闪烁3s
T1 -| |- T2 -|/|- ................ (Y002)   东西黄灯接通2s
T2 -| |- ......................... (Y003)   东西红灯接通
T2 -| |- T3 -|/|- ................ (Y004)   东西红灯接通的同时，南北绿灯亮25s
OR T3 -| |- T4 -|/|- M8013 -| |-           然后再闪烁3s
T4 -| |- ......................... (Y005)   南北黄灯接通2s
M0 -| |- T2 -|/|- ................ (Y006)   启动信号接通，南北红灯亮30s
.................................. [END]
```

图 10.33　交通信号灯自动控制梯形图

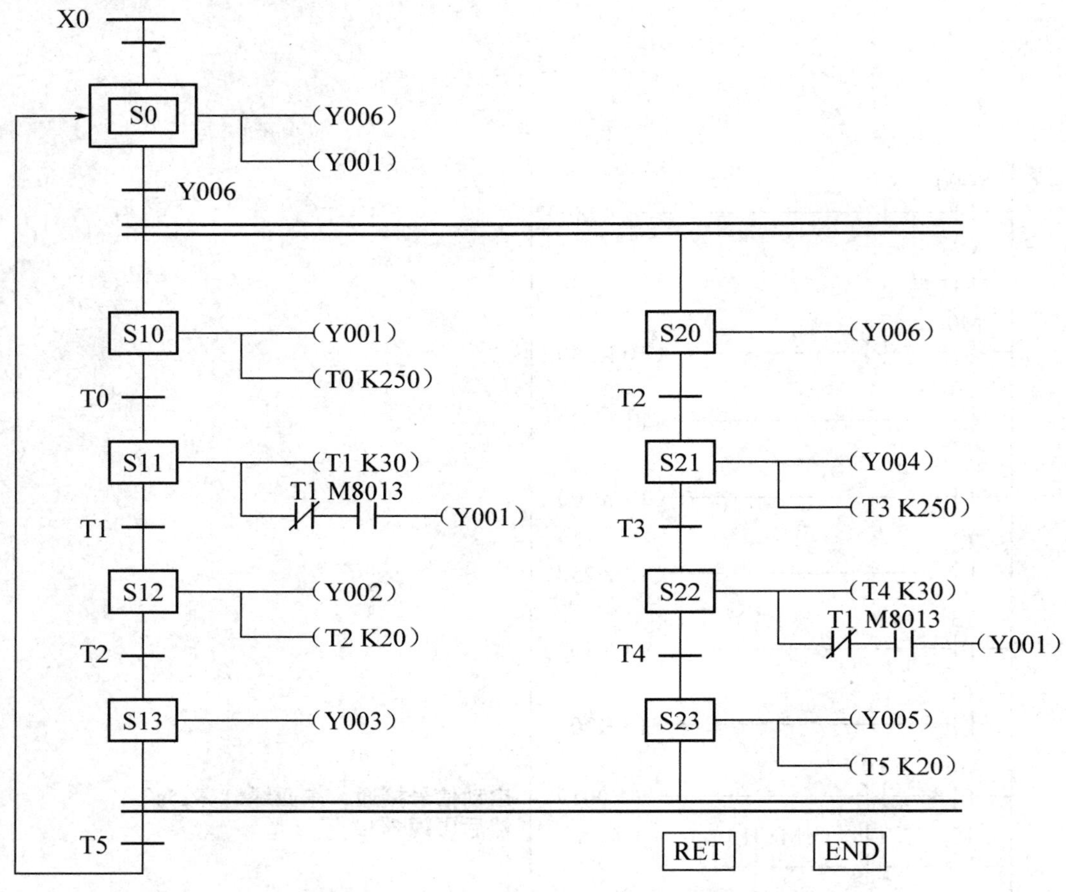

图 10.34　交通信号灯并行分支流程的状态流程图

三、实训内容

1. 实训用仪表、工具和器材

（1）仪表：MF-47 型万用表。

（2）工具：常用电工工具一套。

（3）器材：FX_{2N}-48MR 型 PLC、计算机、通信电缆、开关 LA19-11A、指示灯 AD16-22D/S。

2. 实训内容及要求

（1）编写交通信号灯控制非状态法编程的梯形图和指令语句。

（2）编写交通信号灯控制并行分支流程的梯形图和指令语句。

（3）检查程序是否正确，联机进行程序下载、调试和运行。

（4）操作外部输入电器观察输出情况，看是否符合控制要求。

3. 实训报告

（1）画出交通信号灯控制的外部接线图。
（2）画出交通信号灯控制的两种梯形图。
（3）写出交通信号灯控制的两种指令语句。
（4）写出交通信号灯运行的情况和出现的问题。

四、成绩评定

完成各项操作训练后进行技能考核，参考表10.14中的评分标准进行成绩评定。

表10.14 交通信号灯自动控制评分标准

序号	考核内容	配分	评分细则
1	外部接线	10分	输入端接线正确 5分 输出端接线正确 5分
2	编程操作	40分	编绘梯形图正确20分，每个程序10分 写指令语句正确20分，每个程序10分
3	运行操作	30分	传送程序正确10分，每个程序5分 运行程序正确20分，每个程序10分
4	安全文明生产	20分	遵守操作规程，无违章操作情况5分 正确使用工具，用过后完好无损5分 保持工位卫生，做好清洁及整理5分 听从教师安排，无各类事故发生5分
5	操作完成时间60min		在规定时间内完成，每超时5min扣5分

思考题

1. PLC和一般的计算机系统相比有哪些不同点？
2. 简述可编程控制器的硬件组成。
3. FX_{2N}系列PLC的编程元件主要有哪些？
4. 简述采用指令语句的编程操作步骤。
5. 梯形图程序的编程规则有哪些？
6. 指令语句的编程规则有哪些？
7. 简述应用程序下载的操作步骤。
8. 简述状态编程法和步进指令的使用。
9. 什么是状态流程图？状态流程的三要素是什么？
10. 画出交通信号灯采用的单一顺序控制状态流程图。

附表 A.1　常用低压电气元件的图形符号和文字符号

分类	名称	图形符号和文字符号
A 组件部件	启动装置	A　SB_1　SB_2　KM　KM　HL
B 将电量变换成非电量，将非电量变换成电量	扬声器	B （将电量变换成非电量）
	传声器	B （将非电量变换成电量）
C 电容器	一般电容器	C
	极性电容器	+ C
	可变电容器	C
D 二进制元件	与门	D　&

分类	名称	图形符号和文字符号
D 二进制元件	或门	D　≥1
	非门	D
E 其他	照明灯	EL
F 保护器件	欠电流继电器	I<　FA
	过电流继电器	I>　FA
	欠电压继电器	U<　FV
	过电压继电器	U>　FV
	热继电器	FR　FR　FR　FR　FR

续表

分类	名称	图形符号和文字符号
F 保护器件	熔断器	FU
G 发生器，发电机，电源	交流发电机	G ~
	直流发电机	G
	电池	GB − +
H 信号器件	电喇叭	HA
	蜂鸣器	HA　HA 优选形　一般形
	信号灯	HL
K 继电器，接触器	中间继电器	KA　KA
	通用继电器	KA　KA
	接触器	KM　KM
	通电延时型时间继电器	KT 或 KT KT　KT 或 KT　KT

分类	名称	图形符号和文字符号
K 继电器，接触器	断电延时型时间继电器	KT 或 KT KT　KT 或 KT　KT
L 电感器，电抗器	电感器	L（一般符号） L（带磁芯符号）
	可变电感器	L
	电抗器	L
M 电动机	鼠笼型电动机	U　V　W M 3～
	绕线型电动机	U　V　W M 3～
	他励直流电动机	M
	三相步进电动机	M
	永磁直流电动机	M

续表

分类	名称	图形符号和文字符号	分类	名称	图形符号和文字符号
N 模拟元件	运算放大器	▷∞ − + + N	Q 电力电路的开关器件	组合开关旋转开关	QS
	反相放大器	N ▷1 + −		负荷开关	QL
	数-模转换器	#/U N		断路器	QF
	模-数转换器	U/# N		隔离开关	QS
O		（不使用）	R 电阻器	电阻	R
P 测量设备，试验设备	电流表	PA A		固定抽头电阻	R
	电压表	PV V		可变电阻	R
	有功功率表	kW PW		电位器	RP
	有功电度表	kWh PJ		频敏变阻器	RF
Q 电力电路的开关器件	刀熔开关	QS	S 手动开关	选择开关	SA
	手动开关	QS QS		接近开关	SQ
	双投刀开关	QS		万能转换开关，凸轮控制器	SA 2 1 0 1 2 1 2 3 4

续表

分类	名称	图形符号和文字符号	分类	名称	图形符号和文字符号
T 变压器，互感器	单相变压器	T	T 变压器，互感器	电压互感器	与变压器图形符号相同，文字符号为 TV
				电流互感器	TA 形式1 形式2
	三相变压器（星形/三角形接线）	T 形式1 形式2	U 调制器，变换器	整流器	U
				桥式全波整流器	U
	自耦变压器	T 形式1 形式2			

附表 A.2　常用普通插座和 86 系列插座规格及数据

名　　称	规　格	外形图	外形尺寸（mm）	备　　注
普通单相二极明插座	250V，10A		ϕ42×26	
普通单相二极明插座	250V，5A		38×30×38	
普通单相三极明插座	250V，5A		ϕ42×26	
	250V，10A		ϕ54×31	
	250V，15A		—	
普通三相四极明插座	380V，15A	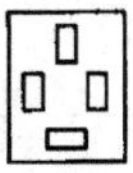	70×60×36	
	380V，25A		90×72×45	
普通三相四极明插座	380V，40A	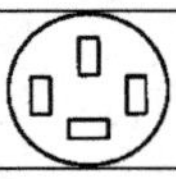	—	
普通带拉线开关的单相三极明插座	250V，10A	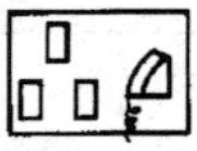	45×70×31	
普通单相二极扁圆两用暗插座	250V，10A		86×86	安装孔距60.3mm
普通双联单相二极扁圆两用暗插座	250V，10A		86×86	
普通单相二极暗插座	250V，10A		86×86	
普通双联单相二极暗插座	250V，10A		86×86	
普通单相三极暗插座	250V，10A	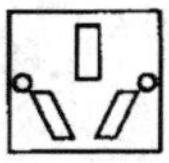	86×86	
	250V，15A			
普通双联单相三极暗插座	250V，10A		86×146	安装孔距121mm
	250V，15A			
普通双联单相二极扁圆两用，单相三极暗插座	250V，10A		86×86	安装孔距60.3mm
普通三相四极暗插座	380V，15A	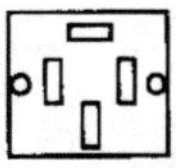	86×86	
	380V，25A			
安全式单相二极暗插座	250V，10A		86×86	

续表

名　称	规　格	外形图	外形尺寸（mm）	备　注
安全式双联单相二极暗插座	250V，10A		86×86	安装孔距60.3mm
安全式单相三极暗插座	250V，10A		86×86	
	250V，15A			
安全式双联单相三极暗插座	250V，10A	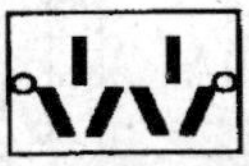	86×146	安装孔距121mm
	250V，15A			
安全式双联单相二极、单相三极暗插座	250V，10A		86×86	安装孔距60.3mm
安全式带开关单相三极暗插座	250V，10A		86×86	
	250V，15A			
防潮防溅式单相二极扁圆两用暗插座	250V，10A		86×86	有防溅密封盖罩，能用水冲洗，适用于有水淋工作场所，安装孔距60.3mm
防潮防溅式单相三极暗插座	250V，10A		86×86	
	250V，15A			
带指示灯单相二极扁圆两用暗插座	250V，10A		86×86	安装孔距60.3mm
带指示灯单相二极暗插座	250V，10A		86×86	
带指示灯双联单相二极暗插座	250V，10A		86×86	
带指示灯单相三极暗插座	250V，10A		86×86	
	250V，15A			
带指示灯双联单相三极暗插座	250V，10A		86×146	安装孔距121mm
	250V，15A			
带指示灯双联单相二极、单相三极暗插座	250V，10A		86×146	
带指示灯安全式单相二极暗插座	250V，10A		86×86	安装孔距60.3mm
带指示灯安全式双联单相二极暗插座	250V，10A		86×86	

续表

名　　称	规　格	外形图	外形尺寸（mm）	备　　注
带指示灯安全式单相三极暗插座	250V，10A		86×86	
	250V，15A			
带指示灯安全式双联单相三极暗插座	250V，10A	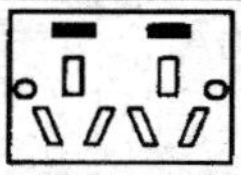	86×146	安装孔距121mm
	250V，15A			
带指示灯安全式双联单相二、单相三极暗插座	250V，10A		86×146	安装孔距121mm
带开关、指示灯单相三极暗插座	250V，10A		86×86	安装孔距60.3mm
	250V，15A			
带开关、指示灯、安全式单相三极暗插座	250V，10A		86×86	
	250V，15A			
带熔芯单相二极扁圆两用暗插座	250V，10A		86×86	熔芯装在可卸下板上，安装孔距60.3mm
带熔芯单相三极暗插座	250V，10A		86×86	
	250V，15A			
带熔芯安全式单相二极暗插座	250V，10A		86×86	

附表 A.3 常见电工仪表和附件的表面标志符号

A．测量单位的符号	
名 称	符 号
千安	kA
安[培]	A
毫安	mA
微安	μA
千伏	kV
伏[特]	V
毫伏	mV
微伏	μV
兆瓦	MW
千瓦	kW
瓦[特]	W
兆乏	Mvar
千乏	kvar
乏	var
兆赫	MHz
千赫	kHz
赫[兹]	Hz
太欧	TΩ
兆欧	MΩ
千欧	kΩ
欧[姆]	Ω
毫欧	mΩ
微欧	μΩ
库[仑]	C
毫韦	mWb
毫韦/米^2	mT

A．测量单位的符号	
名 称	符 号
微法	μF
皮法	pF
亨[利]	H
毫亨	mH
微亨	μH
摄氏度	℃
B．仪表工作原理的图形符号	
名 称	符 号
磁电系仪表	
磁电系比率表	
电磁系仪表	
电磁系比率表	
电动系仪表	
电动系比率表	
铁磁电动系仪表	
铁磁电动系比率表	
感应系仪表	
静电系仪表	
整流系仪表（带半导体整流器和磁电系测量机构）	
热电系仪表（带接触式热变换器和磁电系测量机构）	
C．工作电流种类的符号	
名 称	符 号
直流	—
交流（单相）	～

续表

C．工作电流种类的符号	
直流和交流	≂
具有单元件的三相平衡交流负载	≋
D．准确度等级的符号	
名　　称	符　　号
以标度尺量程百分数表示的准确度等级，如1.5级	1.5
以标度尺长度百分数表示的准确度等级，如1.5级	1.5
以指示值的百分数表示的准确度等级，如1.5级	1.5
E．工作位置的符号	
名　　称	符　　号
标度尺位置为水平的	⊓
标度尺位置与水平面倾斜成一角度，如60°	60°
标尺度位置为垂直的	⊥
F．绝缘强度的符号	
名　　称	符　　号
不进行绝缘强度试验	☆0
绝缘强度试验电压为500V	☆
绝缘强度试验电压为2kV	☆2

G．端钮、调零器符号	
名　　称	符　　号
正端钮	+
负端钮	−
公共端钮（多量程仪表和复用仪表）	✳
接地用的端钮（螺钉或螺杆）	⏚
与外壳相连的端钮	⊥
与屏蔽相连的端钮	◌
调零器	⌒
H．按外界条件分组的符号	
名　　称	符　　号
A组仪表	△A
B组仪表	△B
C组仪表	△C
Ⅰ级防外磁场（如磁电系）	
Ⅰ级防外电场（如静电系）	
Ⅱ级防外磁场及电场	Ⅱ Ⅱ
Ⅲ级防外磁场及电场	Ⅲ Ⅲ
Ⅳ级防外磁场及电场	Ⅳ Ⅳ

附表 A.4 各种 E 型铁芯硅钢片规格

硅钢片型号	铁芯尺寸（mm）		额定功率（VA）	铁芯截面积（cm^2）	每伏匝数		片数近似值	
	舌宽 a	叠厚 b			10kGs	6kGs	0.35mm	0.5mm
GEI-10	10	12.5	1	1.25	36.0	45.0	33	24
GEI-10	10	15	1.5	1.5	30.0	37.5	42	30
GEI-10	10	17	1.8	1.7	25.7	32.2	44	32
GEI-12	12	15	2	1.8	25.0	31.2	39	23
GEI-12	12	18	3	2.16	20.8	26.0	47	43
GEI-14	14	18	4	2.5	17.8	22.3	47	43
GEI-14	14	20	5	2.8	16.0	20.1	52	38
GEIB-16	16	20	6	3.2	14.0	17.6	52	38
GEIB-16	16	23	8	3.7	12.2	15.3	60	43
GEIB-16	16	25	10	4.0	11.1	14.0	70	51
GEIB-19	19	27	16	5.13	8.8	11.0	73	53
GEIB-19	19	31	20	5.9	7.6	9.5	81	58
GEIB-19	19	35	25	6.65	6.8	8.5	91	66
GEIB-19	19	38	33	7.2	6.2	7.8	99	71
GEIB-22	22	39	45	8.6	5.2	6.5	102	73
GEIB-22	22	41	50	9.0	5.0	6.1	107	77
GEIB-26	26	38	60	9.9	4.6	5.7	99	72
GEIB-26	26	42	76	10.9	4.1	5.2	109	79
GEIB-30	30	40	90	12	3.8	4.7	104	75
GEIB-30	30	42	100	12.6	3.6	4.5	109	79
GEIB-30	30	46	120	13.8	3.3	4.1	120	87
GEIB-35	35	43	140	15	3.0	3.8	112	81
GEIB-35	35	46	160	16	2.8	3.5	119	87
GEIB-35	35	51	200	18	2.5	3.2	132	96
GEIB-40	40	48	230	19	2.3	2.9	125	90
GEIB-40	40	50	260	20	2.3	2.8	130	94
GEIB-40	40	56	320	22.4	2.2	2.7	146	105
GEIB-40	40	63	400	25.2	1.8	2.2	164	120
GEIB-45	45	60	450	27	1.7	2.1	156	113
GEIB-45	45	63	520	28.4	1.6	2.0	164	120
GEIB-45	45	66	570	29.7	1.5	1.9	172	125
GEIB-50	50	62	600	31	1.5	1.8	162	117
GEIB-50	50	66	700	33	1.4	1.7	172	125
GEIB-50	50	70	800	35	1.3	1.6	182	132
GEIB-50	50	80	1020	40	1.1	1.4	203	151

附表 A.5　各种 C 型变压器铁芯规格

铁芯型号	铁芯尺寸（mm）			额定功率（VA）	铁芯截面积（cm^2）	每伏匝数		参考数据	
	舌宽 *a*	舌厚 *b*	窗高 *h*			初级	次级	Sm（cm^2）	Gm（kg）
CD10	10	12.5	20	1.27	1.25	23.9	26.3	0.55	0.035
	10	12.5	25	1.68				0.71	0.045
	10	12.5	32	2.4				0.99	0.063
	10	12.5	40	3.15				1.28	0.082
CD12.5	12.5	16	25	5.87	2.0	14.0	15.4	0.99	0.079
	12.5	16	32	7.6				1.31	0.105
	12.5	16	40	10.0				1.71	0.137
	12.5	16	50	13.0				2.20	0.177
	12.5	25	30	17.8	3.12	8.7	9.56	1.54	0.158
	12.5	25	40	25.8				2.20	0.226
	12.5	25	50	38.5				2.85	0.293
	12.5	25	60	40.3				3.42	0.350
CD16	16	32	40	71.5	5.12	5.32	5.85	2.85	0.368
	16	32	50	94.6				3.75	0.484
	16	32	60	129				5.08	0.655
	16	32	80	161				6.36	0.822
CD20	20	40	50	192	8.0	3.4	3.7	4.43	0.713
	20	40	60	225				5.48	0.880
	20	40	80	297				7.88	1.273
	20	40	100	364				10.15	1.640
CD25	25	50	65	435	12.5	2.17	2.3	7.42	1.49
	25	50	80	514				9.50	1.91
	25	50	100	634				12.35	2.48
	25	50	120	743				15.20	3.06
CD32	32	64	80	968	20.5	1.37	1.41	12.35	3.13
	32	64	100	1157				15.9	4.05
	32	64	130	1448				21.3	5.42
	32	64	160	1757				27.4	6.96
CD40	40	80	100	2062	32.0	0.88	0.9	20.3	6.47
	40	80	120	2424				25.2	8.03
	40	80	160	3097				34.7	11.0
	40	80	200	3741				44.4	14.1

附表 A.6　部分漆包铜线规格和安全载流量

标称直径（mm）	外皮直径（mm）	截面积（cm^2）	质量（kg/km）	$2.5A/mm^2$ 允许电流（A）	$3A/mm^2$ 允许电流（A）	每厘米可绕匝数	20℃时的电阻值（Ω/km）
0.06	0.085	0.0028	0.0252	0.0070	0.0084	117	6440
0.07	0.095	0.0038	0.0342	0.0095	0.0114	105	4730
0.08	0.105	0.0050	0.0448	0.0125	0.0150	95	3630
0.09	0.115	0.0064	0.0567	0.0160	0.0192	86	2860
0.10	0.125	0.0079	0.0707	0.0197	0.0237	80	2240
0.11	0.135	0.0095	0.085	0.0237	0.0285	74	1850
0.12	0.145	0.0113	0.101	0.0282	0.0339	68	1550
0.13	0.155	0.0133	0.118	0.0332	0.0399	64	1320
0.14	0.165	0.0154	0.137	0.0385	0.0462	60	1140
0.15	0.180	0.0177	0.158	0.0442	0.0531	55	994
0.16	0.190	0.0201	0.179	0.0502	0.0603	52	873
0.17	0.200	0.0227	0.202	0.0567	0.0681	50	773
0.18	0.210	0.0254	0.227	0.0640	0.0762	47	688
0.19	0.220	0.0284	0.253	0.0710	0.0852	45	618
0.20	0.230	0.0315	0.280	0.0787	0.0945	43	558
0.21	0.240	0.0347	0.309	0.0867	0.104	41	507
0.23	0.270	0.0415	0.370	0.1037	0.124	37	432
0.25	0.290	0.0492	0.437	0.1237	0.147	34	357
0.27	0.310	0.0573	0.510	0.1437	0.171	32	306
0.29	0.330	0.0660	0.589	0.1657	0.198	30	266
0.31	0.350	0.0755	0.673	0.1887	0.226	28	233
0.33	0.370	0.0855	0.762	0.2137	0.256	27	205
0.35	0.390	0.0962	0.857	0.2407	0.288	25	182
0.38	0.420	0.1134	1.01	0.2837	0.340	23	155
0.41	0.450	0.1320	1.17	0.3307	0.396	22	133
0.44	0.480	0.1521	1.35	0.3807	0.456	20	115
0.47	0.510	0.1735	1.54	0.4337	0.520	19	101
0.49	0.530	0.1886	1.67	0.4717	0.565	18	93.1
0.51	0.560	0.204	1.82	0.5107	0.612	17.5	85.9
0.53	0.580	0.221	1.96	0.5527	0.663	17.2	79.3

续表

标称直径（mm）	外皮直径（mm）	截面积（cm^2）	质量（kg/km）	$2.5A/mm^2$允许电流（A）	$3A/mm^2$允许电流（A）	每厘米可绕匝数	20°C时的电阻值（Ω/km）
0.55	0.600	0.238	2.11	0.5957	0.714	16.6	73.9
0.57	0.620	0.255	2.26	0.6377	0.765	16.1	68.7
0.59	0.640	0.273	2.43	0.6827	0.819	15.6	64.3
0.62	0.670	0.302	2.69	0.7557	0.906	14.8	57.9
0.64	0.690	0.322	2.89	0.8057	0.966	14.4	54.6
0.67	0.720	0.353	3.14	0.882	1.05	13.8	49.7
0.69	0.740	0.374	3.33	0.935	1.12	13.5	46.9
0.72	0.770	0.407	3.72	1.01	1.22	12.9	43.0
0.74	0.800	0.430	3.83	1.07	1.29	12.5	40.8
0.77	0.830	0.466	4.15	1.16	1.39	12.0	37.6
0.80	0.860	0.503	4.48	1.25	1.50	11.6	34.9
0.83	0.890	0.541	4.78	1.35	1.62	11.2	32.4
0.86	0.920	0.581	5.17	1.45	1.74	10.8	30.2
0.90	0.960	0.636	5.67	1.59	1.90	10.4	27.5
0.93	0.990	0.679	6.05	1.69	2.03	10.1	25.8
0.96	1.02	0.724	6.45	1.81	2.17	9.80	24.2
1.00	1.08	0.785	7.00	1.96	2.35	9.25	22.4
1.04	1.12	0.840	7.87	2.12	2.54	8.92	20.6
1.08	1.16	0.916	8.16	2.29	2.74	8.62	19.2
1.12	1.20	0.986	8.78	2.46	2.95	8.33	17.8
1.16	1.24	1.057	9.41	2.64	3.17	8.06	16.6
1.20	1.28	1.131	10.0	2.84	3.30	7.81	15.5
1.25	1.33	1.227	10.9	3.06	3.68	7.51	14.3
1.30	1.38	1.327	11.8	3.31	3.98	7.24	13.2
1.35	1.43	1.431	12.7	3.57	4.29	7.00	12.2
1.40	1.48	1.539	13.7	3.84	4.61	6.75	11.4
1.45	1.53	1.651	14.7	4.12	4.95	6.53	10.6
1.50	1.58	1.767	15.7	4.41	5.30	6.32	9.89
1.56	1.64	1.911	17.0	4.77	5.73	6.09	9.18
1.62	1.70	2.06	18.3	5.15	6.18	5.88	8.50

续表

标称直径（mm）	外皮直径（mm）	截面积（cm^2）	质量（kg/km）	2.5A/mm^2允许电流（A）	3A/mm^2允许电流（A）	每厘米可绕匝数	20°C时的电阻值（Ω/km）
1.68	1.76	2.22	19.7	5.55	6.66	5.63	7.92
1.74	1.82	2.38	21.1	5.95	7.14	5.49	7.36
1.80	1.89	2.57	22.9	6.42	7.71	5.26	7.02
1.90	1.99	2.83	25.5	7.08	8.50	5.00	6.31
2.00	2.09	3.14	28.2	7.85	9.42	4.76	5.70

反侵权盗版声明